U0199242

Punica

"十三五"国家重点图书出版规划项目

"中国果树地方品种图志"丛书

中国石榴
地方品种图志

曹尚银　李好先　郝兆祥　等 著

中国林业出版社

"十三五"国家重点图书出版规划项目
"中国果树地方品种图志"丛书

Punica

中国石榴
地方品种图志

图书在版编目（CIP）数据

中国石榴地方品种图志 / 曹尚银等著. —北京：中国林业
出版社, 2017.12
（中国果树地方品种图志丛书）

ISBN 978-7-5038-9401-5

Ⅰ.①中… Ⅱ.①曹… Ⅲ.①石榴—品种志—中国—图集
Ⅳ.①S665.402.92-64

中国版本图书馆CIP数据核字(2017)第302738号

责任编辑： 何增明　张　华
出版发行： 中国林业出版社（ 100009 北京西城区刘海胡同7号）
电　　话： 010-83143517
印　　刷： 固安县京平诚乾印刷有限公司
版　　次： 2018年1月第1版
印　　次： 2018年1月第1次印刷
开　　本： 889mm×1194mm　1/16
印　　张： 31
字　　数： 960千字
定　　价： 498.00元

《中国石榴地方品种图志》
著者名单

主著者： 曹尚银　李好先　郝兆祥

副主著者： 骆　翔　牛　娟　张富红　陈利娜　刘贝贝　谢深喜　冯玉增　曹秋芬　李天忠
　　　　　　尹燕雷　徐小彪　王　晨

著　者（以姓氏笔画为序）

丁志强	上官凌飞	马小川	马和平	马学文	马贯羊	马彩云	王　企	王　晨	王文战
王亦学	王春梅	王斯妤	牛　娟	尹燕雷	邓　舒	卢晓鹏	冯玉增	冯立娟	纠松涛
曲雪艳	朱　博	朱　壹	朱旭东	刘　恋	刘少华	刘贝贝	刘众杰	刘科鹏	汤佳乐
汤佳乐	孙　乾	孙其宝	李天忠	李好先	李贤良	李泽航	李帮明	李晓鹏	李章云
杨选文	杨雪梅	肖　蓉	吴　寒	邹梁峰	冷翔鹏	张　川	张久红	张子木	张文标
张伟兰	张全军	张克坤	张建华	张春芬	张晓慧	张清林	张富红	张靖国	陈　璐
陈利娜	陈楚佳	苑兆和	罗　华	罗东红	罗昌国	周　威	郑　婷	郎彬彬	房经贵
孟玉平	赵亚伟	赵丽娜	赵弟广	赵艳莉	郝兆祥	胡清波	钟　敏	钟必凤	侯乐峰
侯丽媛	俞飞飞	姜志强	姜春芽	骆　翔	秦英石	袁平丽	袁红霞	聂　琼	聂园军
贾海锋	夏小丛	夏鹏云	倪　勇	徐小彪	徐世彦	高　洁	郭　磊	郭会芳	郭俊杰
唐超兰	涂贵庆	陶俊杰	黄　清	黄春辉	黄晓娇	黄燕辉	曹　达	曹尚银	曹秋芬
戚建锋	康林峰	梁　建	葛翠莲	董艳辉	敬　丹	谢　敏	谢恩忠	谢深喜	蔡祖国
廖　娇	廖光联	熊　江	潘　斌	薛　辉	薛茂盛	魏立华			

总序一

Foreword One

　　果树是世界农产品三大支柱产业之一，其种质资源是进行新品种培育和基础理论研究的重要源头。果树的地方品种（农家品种）是在特定地区经过长期栽培和自然选择形成的，对所在地区的气候和生产条件具有较强的适应性，常存在特殊优异的性状基因，是果树种质资源的重要组成部分。

　　我国是世界上最为重要的果树起源中心之一，世界各国广泛栽培的梨、桃、核桃、枣、柿、猕猴桃、杏、板栗等落叶果树树种多源于我国。长期以来，人们习惯选择优异资源栽植于房前屋后，并世代相传，驯化产生了大量适应性强、类型丰富的地方特色品种。虽然我国果树育种专家利用不同地理环境和气候形成的地方品种种质资源，已改良培育了许多果树栽培品种，但迄今为止尚有大量地方品种资源包括部分农家珍稀果树资源未予充分利用。由于种种原因，许多珍贵的果树资源正在消失之中。

　　发达国家不但调查和收集本国原产果树树种的地方品种，还进入其他国家收集资源，如美国系统收集了乌兹别克斯坦的葡萄地方品种和野生资源。近年来，一些欠发达国家也已开始重视地方品种的调查和收集工作。如伊朗收集了872份石榴地方品种，土耳其收集了225份无花果、386份杏、123份扁桃、278份榛子和966份核桃地方品种。因此，调查、收集、保存和利用我国果树地方品种和种质资源对推动我国果树产业的发展有十分重要的战略意义。

　　中国农业科学院郑州果树研究所长期从事果树种质资源调查、收集和保存工作。在国家科技部科技基础性工作专项重点项目"我国优势产区落叶果树农家品种资源调查与收集"支持下，该所联合全国多家科研单位、大专院校的百余名科技人员，利用现代化的调查手段系统调查、收集、整理和保护了我国主要落叶果树地方品种资源（梨、核桃、桃、石榴、枣、山楂、柿、樱桃、杏、葡萄、苹果、猕猴桃、李、板栗），并建立了档案、数据库和信息共享服务体系。这项工作摸清了我国果树地方品种的家底，为全国性的果树地方品种鉴定评价、优良基因挖掘和种质创新利用奠定了坚实的基础。

　　正是基于这些长期系统研究所取得的创新性成果，郑州果树研究所组织撰写了"中国果树地方品种图志"丛书。全书内容丰富、系统性强、信息量大，调查数据翔实可靠。它的出版为我国果树科研工作者提供了一部高水平的专业性工具书，对推动我国果树遗传学研究和新品种选育等科技创新工作有非常重要的价值。

中国农业科学院副院长
中国工程院院士　　　吴孔明

2017年11月21日

总序二

Foreword Two

中国是世界果树的原生中心，不仅是果树资源大国，同时也是果品生产大国，果树资源种类、果品的生产总量、栽培面积均居世界首位。中国对世界果树生产发展和品种改良做出了巨大贡献，但中国原生资源流失严重，未发挥果树资源丰富的优势与发展潜力，大宗果树的主栽品种多为国外品种，难以形成自主创新产品，国际竞争力差。中国已有4000多年的果树栽培历史，是果树起源最早、种类最多的国家之一，拥有世界总量3/5果树种质资源，世界上许多著名的栽培种，如白梨、花红、海棠果、桃、李、杏、梅、中国樱桃、山楂、板栗、枣、柿子、银杏、香榧、猕猴桃、荔枝、龙眼、枇杷、杨梅等许多树种原产于中国。原产中国的果树，经过长期的栽培选择，已形成了生态类型众多的地方品种，对当地自然或栽培环境具有较好的适应性。一般多为较混杂的群体，如发芽期、芽叶色泽和叶形均有多种变异，是系统育种的原始材料，不乏优良基因型，其中不少在生产中还在发挥着重要作用，主导当地的果树产业，为当地经济和农民收入做出了巨大贡献。

我国有些果树长期以来在生产上还应用的品种基本都是各地的地方品种（农家品种），虽然开始通过杂交育种选育果树新品种，但由于起步晚，加上果树童期和育种周期特别长，造成目前我国生产上应用的果树栽培品种不少仍是从农家品种改良而来，通过人工杂交获得的品种仅占一部分。而且，无论国内还是国外，现有杂交品种都是由少数几个祖先亲本繁衍下来的，遗传背景狭窄，继续在这个基因型稀少的池子中捞取到可资改良现有品种的优良基因资源，其可能性越来越小，这样的育种瓶颈也直接导致现有品种改良潜力低下。随着现代育种工作的深入，以及市场对果品表现出更为多样化的需求和对果实品质提出更高的要求，育种工作者越来越感觉到可利用的基因资源越来越少，品种创新需要挖掘更多更新的基因资源。野生资源由于果实经济性状普遍较差，很难在短期内对改良现有品种有大的作为；而农家品种则因其相对优异的果实性状和较好的适应性与抗逆性，成为可在短期内改良现有品种的宝贵资源。为此，我们还急需进一步加大力度重视果树农家品种的调查、收集、评价、分子鉴定、利用和种质创新。

"中国果树地方品种图志"丛书中的种质资源的收集与整理，是由中国农业科学院郑州果树研究所牵头，全国22个研究所和大学、100多个科技人员同时参与，首次对我国果树地方品种进行较全面、系统调查研究和总结，工作量大，内容翔实。该丛书的很多调查图片和品种性状资料来之不易，许多优异、濒危的果树地方品种资源多处于偏远的山区村庄，交通不便，需跋山涉水、历经艰难险阻才得以调查收集，多为首次发表，十分珍贵。全书图文并茂，科学性和可读性强。我相信，此书的出版必将对我国果树地方品种的研究和开发利用发挥重要作用。

中国工程院院士 束怀瑞

2017年10月25日

总 前 言
General Introduction

  果树地方品种（农家品种）具有相对优异的果实性状和较好的适应性与抗逆性，是可在短期内改良现有品种的宝贵资源。"中国果树地方品种图志"丛书是在国家科技部科技基础性工作专项重点项目"我国优势产区落叶果树农家品种资源调查与收集"（项目编号：2012FY110100）的基础上凝练而成。该项目针对我国多年来对果树地方品种重视不够，致使果树地方品种的家底不清，甚至有的濒临灭绝，有的已经灭绝的严峻状况，由中国农业科学院郑州果树研究所牵头，联合全国多家具有丰富的果树种质资源收集保存和研究利用经验的科研单位和大专院校，对我国主要落叶果树地方品种（梨、核桃、桃、石榴、枣、山楂、柿、樱桃、杏、葡萄、苹果、猕猴桃、李、板栗）资源进行调查、收集、整理和保护，摸清主要落叶果树地方品种家底，建立档案、数据库和地方品种资源实物和信息共享服务体系，为地方品种资源保护、优良基因挖掘和利用奠定基础，为果树科研、生产和创新发展提供服务。

一、我国果树地方品种资源调查收集的重要性

  我国地域辽阔，果树栽培历史悠久，是世界上最大的栽培果树植物起源中心之一，素有"园林之母"的美誉，原产果树种质资源十分丰富，世界各国广泛栽培的如梨、桃、核桃、枣、柿、猕猴桃、杏、板栗等落叶果树树种都起源于我国。此外，我国从世界各地引种果树的工作也早已开始。如葡萄和石榴的栽培种引入中国已有2000年以上历史。原产我国的果树资源在长期的人工选择和自然选择下形成了种类纷繁的、与特定地区生态环境条件相适应的生态类型和地方品种；而引入我国的果树材料通过长期的栽培选择和自然驯化选择，同样形成了许多适应我国自然条件的生态类型或地方品种。

  我国果树地方品种资源种类繁多，不乏优良基因型，其中不少在生产中还在发挥着重要作用。比如'京白梨''莱阳梨''金川雪梨'；'无锡水蜜''肥城桃''深州蜜桃''上海水蜜'；'木纳格葡萄'；'沾化冬枣''临猗梨枣''泗洪大枣''灵宝大枣'；'仰韶杏''邹平水杏''德州大果杏''兰州大接杏''郯城杏梅'；'天目蜜李''绥棱红'；'崂山大樱桃''滕县大红樱桃''太和大紫樱桃''南京东塘樱桃'；山东的'镜面柿''四烘柿'，陕西的'牛心柿''磨盘柿'，河南的'八月黄柿'，广西的'恭城水柿'；河南的'河阴石榴'等许多地方品种在当地一直是主栽优势品种，其中的许多品种生产已经成为当地的主导农业产业，为发展当地经济和提高农民收入做出了巨大贡献。

  还有一些地方果树品种向外迅速扩展，有的甚至逐步演变成全国性的品种，在原产地之外表现良好。比如河南的'新郑灰枣'、山西'骏枣'和河北的'赞皇大枣'引入新疆后，结果性能、果实口感、品质、产量等表现均优于其在原产地的表现。尤其是出产于新疆的'灰枣'和'骏枣'，以其绝佳的口感和品质，在短短5~6年的时间内就风靡全国市场，其在新疆的种植面积也迅速发展逾3.11万hm²，成为当地名副其实的"摇钱树"。分布范围更广的当属'砀山酥梨'，以其出

色的鲜食品质、广泛的栽培适应性，从安徽砀山的地方性品种几十年时间迅速发展成为在全国梨生产量和面积中达到1/3的全国性品种。

果树地方品种演变至今有着悠久的历史，在漫长的演进过程中经历过各种恶劣的生态环境和毁灭性病虫害的选择压力，能生存下来并获得发展，决定了它们至少在其自然分布区具有良好的适应性和较为全面的抗性。绝大多数地方品种在当地栽培面积很小，其中大部分仅是散落农家院中和门前屋后，甚至不为人知，但这里面同样不乏可资推广的优良基因型；那些综合性状不够好、不具备直接推广和应用价值的地方品种，往往也潜藏着这样或那样的优异基因可供发掘利用。

自20世纪中叶开始，国内外果树生产开始推行良种化、规模化种植，大规模品种改良初期果树产业的产量和质量确实有了很大程度的提高；但时间一长，单一主栽品种下生物遗传多样性丧失，长期劣变积累的负面影响便显现出来。大面积推广的栽培品种因当地的气候条件发生变化或者出现新的病害受到毁灭性打击的情况在世界范围内并不鲜见，往往都是野生资源或地方品种扮演救火英雄的角色。

20世纪美国进行的美洲栗抗栗疫病育种的例子就是证明。栗疫病由东方传入欧美，1904年首次见于纽约动物园，结果几乎毁掉美国、加拿大全部的美洲栗，在其他一些国家也造成毁灭性的影响。对栗疫病敏感的还有欧洲栗、星毛栎和活栎。美国康涅狄格州农业试验站从1907年开始研究栗疫病，这个农业试验站用对栗疫病具有抗性的中国板栗和日本栗作为亲本与美洲栗杂交，从杂交后代中选出优良单株，然后再与中国板栗和日本栗回交。并将改良栗树移植进野生栗树林，使其与具有基因多样性的栗树自然种群融合，产生更高的抗病性，最终使美洲栗产业死而复生。

我国核桃育种的例子也很能说明问题。新疆核桃大多是实生地方品种，以其丰产性强、结果早、果个大、壳薄、味香、品质优良的特点享誉国内外，引入内地后，黑斑病、炭疽病、枝枯病等病害发生严重，而当地的华北核桃种群则很少染病，因此人们认识到华北核桃种群是我国核桃抗性育种的宝贵基因资源。通过杂交，华北核桃与新疆核桃的后代在发病程度上有所减轻，部分植株表现出了较强的抗性。此外，我国从铁核桃和普通核桃的种间杂种中选育出的核桃新品种，综合了铁核桃和普通核桃的优点，既耐寒冷霜冻，又弥补了普通核桃在南方高温多湿环境下易衰老、多病虫害的缺陷。

'火把梨'是云南的地方品种，广泛分布于云南各地，呈零散栽培状态，果皮色泽鲜红艳丽，外观漂亮，成熟时云南多地农贸市场均有挑担零售，亦有加工成果脯。中国农业科学院郑州果树研究所1989年开始选用日本栽培良种'幸水梨'与'火把梨'杂交，育成了品质优良的'满天红''美人酥'和'红酥脆'三个红色梨新品种，在全国推广发展很快，取得了巨大的社会、经济效益，掀起了国内红色梨产业发展新潮，获得了国际林产品金奖、全国农牧渔业丰收奖二等奖和中国农业科学院科技成果一等奖。

富士系苹果引入中国，很快在各苹果主产区形成了面积和产量优势。但在辽宁仅限于年平均气温10℃，1月平均气温-10℃线以南地区栽培。辽宁中北部地区扩展到中国北方几省区尽管日照充足、昼夜温差大、光热资源丰富，但1月平均气温低，富士苹果易出现生理性冻害造成抽条，无法栽培。沈阳农业大学利用抗寒性强、大果、肉质酸酥、耐贮运的地方品种'东光'与'富士'进行杂交，杂交实生苗自然露地越冬，以经受冻害淘汰，顺利选育出了适合寒地栽培的苹果品种'寒富'。'寒富'苹果1999年被国家科技部列入全国农业重点开发推广项目，到目前为止已经在内蒙古南部、吉林珲春、黑龙江宁安、河北张家口、甘肃张掖、新疆玛纳斯和西藏林芝等地广泛栽培。

地方品种虽然重要，但目前许多果树地方品种的处境却并不让人乐观！我们在上马优良新品种和外引品种的同时，没有处理好当地地方品种的种质保存问题，许多地方品种因为不适应商业化的要求生存空间被挤占。如20世纪80年代巨峰系葡萄品种和21世纪初'红地球'葡萄的大面积推广，造成我国葡萄地方品种的数量和栽培面积都在迅速下降，甚至部分地方品种在生产上的消失。20世纪80年代我国新疆地区大约分布有80个地方品种或品系，而到了21世纪只有不到30个地方品种还能在生产上见到，有超过一半的地方品种在生产上消失，同样在山西省清徐县曾广泛分布的古老品种'瓶儿'，现在也只能在个别品种园中见到。

加上目前中国正处于经济快速发展时期，城镇化进程加快，因为城镇发展占地、修路、环境恶化等原因，许多果树地方品种正在飞速流失，亟待保护。以山西省的情况为例：山西有山楂地方品种'泽州红''绛县粉口''大果山楂''安泽红果'等10余个，近年来逐年减少；有板栗地方品种10余个，已经灭绝或濒临灭绝；有柿子地方品种近70个，目前60%已灭绝；有桃地方品种30余个，目前90%已经灭绝；有杏地方品种70余个，目前60%已灭绝，其余濒临灭绝；有核桃地方品种60余个，目前有的已灭绝，有的濒临灭绝，有的品种和名称混乱；有2个石榴地方品种，其中1个濒临灭绝！

又如，甘肃省果树资源流失非常严重。据2008年初步调查，发现5个树种的103个地方果树珍稀品种资源濒临流失，研究人员采集有限枝条，以高接方式进行了抢救性保护；7个树种的70个地方果树品种已经灭绝，其中梨48个、桃6个、李4个、核桃3个、杏3个、苹果4个、苹果砧木2个，占原《甘肃果树志》记录品种数的4.0%。对照《甘肃果树志》（1995年），未发现或已流失的70个品种资源主要分布在以下区域：河西走廊灌溉果树区未发现或已灭绝的种质资源6个（梨品种2个、苹果品种4个）；陇西南冷凉阴湿果树区未发现或灭绝资源10个（梨资源7个、核桃资源3个）；陇南山地果树区未发现或流失资源20个（梨资源14个、桃资源4个、李资源2个）；陇东黄土高原果树区未发现或流失资源25个（梨品种16个、苹果砧木2个、杏品种3个、桃品种2个、李品种2个）；陇中黄土高原丘陵果树区未发现或已流失的资源9个，均为梨资源。

随着果树栽培良种化、商品化发展，虽然对提高果品生产效益发挥了重要作用，但地方品种流失也日趋严重，主要表现在以下几个方面：

1. 城镇化进程的加快，随着传统特色产业地位的丧失，地方品种逐渐减少

近年来，随着城镇化进程的加快，以前的郊区已经变成了城市，以前的果园已经难寻踪迹，使很多地方果树品种随着现代城市的建设而丢失，或正面临丢失。例如，甘肃省兰州市安宁区曾经是我国桃的优势产区，但随着城镇化的建设和发展，桃树栽培面积不到20世纪80年代的1/5，在桃园大面积减少的同时，地方品种也大幅度流失。兰州'软儿梨'也是一个古老的品种，但由于城镇化进程的加快，许多百年以上的大树被砍伐，也面临品种流失的威胁。

2. 果树良种化、商品化发展，加快了地方品种的流失

随着果树栽培良种化、商品化发展，提高了果品生产的经济效益和果农发展果树的积极性，但对地方品种的保护和延续造成了极大的伤害，导致了一些地方品种逐渐流失。一方面是新建果园的统一规划设计，把一部分自然分布的地方品种淘汰了；另一方面，由于新品种具有相对较好的外观品质，以前农户房前屋后栽植的地方品种，逐渐被新品种替代，使很多地方品种面临灭绝流失的威胁。

3. 国家对果树地方品种的保护宣传力度和配套措施不够

依靠广大农民群众是保护地方品种种质资源的基础。由于国家对地方品种种质资源的重要性和保护意义宣传力度不够，农民对地方品种保护的认知不到位，导致很多地方品种在生产和生活中不经意地流失了。同时，地方相关行政和业务部门，对地方品种的保护、监管、标示力度不够，没有体现出地方品种资源的法律地位，导致很多地方品种濒临灭绝和正在灭绝。

发达国家对各类生物遗传资源（包括果树）的收集、研究和利用工作极为重视。发达国家在对本国生物遗传资源大力保护的同时，还不断从发展中国家大肆收集、掠夺生物遗传资源。美国和前苏联都曾进行过系统地国外考察，广泛收集外国的植物种质资源。我国是世界上生物遗传资源最丰

富的国家之一，也是发达国家获取生物遗传资源的重要地区，其中最为典型的案例当属我国大豆资源（美国农业部的编号为PI407305）流失海外，被孟山都公司研究利用，并申请专利的事件。果树上我国的猕猴桃资源流失到新西兰后被成功开发利用，至今仍然有大量的国外公司组织或个人到我国的猕猴桃原产地大肆收集猕猴桃地方品种资源和野生资源。甚至连绝大多数外国人现在都还不甚了解的我国特色果树——枣的资源也已经通过非正常途径大量流失到了国外！若不及时进行系统的调查摸底和保护，那种"种中国豆，侵美国权"的荒诞悲剧极有可能在果树上重演！

综上所述，我国果树地方品种是具有许多优异性状的资源宝库，目前正以我们无法想象的速度消失或流失；应该立即投入更多的力量，进行资源调查、收集和保护，把我们自己的家底摸清楚，真正发挥我国果树种质资源大国的优势。那些可能由于建设或因环境条件恶化而在野外生存受到威胁的果树地方品种，不能在需要抢救时才引起注意，而应该及早予以调查、收集、保存。要对我国落叶果树地方品种进行调查、收集和保存，有多种策略和方法，最直接、最有效的办法就是对优势产区进行重点调查和收集。

二、调查收集的方式、方法

按照各树种资源调查、收集、保存工作的现状，重点调查资源工作基础薄弱的树种（石榴、樱桃、核桃、板栗、山楂、柿），对已经具有较好资源工作基础和成果的树种（梨、桃、苹果、葡萄）做补充调查。根据各树种的起源地、自然分布区和历史栽培区确定优势产区进行调查，各树种重点调查区域见本书附录一。各省（自治区、直辖市）主要调查树种见本书附录二。

通过收集网络信息、查阅文献资料等途径，从文字信息上掌握我国主要落叶果树优势产区的地域分布，确定今后科学调查的区域和范围，做好前期的案头准备工作。

实地走访主要落叶果树种植地区，科学调查主要落叶果树的优势产区区域分布、历史演变、栽培面积、地方品种的种类和数量、产业利用状况和生存现状等情况，最终形成一套系统的相关科学调查分析报告。

对我国优势产区落叶果树地方品种资源分布区域进行原生境实地调查和GPS定位等，评价原生境生存现状，调查相关植物学性状、生态适应性、栽培性能和果实品质等主要农艺性状（文字、特征数据和图片），对优良地方品种资源进行初步评价、收集和保存。

对叶、枝、花、果等性状按各种资源调查表格进行记载，并制作浸渍或腊叶标本。根据需要对果实进行果品成分的分析。

加强对主要生态区具有丰产、优质、抗逆等主要性状资源的收集保存。注重地方品种优良变异株系的收集保存。

主要针对恶劣环境条件下的地方品种，注重对工矿区、城乡结合部、旧城区等地濒危和可能灭绝地方品种资源的收集保存。

收集的地方品种先集中到资源圃进行初步观察和评估，鉴别"同名异物"和"同物异名"现象。着重对同一地方品种的不同类型（可能为同一遗传型的环境表型）进行观察，并用有关仪器进行简化基因组扫描分析，若确定为同一遗传型则合并保存。对不同的遗传型则建立其分子身份鉴别标记信息。

已有国家资源圃的树种，收集到的地方品种入相应树种国家种质资源圃保存，同时在郑州、随州地区建立国家主要落叶果树地方品种资源圃，用于集中收集、保存和评价有关落叶果树地方品种资源，以确保收集到的果树地方品种资源得到有效的保护。郑州和随州地处我国中部地区、中原之腹地，南北交汇处，既无北方之严寒，又无南方之酷热。因此，非常适宜我国南北各地主要落叶果树树种种质资源的生长发育，有利于品种资源的收集、保存和评价。

利用中国农业科学院郑州果树研究所优势产区落叶果树树种资源圃保存的主要落叶果树树种

地方品种资源和实地科学调查收集的数据，建立我国主要落叶果树优良地方品种资源的基本信息数据库，包括地理信息、主要特征数据及图片，特别是要加强图像信息的采集量，以区别于传统的单纯文字描述，对性状描述更加形象、客观和准确。

对我国优势产区落叶果树优良地方品种资源进行一次全面系统梳理和总结，摸清家底。根据前期积累的数据和建立的数据库（http://www.ganguo.net.cn），开发我国主要落叶果树优良地方品种资源的GIS信息管理系统。并将相关数据上传国家农作物种质资源平台（http://www.cgris.net），实现果树地方品种资源信息的网络共享。

工作路线见本书附录三。工作流程见本书附录四。要按规范填写调查表。调查表包括：农家品种摸底调查表、农家品种申报表、农家品种资源野外调查简表、各类树种农家品种调查表、农家品种数据采集电子表、农家品种调查表文字信息采集填写规范。农家品种标本、照片采集按规范填写"农家品种资源标本采集要求"表格和"农家品种资源调查照片采集要求"表格。调查材料提交也须遵照规范。编号采用唯一性流水线号，即：子专题（片区）负责人姓全拼+名拼音首字母+调查者姓名拼音首字母+流水号数字。

本次参加调查收集研究有22个单位，分布在我国西南、华南、华东、华中、华北、西北、东北地区，每个单位除参加过全国性资源考察外，他们都熟悉当地的人文地理、自然资源，都对当地的主要落叶果树资源了解比较多，对我们开展主要落叶果树地方品种调查非常有利，而且可以高效、准确地完成项目任务。其中包括2个农业部直属单位、4个教育部直属大学（含2所985高校）、10个省属研究所和大学，100多名科技人员参加调查，科研基础和实力雄厚，参加单位大多从事地方品种相关的调查、利用和研究工作，对本项目的实施相当熟悉。还有的团队为了获得石榴最原始的地方品种材料，尽管当地有关专业部门说，近期雨季不能到有石榴地方品种的地区调查，路险江深，有生命危险，可他们还是冒着生命危险，勇闯交通困难的西藏东南部三江流域少人区调查，获得了可贵的地方品种资源。

通过5年多的辛勤调查、收集、保存和评价利用工作，在承担单位前期工作的基础上，截至2017年，共收集到核桃、石榴、猕猴桃、枣、柿子、梨、桃、苹果、葡萄、樱桃、李、杏、板栗、山楂等14个树种共1700余份地方品种。并积极将这些地方品种资源应用于新品种选育工作，获得了一批在市场上能叫得响的品种，如利用河南当地的地方品种'小火罐柿'选育的极丰产优质小果型柿品种'中农红灯笼柿'，以其丰产、优质、形似红灯笼、口感极佳的特色，迅速获得消费者的认可，并获得河南省科技厅科技进步一等奖和河南省人民政府科技进步二等奖。

"中国果树地方品种图志"丛书被列为"十三五"国家重点出版物规划项目。成书过程中，在中国农业科学院郑州果树研究所、湖南农业大学等22个单位和中国林业出版社的共同努力和大力支持下，先后于2017年5月在河南郑州、2017年10月25日至11月5日在湖南长沙、11月17～19日在河南郑州召开了丛书组稿会、统稿会和定稿会，对书稿内容进行了充分把关和进一步提升。在上述国家科技部基础性工作专项重点项目启动和执行过程中，还得到了该项目专家组束怀瑞院士（组长）、刘凤之研究员（副组长）、戴洪义教授、于泽源教授、冯建灿教授、滕元文教授、卢春生研究员、刘崇怀研究员、毛永民教授的指导和帮助，在此一并表示感谢！

曹尚银

2017年11月17日于河南郑州

前言

Preface

《中国石榴地方品种图志》是由中国农业科学院郑州果树研究所牵头，山东省果树研究所、山西省农业科学院生物技术研究中心、南京农业大学和中国农业大学共同主持，由山东省枣庄市石榴研究中心、西安市果业技术推广中心、河南省开封市农林科学研究院、湖南农业大学、西藏农牧学院、华中农业大学、沈阳农业大学、北京市农林科学院农业综合发展研究所、四川省农业科学院园艺研究所、贵州省农业科学院果树科学研究所、安徽省农业科学院、江西农业大学、陕西省农业科学院果树研究所、新疆农业科学院吐鲁番农业科学研究所和吉林省农业科学院果树研究所等单位参加，组织全国100多位专家合作撰写而成。

自2012年5月启动科技基础性工作专项重点项目"我国优势产区落叶果树农家品种资源调查与收集"以来，中国农业科学院郑州果树研究所作为主持单位在全国范围内开展了石榴地方品种资源的广泛调查和重点收集工作，特别是在石榴的传统栽培区域，如河南荥阳、山东枣庄、安徽淮北和怀远、四川攀枝花、云南蒙自和建水、新疆叶城等地，以及一些以前未曾到达过的地方如西藏昌都市，开展了长期的、连续的地方品种收集和植物学性状调查和数据采集，经过努力的工作，终于收集了一大批特异的、濒临消失的石榴果树种质材料。作为项目任务的一部分，要求完成我国优势产区石榴栽培的地域分布、产业和生存现状调查，每树种发表相关科学调查研究报告，合作撰写一本考察著作。

自2016年1月开始，我们启动了《中国石榴地方品种图志》的撰写工作，组织有关人员，起草撰写大纲，整理、收集品种资源调查资料和补充图片等前期准备工作，并开始着手撰写部分章节内容。2016年7月继续整理收集各片区调查数据和照片，撰写《中国石榴地方品种图志》的初稿，共收录石榴地方品种214份。2017年6月，中国农业科学院郑州果树研究所联合中国林业出版社，会同中国农业大学、山西省农业科学院生物技术研究中心、山东省果树研究所和南京农业大学在河南省郑州市召开了"中国果树地方品种图志丛书"第一次撰写工作会，曹尚银、房经贵、曹秋芬、尹燕雷、谢深喜、徐小彪、何增明、张华、李好先、骆翔等来自全国各地的20余位专家、学者参加会议，研究、讨论、确定了《中国石榴地方品种图志》撰写大纲，明确了撰写格式、撰写任务、撰写时间和具体分工。最后，由曹尚银同志根据书稿情况，邀请有关专家审定并最终定稿。

《中国石榴地方品种图志》是首次对中国石榴地方品种种质资源进行比较全面、系统调查研究的阶段性总结，为研究石榴的区域分布、品种类别及特异资源的开发利用提供较完整的资料，将对促进我国石榴产业发展和科学研究产生重要的作用。本书的写作内容重点放在石榴地方品种种质资源上，也就是品种资源的调查地点、生境信息、植物学信息和品种评价的描述上。总体工作思路如下：①在果树生长季节，每年进行4次野外调查，分别采集石榴的叶、花、果等数据和照片，以及在当地实际的物候期数据；②将全国分为东部、西部、南部、北部、中部5个片区，每个片区配备一个调查组，每组至少15人，分3个小队进行调查；③各调查组查阅有关资料、走访当地有关部门，确定调查的县、乡、村、农户，进行调查；④组建专家组（14人），对各片区提出的疑难地区进行针对性调查。

本书总论主要阐述石榴地方品种收集的重要性，区域分布特点，产业发展现状，调查方法，调查结果和主要种质资源的鉴定分析；各论是对收集的地家品种的具体信息进行描述，包括调查人、提供人、调查地点、经纬度信息、样本类型、生境信息、植物学信息和品种评价，并配置相应品种的生境、单株、花、果、叶的高清晰度照片，本书所配照片在总论中都一一标出拍摄人或提供人姓名，各论里照片都是各片区调查人拍照提供，由于人数较多，就不一一列出。开展工作时采用了分片区调查的方式，各片区所辖的范围如下：东部片区辖山东、上海、浙江、安徽、福建、江西等省（自治区、直辖市），西部片区辖山西、陕西、甘肃、青海、宁夏、新疆等省（自治区、直辖市），南部片区辖江苏、广东、广西、重庆、贵州、云南、四川等省（自治区、直辖市），中部片区辖河南、湖北、湖南、西藏等省（自治区、直辖市）。本书收录的石榴地方品种（类型）的形态特征及经济性状，可为生产利用提供参考，对石榴地方品种保护、产业发展、石榴科学研究具有深远影响。

中国工程院院士、山东农业大学束怀瑞教授对本书撰写工作给予热情关怀和悉心指导；中国农业科学院郑州果树研究所、中国园艺学会石榴分会、中国林业出版社等单位给予多方促进和大力支持；国家科技基础性工作专项重点项目"我国优势产区落叶果树农家品种资源调查与收集"、国家出版基金给予了支持。在此一并表示深深的感谢。

由于著者水平和掌握资料有限，本书有遗漏和不足之处敬请读者及专家给予指正，以便日后补充修订。

著者

2017年8月

目录

Contents

中国石榴地方品种图志

总论

第一节
石榴地方品种调查与收集的重要性

石榴（*Punica granatum* L.），属于石榴科（Punicaceae）石榴属（*Punica* L.）果树，原产伊朗、阿富汗和高加索等中亚地区（曹尚银等，2013）。因其广泛的适应性和丰富的遗传多样性，石榴在整个热带、亚热带和暖温带等地区都有栽培。经过长期的演化和栽培驯化，石榴形成了颜色各异的品种类型（图1、图2），据不完全统计，目前全世界有1000多个品种及野生型（Lansky E P 等，2007），分布在全世界24个国家和地区。

果树产业作为世界农产品生产三大项之一，一直都受到各国政府的重视和支持。果树种质资源是重要基因库，自20世纪60年代以来，逐渐得到了各国政府的重视，并陆续开展了种质资源的收集、保存和鉴定工作，通过建立资源圃加以保存（郝素琴，1992）。种质资源（Germplasm resources）是指培育新品种所用的原始材料，包括栽培品种、半栽培品种、野生类型及人工创造的新类型。其作为基础理论研究、培育新品种等重要的资源，不仅可以保留濒临灭绝的物种，保存对人类和自然具有重要、甚至是未知作用的基因，而且可以为其他学科的研究和科技创新提供研究材料和重要的科学数据。因此，各国都积极地进行收集、鉴定和保存工作。例如，国际植物遗传资源研究所（IPGRI）、美国国家植物遗传资源中心（PGRB）、日本国立遗传资源中心等都是各国收集、保存和研究种质资源的专门部门。

农家品种又称地方品种，是指那些没有经过现代育种手段改进的、在局部地区内栽培的品种，还包括那些过时的和零星分布的品种。其为在特定地区经过长期栽培和自然选择而形成的品种，对所在地区的气候和生产条件一般具有较强的适应性，并包含有丰富的基因型，具有丰富的遗传多样性，常存在特殊优异的性状基因，是果树品种改良的重要基础和优良基因来源。这类种质资源往往由于优良新品种的大面积推广而被逐步淘汰，它们虽然在某些方面不符合市场的需求，或者适应性不够广泛，但往往具有某些罕见的特性，如适应特定的地方生态环境，特别是抗某些病虫害，或适合当地特殊的

图1 石榴种质资源的多样性（Doron Holland 供图）

图2 石榴果实籽粒的不同类型（John Preece 供图）

习惯要求以及具备一些在目前看来还不特别重要的某些潜在有利性状。因此在种质资源收集时，需要特别加以重视。发达国家已经将其原产果树树种的地方品种进行了详细的调查和搜集。近年来，欠发达国家也已开始重视地方品种的调查和收集工作。截至2008年年底：伊朗仅石榴地方品种就收集了872份，土库曼斯坦收集石榴种质资源1117份，以色列Newe Ya'ar研究中心收集石榴种质资源167份，俄罗斯收集石榴种质资源800余份，土耳其收集石榴种质资源461份（Holland D et al.，2009；Verma N et al.，2010；Arjmand A，2011）（表1）。

除了石榴之外，其他果树树种也开展了类似的工作，其中土耳其收集了无花果地方品种225份、杏地方品种386份、扁桃地方品种123份、榛子地方品种278份、核桃地方品种966份，美国很早就重视种质资源的收集，并于1958年建成世界上第一个现代化种质库（卢新雄，2008）。美国国家果树无性系种质库（National Clonal Germplasm Repository，NCGR）的建立也是始于20世纪80年代，即从1980年开始在俄勒冈州建立了第一个国家果树无性系种

表1 世界各国保存石榴种质资源数量

国家	机构	地点	数量
中国	枣庄石榴研究中心	山东枣庄	289
伊朗	亚兹德和萨维赫的农业研究站	亚兹德/markazi省	>100
	亚兹德石榴资源圃	亚兹德	约760
土库曼斯坦	植物遗传资源试验站	Garrygala	1117
美国	国家石榴种质资源圃	Davis CA	281
	Alata园艺研究所	Mersin	270
	爱琴海农业研究所	伊兹密尔	158
土耳其	库库罗瓦大学	亚达那	33
	Aegean大学园艺系	伊兹密尔	不详
乌克兰	Nikita植物园	雅尔塔	370
印度	国家遗传资源站基因库	phagli，西姆拉县	90
俄罗斯	Vavilov N I 植物研究院	圣彼得	800
西班牙	EMFTS	不详	116
	图西亚大学	Viterbo	12
意大利	意大利农业委员会果树研究中心	罗马	70
突尼斯	国家资源圃	加贝斯和Chottmariem	63
以色列	Newe Ya'ar研究中心	海法	167
阿塞拜疆	不详	不详	200~300
乌兹别克斯坦	不详	不详	200~300
埃及	不详	开罗	>100
葡萄牙	国家水果育种站	Alcobaca	5
泰国	不详	清迈和曼谷	29
哈萨克斯坦	不详	杜尚别	200~300
塔吉克斯坦	塔吉克斯坦农业科学院园艺所亚热带作物站	J Rumi district	不详
	科学院帕米尔生物所	Darvoz district	不详
阿尔及利亚	果树和葡萄园研究所	地拉那	5
匈牙利	园艺与食品工艺大学	布达佩斯	3
德国	联邦研究中心作物科学研究院	布伦瑞克	2
	世界作物与营养研究所	Witzenhausen	不详
法国	CIRAD—FLHOR	Capesterre Belleeau	2
日本	筑波大学	筑波	15

注：数据参考文献（苑兆和等，2014）。

质库后，又相继在得克萨斯州、加利福尼亚州、纽约州、夏威夷州、佛罗里达州等地建立了7个国家果树种质资源库，保存的种质资源有所不同。据不完全统计，截至2012年5月，美国的8个国家果树种质资源库保存果树达46种，保存种质材料总数40000余份，保存苹果、梨、葡萄、柑橘、核桃、李等主要果树资源数达约19000份（任国慧等，2013）。我国自20世纪60年代开展果树种质资源的收集工作，截止到2010年，我国的18个国家果树种质资源圃保存了约25种果树的15000余份种质材料，苹果、梨、葡萄、杏、枣、柿子、荔枝主要果树种质资源保存了14000余份，其中我国原生树种如枣、枇杷、荔枝、龙眼和柿子的收集居世界前列（贾定贤，2007；梁宁等，2007；王力荣，2012）。

由于农业发展的先进性，国外发达国家较早认识到植物种质资源收集的重要性，在美国、欧洲等发达国家，果树生产大多以大中型的果园农场进行生产，小型果园或类似我国农家形式的生产较少。这种类似工业化生产的模式给生产者带来巨大方便快捷的同时也同样造成了果树品种单一、许多优良的自然突变被忽略，因而在一定程度上来说对于果树的自然育种是不利的。由于社会历史的原因，我国果树生产大都以农户生产方式存在，果园面积小，经济效益低。这种农户型的生产方式有着种种弊端，但同时也为自然突变所产生的优良品种提供了可以生存的空间。农户对于自家所生产的品种比较熟悉，通过自然实生、芽变或自然变异所产生的优良性状的果树品种能够被保留下来，在不经意间被选育出来，成为地方品种。地方品种具有相对优异的性状，是短期内改良现有品种的宝贵资源，如'火把梨'是云南的地方品种，广泛分布于云南各地，呈零散栽培状态，果皮色泽鲜红艳丽，外观漂亮；中国农业科学院郑州果树研究所1989年开始选用日本栽培良种幸水梨与'火把梨'杂交，育成了品质优良的'满天红''美人酥'和'红酥脆'三个红色梨新品种，在全国推广发展很快，取得了巨大的社会、经济效益，获得了国际林产品金奖（图3）。但由于这种方式所产生的品种没有经过任何形式的鉴定评价，每个品种的数量稀少，很容易随着时间的流逝而灭绝，如甘肃省兰州市安宁区曾经是我国桃的优势产区，但随着城镇化的建设和发展，现在桃树栽培面积不到20世纪80年代的五分之一，

在桃园大面积减少的同时，地方品种也大幅度流失。兰州'软儿梨'也是一个古老的品种，但由于城镇化进程的加快，许多百年以上的大树被砍伐，也面临种品种流失的威胁。

鉴于此，新中国成立后，党和政府十分重视果树事业的发展。国务院在1956年拟定的全国科技远景规划中提出："要调查、收集、保存、利用我国丰富的果树品种资源"。农业部也发出了"关于全面收集整理各地农作物地方品种工作的通知"。

1958年全国各省（自治区、直辖市）相继进行了果树资源普查。中国农业科学院果树研究所（一部分后来南下黄河故道地区的郑州市，即后来成立的中国农业科学院郑州果树研究所）为了推动此项工作的开展，先后召开了西北、华东、新疆、云贵及两广等13省（自治区、直辖市）果树资源调查座谈会。到1960年，全国已有18个省（自治区、直辖市）基本完成了野外调查任务。初步查明，河北省有103个种，1000多个品种；山东省有90余个种，3000多个品种；陕西省有185个种，1000个以上品种（或类型）；新疆维吾尔自治区有78个种，17个变种，约900多个品种；辽宁省有73个种，20个变种，970余个品种。

由于首次普查工作的成果因为历史的原因大多得而复失，1979年果树资源考察工作重又提上日程。1979年初，农业部召开"第一届全国农作物品种资源科研工作会"之后，中国农业科学院组织了对西藏、云南、湖北等省（自治区、直辖市）的考察。这部分工作中最具代表性的是中国农业科学院郑州果树研究所牵头成立全国猕猴桃资源调查组，组织各省市自治区有关研究单位开展的全国猕猴桃资源大普查。这次普查基本摸清了我国分布在云南、西藏等27个省市自治区的猕猴桃属植物资源，并主编出版了《中国猕猴桃》专著。该书至今仍被认为是世界唯一的权威性猕猴桃专著，并在"十五"期间出版了英文版，为我国乃至世界猕猴桃资源的研究和产业的持续发展奠定了基础。

应该说过去的资源考察工作取得了丰硕的成果，大体摸清了我国果树资源的分布、主要品种，出版了主要果树树种的果树志，建立了主要树种的国家级种质资源圃，以收集各树种的栽培种、地方品种、引进品种、野生种和近缘植物。截至目前，各国家级资源圃已累计收集了1674份桃资源（郑州729份、南京587份、北京285份、轮台68份、公

母本：幸水 × 父本：火把梨 F1

满天红　　　　红酥脆　　　　美人酥

图3 梨地方品种育种优势（魏闻东等，2009）

主岭5份），1768份梨资源（兴城811份、武昌619份、轮台92份、公主岭246份），1164份苹果资源（兴城759份、轮台73份、公主岭332份）2020份葡萄资源（郑州1185份、太谷382份、左家400份、轮台36份、公主岭17份），185份核桃资源（泰安142份、轮台42份、公主岭1份），156份板栗资源（泰安），565份柿资源（陕西），620份枣资源（太谷），560份李资源（熊岳450份、轮台35份、公主岭75份），758份杏资源（熊岳550份、轮台146份、公主岭62份），444份草莓资源（南京254份、北京190份），298份山楂资源（沈阳240份、轮台14份、公主岭44份），16份石榴资源（轮台），173份猕猴桃资源（武汉155份、公主岭18份），10份樱桃资源（公主岭）。

从表2中可以看出各树种目前资源收集和保存的状况：苹果、梨、桃、葡萄四大落叶果树树种收集的资源最多，资源收集较为完全，并且从国外引进来不少资源，这些树种资源调查和收集补充的任务相对较轻。柿、枣、李、杏收集的资源数量居中，这些树种原产于我国，地方品种非常多，其中

柿地方品种约有936份、枣地方品种有938份、李地方品种约有1000份、杏地方品种有1463份，现在已经收集入圃的地方品种仅占已知地方品种数量的40%～66%，有必要继续加强调查和收集工作。核桃、板栗、山楂、猕猴桃育成品种较少，收集的多为地方品种，但数量偏少，地方品种收集数量仅占已知地方品种数量的很少一部分。尤其是樱桃和石榴，至今我国还没有专门的国家资源圃，收集的资源才10多份，这方面的工作基本没有开展，应加强其资源的调查、收集和保存工作。

随着时代的发展和科研、育种工作的深入，种质资源调查的要求也发生了很大的变化。育种家们逐渐认识到现有栽培品种的遗传育种体系相对封闭，遗传多样性受制于其祖先亲本，遗传背景极为狭窄，育种性状提高的空间越来越小，亟需引入新的优异基因资源。地方品种因为积累了丰富的优良变异，且本身综合性状较好，逐渐成为新形势下育种家们迫切需要了解的资源。因此，为了保护和收集这些长期累积下来的优良地方品种果树资源，进行系统的调查迫在眉睫。

表2 中国保存落叶果树种质资源数量

树种	机构	地点	数量
石榴	新疆农业科学院	新疆轮台	16
苹果	中国农业科学院果树研究所	辽宁兴城	759
	新疆农业科学院	新疆轮台	73
	吉林省农业科学院	吉林公主岭	332
梨	中国农业科学院果树研究所	辽宁兴城	811
	湖北省农业科学院果树茶叶研究所	湖北武昌	619
	新疆农业科学院	新疆轮台	92
	吉林省农业科学院	吉林公主岭	246
桃	中国农业科学院郑州果树研究所	河南郑州	729
	江苏省农业科学院	江苏南京	587
	北京市农林科学院	北京	285
	新疆农业科学院	新疆轮台	68
	吉林省农业科学院	吉林公主岭	5
葡萄	中国农业科学院郑州果树研究所	河南郑州	1185
	山西农业科学院	山西太谷	382
	中国农业科学院特产研究所	吉林左家	400
	新疆农业科学院	新疆轮台	36
	吉林省农业科学院	吉林公主岭	17
李	辽宁省果树研究所	辽宁熊岳	450
	新疆农业科学院	新疆轮台	35
	吉林省农业科学院	吉林公主岭	75
杏	辽宁省果树研究所	辽宁熊岳	550
	新疆农业科学院	新疆轮台	146
	吉林省农业科学院	吉林公主岭	62
山楂	沈阳农业大学	辽宁沈阳	240
	新疆农业科学院	新疆轮台	14
	吉林省农业科学院	吉林公主岭	44
核桃	山东省果树研究所	山东泰安	142
	新疆农业科学院	新疆轮台	42
	吉林省农业科学院	吉林公主岭	1
板栗	山东省果树研究所	山东泰安	156
猕猴桃	武汉植物园	湖北武汉	155
	吉林省农业科学院	吉林公主岭	18
柿子	西北农林科技大学	陕西杨凌	565
枣	山西省果树研究所	山西太谷	620
草莓	北京市农林科学院	北京	190
	江苏省农业科学院	江苏南京	254

注：数据参考文献（任国慧等，2013）

第二节
石榴地方品种调查与收集的思路和方法

根据果树种质资源野外调查的一般方法和手段，我们制定了一套符合石榴地方品种调查和收集的技术路线，以期在最短时间内最大程度的收集所有有效的信息。由于以前科技水平和人财务交通等条件的限制，资源考察工作的效果势必受到影响。当时没有计算机，以及照相机技术相对落后，野外资源考察工作没有能够留下很多的图像资料，即使有图像资料的，其色彩、清晰度等各方面也存在许多失真的地方。而且，由于当时无GPS导航设备，一些有关资源地域分布的描述并不确切；后期如果当地的地理环境发生变化，往往也不能对该地区的资源进行回访调查。针对以前调查的技术水平和工具的不足，我们都一一做了弥补。石榴地方品种资源分布广泛，需要了解和掌握的信息较多，因此我们制定了如下工作流程。

一 调查我国石榴优势产区地方品种的地域分布、产业和生存现状

通过收集网络信息、查阅文献资料等途径，从文字信息上掌握我国主要落叶果树优势产区的地域分布，确定今后科学调查的区域和范围，做好前期的案头准备工作。实地走访主要落叶果树种植地区，科学调查主要落叶果树的优势产区区域分布、历史演变、栽培面积、地方品种的种类和数量、产业利用状况和生存现状等情况，最终形成一套系统的相关科学调查分析报告。

二 初步调查和评价我国石榴优势产区地方品种资源的原生境调查、植物学、生态适应性和重要农艺性状

对我国石榴优势产区地方品种资源分布区域进行原生境实地调查和GPS定位等（图4），评价原生境生存现状，调查相关植物学性状、生态适应性、栽培性能和果实品质等主要农艺性状（文字、特征数据和图片），对石榴优良地方品种资源进行初步评价、收集和保存（图5~图8）。这些工作意义重大而有效率，最后可以形成高质量的石榴地方品种图谱、全国分布图和GIS资源分布及保护信息管理系统。

图4 石榴原生地生境（曹尚银 摄影）

图5 石榴植物学性状记录（曹尚银 摄影）

图6 石榴样本采集（曹尚银 摄影）

图7 石榴地方品种植物信息记载（李好先 供图）　　图8 石榴种质资源的嫁接保存（李好先 摄影）

三 采集和制作石榴地方品种的图片、图表、标本资料

由于受到当时交通条件的影响，石榴等资源调查工作受到限制，许多交通不便的偏僻地方考察组无法到达。而现在随着公路、铁路和航空交通的巨大发展，使考察组可以深入过去不能够到达的地方，从而可能发现、收集并保存更多的地方品种资源，如本次调查前往西藏自治区昌都市发现百年以上的石榴群落（图9），为了解石榴的起源和演化提供依据。我们每次调查时对叶、枝、花、果等性状进行不同物候期进行调查，记载其生境信息、植物学信息、果实信息，并对其品质进行评价（图10），按石榴种质资源调查表格进行记载，并制作浸渍或腊叶标本。根据需要对果实进行果品成分的分析。

四 鉴别石榴地方品种遗传型和环境表型

我们加强对石榴主要生态区具有丰产、优质、抗逆等主要性状资源的收集保存，针对恶劣环境条件下的石榴地方品种，注重对工矿区、城乡结合部、旧城区等地濒危和可能灭绝地方品种资源的收集保存，以及石榴地方品种优良变异株系的收集保存，并在河南郑州、湖北随州建立国家主要落叶果树地方品种资源圃（图11～图13），用于集中收集、保存和评价特异石榴地方品种资源，以确保收集到的果树地方品种资源得到有效地保护。对于收集到资源圃的石榴地方品种进行初步观察和评估，鉴别"同名异物"和"同物异名"现象。着重对同一地方品种的不同类型（可能为同一遗传型的环境表型）进行观察，并用有关仪器和分子标记进行鉴定分析。

我们在石榴地方品种的调查过程中发现，由于当地社会经济状况已经发生了翻天覆地的巨大变化，石榴地方品种的生存状况自然也会相应发生变化。实际上随着经济的发展，城镇化进程的加快；石榴果树产业向着良种化、商品化方向发展；石榴地方品种的生存空间和优势地位正加速丧失，导致石榴地方品种因为各种原因急速消失，濒临灭绝，

图9 西藏石榴树枝叶繁茂（曹尚银 摄影）

图10 石榴地方品种果实评价（John Preece 供图）

图11 中国落叶果树农家品种资源圃（河南郑州）（李好先 供图）

图12 中国落叶果树农家品种资源圃（湖北随州）（陈利娜 供图）

图13 农家品种资源保存情况（湖北随州）（陈利娜 供图）

许多石榴地方品种现在已经无法寻见。通过此项工作，一方面能够了解我国石榴农家果树生产现状，解决其生产的各种问题；另一方面也为收集和保存大量自然产生的石榴品种资源，丰富我国石榴种质资源库，为选育优良石榴品种提供更多优异原始材料。对我国优势产区石榴地方品种资源进行调查和收集，可以在有限的时间和资源配置下，快速有效地了解和收集到最多的石榴地方品种资源。

为了更好地协调各调查小组有效地调查、登记果树资源数据，我们采集了果实和枝叶并制作

标本，并制定了相关规范：①采集完整的标本类型，包括品种资源的茎、叶、花、果，地下部分，树皮，发育阶段的组织（叶芽、花芽、幼叶、幼枝），异形叶（花），雌花和雄花，花果的精细结构需另外保存。②采集三份标本，个体较小的物种标本需要采集多个个体。③完整的野外采集记录，尽可能多的记录有用的信息，包括野外鉴定信息；有唯一的采集编号，流水号，唯一的数据表，按照子专题负责人姓全拼+名拼音首字母+采集者姓名拼音首字母+流水号数字，例如CAOSYLHX001；

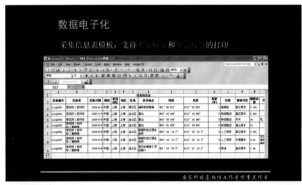

图14 果树标本制作电子化（李好先 供图）

图15 标本信息鉴定方法示例（李好先 供图）

图16 果树文件夹信息采集命名示例（李好先 供图）

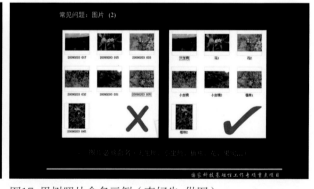

图17 果树照片命名示例（李好先 供图）

图18 "我国优势产区落叶果树农家品种资源调查与收集"项目中期检查会合影留念（李好先 供图）

图19 中国果树地方品种2014年终总结会（李好先 供图）

GPS读数格式采用度-分-秒，例如102°36'51"；字迹清楚工整。④标本制作，以已经出版的《Flora of China》为依据，并标注鉴定标签，包含采集编号、双命名法（属名+种加词+命名人），鉴定人及鉴定日期。⑤按照采集信息表录入数据，将采集到的数据电子化（图14）。⑥图像采集规范，需要3～5张照片标注生境、植株、花、果及其他记录鉴定特征的图像，图像按照照片内容命名（如生境、植株、花、果），放在一个文件夹内，文件夹用采集号命名，图像像素300dpi，推荐图像大小不低于2048×1536。并对常见的问题一一进行了说明（图15～图17）。

五　按期召开年终项目总结会和中期检查会

每年年底按期召集协作单位有关人员，进行阶段总结和任务安排，召开项目年终总结会（图18、图19），并向上级主管部门中国农业科学院科技管理局、农业部高教司和科技部基础研究司提交年终总结。各调查小组对地方品种资源调查工作进行总结、查漏补缺，进行补充调查，同时确定联合调查组须重点考察的区域，成立联合调查组，对第一阶段考察确立的有待重点考察的区域进行考察，进行数据和图像信息采集等工作，优异资源秋季入圃。对收集到的品种资源进行倍性鉴定和花粉学电镜观测（图20、图21），对圃内保存的地方品种资源进行种质调查和初步评价（图22）。

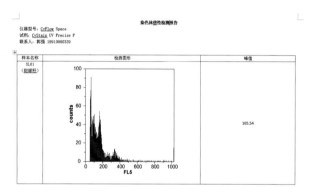

图20 石榴叶片倍性分析（李好先 供图）

图21 石榴地方品种花粉电镜照片（曹秋芬 供图）

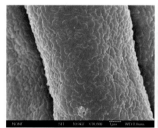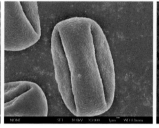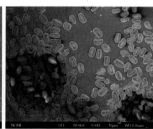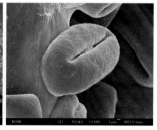

图22 石榴地方品种果实化学成分分析（李好先 供图）

第三节
我国石榴地方品种的起源与区域分布

一 我国石榴地方品种的起源

石榴是一种古老的果树，同其他果树一样是由野生石榴经过人工选择和引种驯化进而演变成栽培种，原产于西亚的伊朗、阿富汗和俄罗斯南部，从海拔300~1000m的山区都可找到成片的野生石榴丛林（图23）。由于地理和气候条件的差异，野生石榴产生了变异，形成了现在的丰富多彩的类型、品系和品种（图24）。向东传播到印度（图25），通过丝绸之路传到中国，向西传播到地中海周边国家及世界其他各适生地（图26）。我国学者段盛娘等人1983年、曹尚银等人2012年在对西藏果树资源考察时也发现，在我

国西藏三江流域海拔1700~3000m的察隅河两岸的干热河谷的荒坡上，分布有古老的野生石榴群落和面积不等的野生石榴林，有800年以上大石榴树（曹尚银等，2013）。"三江"流域干热河谷是十分闭塞的峡谷区，古代几乎不可能是人工传播，为此初步认为，西藏东部也可能是石榴的原产地之一。在果树栽培上只有石榴一种，即 Punica granatum L.，作花木观赏用的尚有花石榴、小石榴等变种（图27）。石榴既是营养价值高的果树，又是观赏价值好的园林树种（图28），还是珍贵的蜜源、药用和化工产品原材料，应用十分广泛（曹尚银，2011）。

石榴是人类栽培最早的果树之一。园艺学家把

图23 阿尔巴尼亚的野生石榴群落（John Preece 供图）　图24 以色列石榴的丰富类型群落（Doron Holland 供图）

图25 印度石榴种质资源（李好先 供图）

图26 西班牙石榴地方品种（李好先 供图）

图27 观花石榴地方品种 （曹尚银 供图）

图28 西班牙酒店里石榴树（李好先 供图）

石榴种下分成7个变种：月季石榴（*Punica granatum* var. *nana*）（图29）、白石榴（*Punica granatum* var. *albescen*）（图30）、黄石榴（*Punica granatum* var. *flavesens*）（图31）、玛瑙石榴（*Punica granatum* var. *legrellei*）（图32）、重瓣白石榴（*Punica granatum* var. *multipex*）（图33）、重瓣红石榴（*Punica* *granatum* var. *pleniflora*）（图34）、墨石榴（*Punica granatum* var. *nigra*）（图35）。

据《中国果树志·石榴卷》记载，在伊朗（波斯）有史以前已有石榴种植，阿富汗等地在古代也有栽培，在巴比伦的庭院中常种有石榴树。古代由叙利亚将石榴传入埃及，而地中海的气候适于石榴

图31 黄石榴（曹尚银 供图）

图29 月季石榴（曹尚银 供图）　　图30 白石榴（曹尚银 供图）　　图32 玛瑙石榴（曹尚银 供图）

图33 重瓣白石榴（曹尚银 供图）　　图34 重瓣红石榴（曹尚银 供图）　　图35 墨石榴（曹尚银 供图）

的生长发育，因此在这一带得到了发展。在距今3000年前的埃及法老王第18世的古墓壁画上，已雕刻有硕果满枝的石榴树（图36）。在地中海沿岸及其他国家表现宗教和文化的文字和壁画中，也有大量的反映石榴融入到人类生活中（图37）。以后逐渐扩大到南欧一带，逐渐传到欧洲中部。1492年哥伦布发现新大陆后，把石榴传到美国，主要分布在东南部各州，以后经墨西哥又传入南美洲各地。

亚历山大远征时把石榴带到印度，由于佛教僧侣的活动，把石榴传到东南亚和柬埔寨、缅甸等国。公元7世纪唐玄奘在《大唐西域记》中，记载印度很多地方种植石榴，有的一年四次开花，两次结果；还有无核石榴是专门给皇帝进贡的（孙云蔚，1983）。自从石榴传入我国后，长期以来深受我国人民的喜爱，因石榴花果并丽，有多籽多汁，被人们喻为繁荣昌盛、家庭幸福、多子多孙的象征，是我国人民喜爱的吉祥之果（张建国等，2007）。在民间形成了许多与石榴有关的乡风民俗和独具特色的民间石榴文化（图38）。

㈡ 我国石榴地方品种分布的多样性和特殊性

范围非常广泛，遍布大半个中国。北界为北京、河北，南界为台湾、海南，东至黄海、东海沿岸，西到新疆和西藏。在北纬20°～40°、东经76°～122°范围内，除东北三省、内蒙古、新疆北部等极寒冷地区外，年平均气温12.0～21.0℃，≥10℃积温4000～6532℃，年日照时数1770～2665小时，年降水量55～1600mm，无霜期180～365天的地区，都有石榴分布。分布区域跨越了热带、亚热带、温带3个气候带和暖温带大陆性荒漠气候、暖温带大陆性气候、暖温带季风气候、亚热带季风气候、亚热带季风湿润气候5个气候类型（曹尚银等，2013）。

多样化的地理特点和小气候构成了我国石榴品种多样性，每个地方根据石榴特性对其进行了命名，分类的方式也多种多样，有以地理命名，有以果实特性命名的。以地理命名的，如云南的蒙自石榴、建水石榴、盐水石榴（会泽），四川的会理石榴，陕西的临潼石榴，山东的峄城石榴，河南的河阴石榴（荥阳），新疆的叶城石榴，安徽的怀远石榴、淮北石榴（烈山）等。以果实特性命名的，各地生产上按籽粒风味（口感）分为：甜、甜酸、酸（可食）、涩酸（不堪食用）；按果皮颜色分为：白皮、青皮、红皮、紫皮、黄皮；按果皮的厚度分为：厚皮、薄皮；按籽粒颜色分为：红、粉红、紫红、白、黑等；按籽核硬度分为：硬核、半硬核、软核等类型；按成熟后籽粒口感性状分为：普通硬籽石榴、软籽石榴；按成熟期分为：早熟品种、中熟品种、晚熟品种。另外，也有按籽粒形状命名的。

通过本次全国范围内的石榴地方品种调查，基本摸清了国内石榴地方品种的数量、分布、生态和生产现状。从地理分布上，分布特点主要表现为：

1. 水平分布范围广

仅从经、纬度看，除了东北三省、内蒙古、新疆北部等极寒冷地区外，石榴分布范围几乎涵盖了全国。受气候和栽培历史的限制，各区域集中栽培，规模较大的有10个左右，全国规模栽培面积约12hm^2。近年来石榴引种栽培的地方越来越多，分布数量逐渐扩大，零星种植遍布各地，如湖北、湖南、广西等。此外，我国有庭院栽培石榴的深厚文化习惯，庭院栽培各地都有，极其普遍，这种广泛

的零星种植也是石榴分布的一大特点。

2. 分布区域性很强

石榴对温度的要求比较严格，在相同的纬度条件下不一定都适宜石榴生长。在广阔的范围内，地形复杂，山峦起伏，河流纵横，形成了许多区域性气候带，在同一区域内又形成了一些相互隔离的小气候类型，只有能满足石榴温度需求的区域才适宜其生长，所以形成了区域性分布特点。如河北省石家庄市元氏县石榴产区就是一个典型的小气候类型，该产区地处太行山东麓，位于河北省中南部，东经114°11′～114°38′、北纬37°40′～37°55′，距石家庄市30km，全域年平均温度12.5℃，极端最高气温42℃，极端最低气温-22.8℃，平均年降水量528mm，年日照2662小时，平均无霜期191天，海拔50～1131m，石榴分布在海拔100～200m的背风向阳丘陵山坡，是我国石榴成片栽培的北界。本区

图36 公元前1300年埃及古墓石榴壁画（John Preece 供图）

图37 各种呈现石榴文化的壁画（John Preece 供图）

图38 象征多子多孙的石榴画（John Preece 供图）

是太行山区的一个温暖小气候，而背风向阳、海拔100～200m山坡又是该小气候中的小气候，在这个小气候外围，无论是东、南、西、北、上、下都不能种植石榴。从河北省石家庄市元氏县一直往西南到山西省运城市临猗县石榴栽培区，中间相距800km的地区不能露地成片种植石榴（曹尚银等，2013）。

3. 有明显垂直分布特点

我国石榴分布区域位于海拔高度20～2900m之间，其垂直分布介于亚热带果树（柑橘等）和温带果树（如梨等）种植区域之间。如云南省红河哈尼族彝族自治州蒙自市、建水县和昭通市巧家县及曲靖市会泽县，四川省凉山州会理县，石榴分布在海拔1300～1800m。又如在四川省重庆市巫山县和奉节县石榴分布在海拔600～1000m处，与枣树、柿树相近。西藏自治区三江流域野生石榴分布在海拔1700～2000m的察隅河两岸的荒坡上、沟谷中。陕西省的西安临潼、咸阳礼泉，河南省的荥阳、巩义，山西省的临汾、运城等地区，石榴主要分布在黄河两岸海拔100～600m左右的黄土丘陵上。山东省枣庄市峄城区石榴主要分布在海拔100～150m的丘陵南北坡中下部地带。安徽省淮北市烈山区、蚌埠市怀远县石榴分布在海拔50～100m的淮河两岸。石榴垂直分布范围与温度有关，特别是与最低温度密切相关。一般而言，在高纬度地区垂直分布较低，如河北省石家庄市元氏县石榴分布在海拔100～200m的丘陵；山西省运城市临猗县石榴分布在海拔100～200m的平地。在低纬度地区垂直分布较高，如云南省巧家、元谋、禄丰、会泽产区和四川省会理产区分布在海拔1300～1800m地带。由于石榴水平分布地域广阔，地形复杂多变，常有区域性小气候例外。所以，石榴垂直分布的高低应该取决于产地地形和基准气候带（曹尚银等，2013）。

4. 人为因素特点明显

从古到今，多以经济为目的引种栽培，种植成功者不断扩大发展，形成规模大小不等的分布群落。所以，除西藏三江流域一带有自然分布外，我国其他石榴分布区都属于栽培分布。

西藏自治区是一个特殊的分布区域，石榴主要分布在三江流域中下游的昌都地区左贡县、林芝地区察隅县等地，有少量栽培分布。在察隅河两岸海拔1700～3000m的山坡上、沟谷内有野生群落，其中酸石榴占99.4%，无食用价值，甜石榴占0.6%，

有一二百年生的大树，树高5～6m，最高达11m以上，干周1～2.5m，最大4.35m，有灌木状、乔木状，有纯生林和杂木混生林，多为散生。到目前为止，这些野生石榴群落的起源还有待进一步考证，至少应该属于自然分布（曹尚银等，2014）。

三 我国石榴地方品种的优势分布区

在我国，石榴栽培历史悠久，栽培面积大，产量较高的有陕西、河南、山东、安徽、四川、云南、新疆等省（自治区），栽培面积占88%左右，产量占90%以上（冯玉增等，2000）。其中，陕西省西安市临潼区、咸阳市礼泉县；河南省荥阳市、巩义市、信阳市平桥区；山东省枣庄市峄城区、薛城区、市中区、山亭区；安徽省淮北市烈山区、蚌埠市怀远县；四川省凉山彝族自治州会理县、西昌市，攀枝花市仁和区；云南省红河哈尼族彝族自治州蒙自市、建水县，大理白族自治州宾川县，楚雄彝族自治州禄丰、元谋县，昭通市巧家县及曲靖市会泽县；新疆维吾尔自治区和田地区皮山县、和田市、策勒县，喀什地区叶城县等是我国石榴栽培的主要分布区（曹尚银等，2008）。

1. 陕西石榴地方品种分布区

陕西地区以临潼为主，还有乾县、礼泉县、富平县等（图39）。该石榴区栽培历史久远，是我国最早栽培石榴的区域之一，古代就成为陕西一大特产，它集全国石榴之优，素以色泽艳丽、果大皮薄、汁多味甜、核软鲜美、籽肥渣少、品质优良等特点而著称，被列为果中珍品，历来是封建皇帝的贡品，享誉九州，驰名海外。在该产区中面积与产量最大者是临潼产区，临潼是我国最古老的石榴产区之一，该产区石榴主要分布于骊山北麓华清池两侧和秦始皇陵一带，海拔最高点为骊山1302m，最低点位于临潼区何寨镇寇家村345m。东起新丰、骊山，经斜口、城关、代王，西至石榴沟，沿骊山长约15km。近年来开始实施"东进南扩"战略，向东发展到铁炉街道办，向南扩展到骊山半山腰，总规模达到8000hm²，年产量近10万t。

该区属于温带大陆性季风气候类型，年平均气温13.5℃，最热月为7月，平均气温为26.9℃，最冷月是1月，平均气温为-0.9℃；年平均最高气温19.4℃，年平均最低气温8.5℃，年平均日气温较差10.9℃；年

图39 陕西临潼石榴栽培区（李好先 供图）

图40 '净皮甜'石榴果实（李好先 供图）

图41 '净皮甜'石榴开花状（李好先 供图）

图42 '净皮甜'石榴大树（李好先 摄影）

图43 '净皮甜'石榴丰产园（李好先 摄影）

极端最高日气温41.9℃，年极端最低日气温-17.0℃。平均初霜期10月31日，最早10月14日，最晚11月19日，平均终霜期3月27日，最早3月6日，最晚4月18日，全年平均无霜期219天，最少无霜期192天，最多无霜期256天。年平均有霜期146天。平均年降水量519mm。年日照时数2052.7小时，年总辐射量467.6kJ/cm²。土壤类型多为黄壤土，pH 7～8.1。冬季冻土平均初日为12月2日，最早是11月18日，翌年解冻日期为2月23日，冻土持续日数平均每年51.9天，最大冻土深度是28cm。

临潼石榴经过2000多年的栽培和选育，形成40多个地方主栽品种。主要有'净皮甜'（图40～图43）'天红蛋'（图44～图46）'大红甜'（图47～图49）'三白甜'（图50～图52）'鲁峪蛋'以及新选育的'临选一号''临选八号''临选十四号'等甜石榴品种；'御石榴'（图53）'陕西大籽'是具有代表性的甜酸石榴；还有以'大红酸'（图54～图56）为主的酸石榴；观赏及盆栽品种有'醉美人'（图57）'洒金丝'（图58）'百日雪'（图59）'一串铃'（图60～图62）'月季石榴''墨石榴'（图63、图64）等变种。其中，'净皮甜'是该区主栽品种，占栽培总量90%，栽培历史悠久，本次调查发现百年以上的石榴古树几十株，目前仍硕果累累，弥足珍贵（图65）。

图44 '天红蛋'植株（李好先 摄影）　图45 '天红蛋'果实（李好先 摄影）

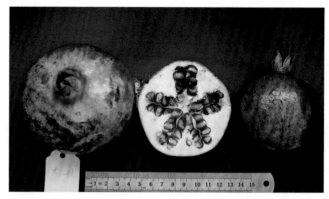

图49 '大红甜'果实（李好先 摄影）

图54 '大红酸'植株（李好先 摄影）　图55 '大红酸'果实（李好先 摄影）　图56 '大红酸'开花状（李好先 摄影）

图57 '醉美人'开花状（李好先 摄影）图58 '洒金丝'开花状（李好先 摄影）图59 '百日雪'开花状（李好先 摄影）

图46 '天红蛋' 开花状　　　　图47 '大红甜' 开花状（李好先 摄影）　　　　图48 '大红甜' 幼果（李好先 摄影）
（李好先 摄影）

图50 '三白甜' 果实　　　图51 '三白甜' 植株（李好先 摄影）　　　图52 '三白甜' 开花状　　　图53 '御石榴'（郝兆祥
（李好先 摄影）　　　　　　　　　　　　　　　　　　　　　　（李好先 摄影）　　　供图）

2. 河南石榴地方品种分布区

河南省也是我国石榴栽培古老的区域之一，主要栽培区分布于郑州市荥阳市、巩义市，洛阳市宜阳县，开封市，新乡市封丘县，商丘市虞城县，信阳市平桥区等地。石榴栽培总面积1.2万hm²，年产量7万t左右。其中尤以荥阳市石榴栽培历史悠久、规模最大、最著名（图66）。荥阳市（原河阴县）的河阴石榴距今已有2100多年的历史。河阴石榴栽培始于汉代，因盛唐时被封为皇上之贡品而盛于唐，唐至明清备受历代王朝之青睐而为贡品。《河阴县志》云："河阴石榴名三十八子盖一房。渣殊软籽稀而大且甘。土产石榴，自古著名"。元朝农学家王祯元1313年编撰的农业科学名著《农书》称："石榴以中原河阴者最佳"。河阴石榴近年来发展迅速，目前大约5300hm²（图67）。

该区代表性的气候特征以荥阳市为例，荥阳市位于河南省中部，地处黄河中下游分界处，黄河南岸、郑州市西27km，东经113°7'～113°30'，北纬34°36'～34°59'。地处豫西丘陵向豫东平原过渡地带，地势自西向东逐渐倾斜。西南部、南部为丘陵区，北部为邙山丘陵，中部、东部平缓。最高海拔854m，最低海拔107m，石榴分布区海拔高度105～253m。属暖温带大陆性季风气候，四季分明，冬季干冷少雨雪，春季干燥蒸发大，夏季炎热雨较多，秋季凉爽季节短。年平均气温14.3℃，1月平均气温-0.2℃，极端最低气温-16.5℃；7月平均气温27.5℃，极端最高气温42.9℃，≥10℃的积温4663℃。无霜期223天，年平均降水量645.5mm，年均降水日数79.7天，大多集中在7月；相对湿度62%。年均日照时数2400小时，日照百分率53%，全年太阳总辐射量为483kJ/cm²，光合有效辐射量为236.7kJ/cm²。砂质土壤，土层深厚，肥力中等。该区气候干旱少雨，日照充足，昼夜温差大，十分有利于石榴果实糖分积累。但在特殊年份冬季大雪寒冷有冻害现象（曹尚银等，2003）。

该区石榴品种资源丰富，食用品种、加工品种、观赏品种都有栽培。主要食用型品种、加工品种有 '铜皮'（图68、图69）'铁皮''大红甜'（图

图60 '一串铃'开花状（李好先 摄影） 图61 '一串铃'幼果（李好先 摄影） 图62 '一串铃'果实（李好先 摄影）

图63 '墨石榴'果实（李好先 摄影） 图64 '墨石榴'植株（李好先 摄影） 图65 陕西临潼百年以上的石榴树（李好先 摄影）

图66 河南'河阴石榴'生产基地（李好先 摄影） 图67 河南荥阳刘沟村石榴生产园（李好先 摄影） 图68 '铜皮'石榴开花状（李好先 摄影）

图69 '铜皮'石榴幼果（李好先 摄影） 图70 '大红甜'嫩梢（李好先 摄影） 图71 '大红甜'幼果（李好先 摄影）

图72 '大红袍'开花状（李好先 摄影）

图73 '大红袍'嫩梢（李好先 摄影）

图74 '河阴软籽'石榴植株（李好先 摄影）

图75 '中农红'软籽石榴果（李好先 摄影）

图76 '中农红'软籽结果状（李好先 摄影）

图77 '中农黑籽甜'果实（李好先 摄影）

图78 '中农黑籽甜'植株（李好先 摄影）

图79 '豫大籽'石榴果实（李好先 摄影）

图80 '豫石榴 3 号'果实（李好先 摄影）

图81 '豫石榴 5 号'果实（李好先 摄影）

图82 山东石榴地方品种多样性（郝兆祥 供图）

70、图71）、'大白甜''大红袍'（图72、图73）'河阴软籽'（图74）等。近年来，地方新品种发展迅速，主要有'中农红'软籽（图75、图76）'中农黑籽甜'（图77、图78）'豫大籽'（图79）'豫石榴1号''豫石榴2号''豫石榴3号'（图80）'豫石榴4号''豫石榴5号'（图81）等。主要观赏品种有重瓣红石榴、重瓣粉红花石榴、重瓣月季石榴、玛瑙石榴等。目前主栽软籽石榴品种为'突尼斯软籽'石榴。

3. 山东石榴地方品种分布区

山东石榴主要分布在山东省枣庄市的峄城、薛城和山亭等地，是我国古老的石榴主要分布区之一（图82）。泰安、济宁、临沂、烟台等地有零星分布。近几年来，随着消费者对石榴产品需求的日益增加，山东石榴产业得到迅猛发展，目前栽培面积达1万hm²，年产量约14万t。峄城区位于山东省南部，东经116°48'30"～117°49'24"、北纬34°27'48"～35°19'12"，属半湿润大陆性季风型气候，光照充足，气候温和，雨热同季，四季分明。全区年平均日照为2226.4小时，以4～5月日照时数最多，月平均可达216.5小时。冬季最长，夏季次之，春季略长于秋季，具有冷热持续较长的特点。历年平均气温14.5℃，极端最高气温39.6℃，极端最低气温-19.2℃，≥10℃的积温4588℃。降水较为充沛，年平均降水量872.9mm。其中，夏季占年降水量的64%，秋季占16.7%，冬季占4.1%，春季占14.5%。

峄城石榴栽培历史悠久，调查发现了上百年以上的古老石榴树（图83）。据考证，汉丞相匡衡在成帝时，将石榴从皇家上林苑带出，并引入其家乡丞县，即今山东省枣庄市峄城区栽培。经过当地百姓长期的培育，峄城石榴形成种、变种10余个，地方栽培品种（类型）50余个，主要品种有'大青皮甜'（图84、图85）'大红袍甜''青皮大马牙甜'（图86、图87）'三白甜'（图88～图90）'冰糖冻'（图91、图92）'谢花甜'（图93、图94）等。'大青皮甜'为其代表品种，约占栽培总量的80%，个大、皮艳、外观美是其突出特点；观赏石榴种质资源亦极其丰富，品种（类型）30余个（图95）。

图83 山东峄城区百年石榴古树（郝兆祥 供图）

图84 '大青皮甜'果实（李好先 摄影）

图85 '大青皮甜'结果状（李好先 摄影）

图86 '青皮大马牙甜'果实（李好先 摄影）

图87 '青皮大马牙甜'单株（李好先 摄影）

图88 '三白甜'果实（李好先 摄影）

图89 '三白甜'花（李好先 摄影）

图90 '三白甜'籽粒（李好先 摄影）

图91 '冰糖冻'果实（李好先 摄影）

图92 '冰糖冻'单株（李好先 摄影）

图93 '谢花甜'果实（李好先 摄影）

图94 '谢花甜'结果状（李好先 摄影）

图95 石榴观赏品种类型（郝兆祥 供图）

该产区自然条件较好，有世界最大的石榴古树群落，其集中连片面积之大、石榴树之古老、石榴古树之多、石榴资源之丰富，为国内外罕见，被上海吉尼斯总部认定为世界之最，称"冠世榴园"（图96）。

自1985年开发建设以来，"峄城石榴"资源优势已开始转化为经济优势、品牌优势。峄城区先后被国家农、林部门命名为"中国石榴之乡"和"中国名特优经济林石榴之乡"。除此之外，"峄城石榴"还多次参加全国及省级农、林、园艺等产品博览会，获金、银大奖260余项；2002年通过"无公害农产品"生产基地验收；2005年通过"有机食品"认证；2008年在山东省首个通过"国家农产品地理标志保护""国家地理标志产品保护"双认证；2010年成为国家石榴标准化栽培示范区。

4. 安徽石榴地方品种分布区

安徽省是我国石榴主要分布区之一。据古籍记载，早在唐代就开始种植，迄今已有千余年历史。到了明代，已经相当兴盛。安徽全省现有石榴栽培面积在6600hm²以上，产量3.5万t。主要分布在烈山、怀远、濉溪、萧县、巢湖等地，其中以烈山、怀远两地出产的石榴最为有名，为安徽石榴两大主产区，面积6000hm²，占全省石榴栽培面积的90%以上。淮北市烈山区塔仙牌石榴2001年中国首届石榴评选会上被评为金奖，2002年被国家绿色食品发展中心认证为绿色食品，2003年淮北市烈山区被国家林业局列为软籽石榴基地和绿色食品石榴生产基地，2007年淮北市烈山区被国家林业局评为全国100个"经济林产业示范县"；在北京举办的"2007中国国际林业博览会"上"淮北石榴"荣获金奖。淮北烈山石榴产区位于安徽省北部，东经116°23'~117°02'、北纬33°16'~34°14'之间，处于北温带，属北方大陆性气候与湿润气候之间的季风气候。年平均气温为14.8℃，历年平均最高气温37.8℃，极端最高气温为41.1℃，历年平均最低气温为-11.6℃，极端最低气温为-21.3℃。年平均无霜期203天，≥10℃的年积温为4753.6℃，日照时数2315.8小时。年平均降水量854mm，降水量季节变化大，各季分布极不均。夏季最多，平均为475.3mm，占年降水量的55.6%；秋季次之，平均为168.1mm，占年降水量的19.7%；春季为160.7mm，占年降水量18.8%；冬季最少，仅为50.7mm，占年

降水量5.9%。年平均相对湿度71%。全年主导风向夏季多为东南风，冬季主导风向为东北风。石榴多分布在海拔50~150m的山坡上。

蚌埠市怀远县石榴产区地处皖北、淮河中游，位于安徽省中北部、淮河北岸、皖北平原南缘，北纬32°43'~33°19'、东经116°45'~117°19'。属于北亚热带至暖温带的过渡带，兼有南北方气候特点，是暖温带半湿润季风农业气候区。四季分明，雨量适中，年平均气温15.3℃，极端最高气温达41℃；年平均最低气温为11.3℃，极端最低气温为-19.4℃。最热月为7月，月均28.0℃；最冷为1月，月均1.5℃。无霜期年均218天。日照时数年均2183小时，日照率50%，太阳辐射量497.7kJ/cm²。≥0℃的年平均积温为5607.6℃，持续天数300.1天，≥10℃的积温为4959.9℃，持续天数为227天。降水量年均为899.1mm。年内各季降水量分布极不均匀，夏季雨水多而集中，占年总降水量的49.1%；春季次之，占21.9%；秋季较春季少，占21.3%；冬季最少，占7.7%。月际变化，以7月雨量最多，平均215.5mm，占全年23.2%，12月最少为17.3mm，占2.4%。石榴主要分布在荆山、涂山山麓，土壤为片麻岩或花岗岩母质发育的棕壤，pH6.3~6.7。

该区石榴栽培历史悠久，地方品种资源丰富。其中主要品种30多个，著名的品种有'玉石籽'（图97、图98）'玛瑙籽'（图99）'青皮'（图100）'大笨籽''二笨籽'（图101）'青皮软籽''粉皮'（图102）'三白''红玛瑙'等；近年选育的新品种有'白玉石籽'（图103）'红玛瑙籽''红玉石籽''三白甜软籽''大红皮甜软籽''皖黑1号'等；观赏品种10余个，主要有复白花石榴、复瓣月季石榴、复红花石榴、楼子石榴、玛瑙石榴、重瓣粉红花石榴、牡丹白石榴等。

5. 四川石榴地方品种分布区

四川产区是我国石榴生产规模最大的产区之一，主要分布于凉山彝族自治州的会理、西昌、德昌、会东等地和攀枝花市的仁和区（图104、图105）。

会理县栽培规模较大已形成产业的涉及40余个乡镇，2012年栽培面积2.1万hm²以上，年产量约35万t（图106）。该区又以会理县生产规模最大，会理石榴栽培历史悠久，清朝乾隆六十年（1759）编撰的《会理州志·物产卷·果之属》中就有记载。目前会理的石榴基地乡镇有鹿厂镇、障冠乡、爱民

图96 山东枣庄冠世榴园（陈利娜 摄影）

图97 怀远'玉石籽'（郝兆祥 供图）

图98 怀远'玉石籽'结果状（李好先 摄影）

图99 怀远'玛瑙籽'果实
（李好先 摄影）

图100 怀远'青皮'结果状（李好先 摄影）

图101 怀远'二笨籽'果实（李好
先 摄影）

图102 怀远'粉皮'结果状（李好先 摄影）

图103 怀远'白玉石籽'（郝兆祥 供图）

图104 四川攀枝花石榴生产基地（李好先 摄影）

图105 四川攀枝花石榴套袋栽培（李好先 摄影）

图106 四川会理山区石榴园（曹尚银 摄影）

图107 会理'青皮软籽'（龚向东 供图）

乡、爱国乡、富乐乡、海潮乡、竹箐乡、通安镇、新发乡、杨家坝乡、木古乡、关河乡、南阁乡13个乡镇；石榴基地重点乡镇有凤营乡、江普乡、芭蕉乡、果元乡、黎溪镇、河口乡、鱼鲊乡、树堡乡、绿水乡9个乡镇。会理石榴参加二、三、四届中国石榴主产区科技协作会均以分值第一评为优质果；参加第二、三、四、五、六届中国国际农产品交易会，倍受销售商和消费者青睐，多次获得各项金奖殊荣；2005年在第二届四川·中国西部国际农业博览会上被评为金奖，2006年参加四川省第二届冬季旅游发展大会获优质奖；2008年会理青皮软籽石榴获中国国际林业产业博览会金奖。

该石榴生产区属中亚热带西部半湿润气候区，处于低纬度高海拔地区。以会理县为例，境内最高海拔3950m，最低800m，一般海拔1800m左右。石榴栽培区域主要分布在海拔1000～1800m的地区。该区光热资源丰富，年平均气温15.2℃，1月平均气温7.1℃，7月平均气温21.1℃，极端最低气温-6℃，极端最高气温35℃，气温年较差15～17℃，全年≥10℃以上的有效积温4798℃，无霜期达230～250天。会理光照充足，对石榴这一喜光作物极为有利，全年日照时数为2388小时。气候干、湿季分明，冬季干旱、温暖、少雨，夏季多雨、凉爽，年平均降水量为1137.2mm，90%的降水集中在6～10月的雨季。攀枝花市仁和区位于中国西南川滇交界部位、金沙江与雅砻江汇合处，北纬26°05'～27°21'、东经101°08'～102°15'。最高海拔4195.5m，最低海拔937m，海拔1000～1300m。属南方亚热带为基带的立体气候类型，气候温和、雨量充沛、光照充足、旱、雨季分明，昼夜温差大，降水量全年815mm，日照时数全年2443小时，太阳辐射强，蒸发量大，小气候复杂多样。年平均气温20.3℃，极端最低气温-1.8℃，极端最高气温40.7℃；≥10℃的年有效积温6000～7700℃，是四川年热量值最高的地区，日照时数是四川盆地的2～3倍，最热月为5月，最冷月为12月或1月，6～10月为雨季，11月至翌年5月为旱季，无霜期达300d以上；海拔低于1500m的河谷地带，全年无冬，无霜期长达300天以上，被誉为天然的大温室；最冷月1月平均气温高于13℃，接近热带气温与热量水平；夏季气温不高，最热月平均气温约26℃左右。总体而言，气候具有春季干热、夏季湿热、秋季凉爽、冬季温暖、四季不分明的特点。

该区品种资源丰富，主要栽培品种有'青皮软籽'（图107）'红皮''黄皮''大绿籽''姜驿石榴'（图108、图109）'白皮''青皮''胭脂红'（图110、图111）等品种。

该区为我国石榴最适宜的栽培区域之一，也我国最大的石榴鲜果生产基地。

6. 云南石榴地方品种分布区

云南石榴产区主要分布在红河哈尼族彝族自治州的蒙自市、建水县，滇北的昭通市巧家县，曲靖市会泽县，楚雄彝族自治州禄丰县、元谋县，大理白族自治州宾川县，保山市隆阳区等地，全省现有石榴面积1.9万hm²，产量26万t（图112）。

蒙自地处云南省东南部，位于珠江与红河分水岭两侧，北纬23°01'～23°34'、东经103°13'～103°49'之间，东邻文山市，西连个旧市，北接开远市，南与屏边县接壤，距省会昆明289km，海拔最高处2567.8m、最低处146m，北回归线横贯境内。属亚热带高原季风气候区，年均气温18.6℃，极端最高气温36.0℃，极端最低气温-4.4℃，≥10℃以上的积温6255.1℃，年均降水815.8mm，全年无霜期337天，年均日照时数2234小时。蒙自坝是云南省六大坝子之一、滇南地区最大的坝子，石榴种植多为坝区，海拔1300m左右。蒙自石榴园土壤pH5.25～8.07，平均为7.11；土壤有机质含量3.47～57.17g/kg，速效磷含量75～334.24mg/kg，速效钾含量24.24～217.51mg/kg，土壤碱解氮含量2.68～132.21mg/kg，水溶性钙含量0.10～0.33g/kg，水溶性镁含量0.01～0.10g/kg。属高海拔低纬度区域，冬无严寒，夏无酷暑，春季气温回升早，阳光充足，昼夜温差较大，是生产优质石榴的最佳区域。蒙自石榴种植石榴历史800多年，据传蒙自石榴引自伊朗。至今，蒙自石榴形成了自己独特的优势，其种植面积、总产都超过当地其他水果的总量。2002年蒙自石榴被评为云南省名特优新水果、农业部南亚热作物名优水果石榴基地，经推荐和专家评审，国家林业局授予云南省蒙自县"中国石榴之乡""中国名特优经济林之乡"荣誉称号。目前，蒙自市石榴种植面积8000hm²，结果面积5800hm²，总产量14.57万t，总产值4.35亿元。

建水县气候特征类似于蒙自，石榴多分布在海拔1200～1500m之间，土壤为红壤土，土层深厚，

图108 '姜驿石榴'开花状（李好先 摄影）　　图109 '姜驿石榴'嫩梢（李好先 摄影）　　图110 '胭脂红'石榴结果状（李好先 摄影）

图111 '胭脂红'石榴果实（李好先 摄影）　　　　图112 云南石榴栽培（李文祥 供图）

图113 蒙自'甜绿籽'（侯乐峰 供图）　图114 建水'红玛瑙'（云南建水　图115 '皮亚曼'结　图116 叶城'大籽甜'果实
　　　　　　　　　　　　　　　　园艺站 供图）　　　　　　果状（郝庆 供图）　（郝庆 供图）

土壤微酸性。

　　本产区经多年引进、驯化、培育，形成了独具特色的石榴品种。其主要品种有'甜绿籽'（图113）'红玛瑙'（图114）等。观赏石榴主要有重瓣红石榴、重瓣粉石榴、重瓣月季石榴、牡丹白石榴等品种。

7. 新疆石榴地方品种分布区

　　新疆石榴栽培历史悠久，是我国最古老的产区之一。新疆石榴分布主要集中在南疆喀什地区的喀什市、叶城县、策勒县、疏附县，和田地区的和田、

皮山县，阿克苏地区的库车县，克孜勒苏柯尔克孜自治州等，北疆只占很少一部分。该区属温带大陆性干旱气候，降水量少，灌溉条件好，空气干燥，病虫害少，光照充足，十分有利于石榴生长。但冬季寒冷，需要埋土越冬（古丽米热等，2003）。

　　新疆石榴栽培区地处温带大陆性干旱气候区，光照资源丰富，春旱频繁，有大风、干热风之患。年平均气温11.8℃；1月平均气温-6.1℃，7月平均气温25.3℃；极端最高气温41℃，极端最低气温-22.9℃；土壤冻结程度一般在60mm，极值达

90mm。年均日照2466～3200小时，太阳总辐射量577.6kJ/cm²，≥10℃的有效积温为3800～4200℃，无霜期217～228天；降水量51.3mm，风向多西北，夹带沙尘的大风日数10～15天，5～9月为风季。土壤pH在7～8.2之间。夏季气候条件虽足以满足石榴正常生长发育的需求，但冬季绝对最低温度低于-17℃的寒冬出现的频率较高。而在南疆极度干旱的气候条件下，低于-14℃即有冻害抽条现象的发生。因此新疆石榴的栽培方式不同于其他分布区，在冬季必须采用埋土的方式才能安全越冬（郝庆等，2005）。新疆独特气候条件和这种特殊的匍匐栽培方式，使新疆石榴栽培技术有着独特的特点。

新疆石榴栽培面积约2万hm²，总产量7万t。可分为甜、酸两大类，中间有甜酸、酸甜等过渡类型，为红皮、红籽品种，果面着色均匀。果形硕大，商品果平均单果重在300～400g，最大者可达1000g以上。籽粒大，百粒重42～58g，仁硬或较硬，基本无软籽品种。可溶性固形物含量17%～19%，出汁率高。主要品种有大籽甜石榴、甜石榴、酸甜石榴、酸石榴、'皮亚曼'石榴（图115）等。喀什石榴品种主要有喀什甜石榴和喀什酸石榴；叶城的石榴品种主要有'达乃克'石榴（叶城'大籽甜'）（图116）'塔特力克''阿奇克''拉火西''黑歇克'等。和田、库车、吐鲁番等地主要品种为甜石榴。酸甜石榴主产于疏附县一带。近年来，在叶城石榴中选出了'洛克1号''洛克4号''藏桂3号''固玛4号''木奎拉5号'等新品系；和田选出了'皮亚曼1号''皮亚曼2号''策勒2号''尼雅1号'等新品系；此外还选出了加工品种'叶选4号''阿克萨拉依2号''拉斯奎1号''伽依2号'等。

该区为我国鲜食、加工品质最优的石榴产区。

（四）我国石榴相对集中栽培区

除上述石榴主产区外，山西省运城市临猗县，河北省石家庄市元氏县，江苏省徐州市贾汪区，甘肃省陇南市、甘南藏族自治州等地也具有一定的生产规模，系我国石榴相对集中栽培区。

1. 山西石榴地方品种分布区

山西省石榴产区位于黄河中游与河南省和陕西省毗邻地带，属于运城盆地。其中临猗县分布最多，近年来在万荣县、盐湖区、平陆县、永济市、芮城县有少量发展。运城市闻喜县，临汾市、侯马市、曲沃县、翼城县、襄汾县等地有零星分布。

临猗县位于东经110°17'30.7"～110°54'38.9"，北纬34°58'52.9"～35°18'47.6"，该区气候特征属于暖温带大陆性气候。一年四季分明，冬季雨雪稀少；春季干旱多风；夏季雨量相对集中，但常有不同程度的伏旱；秋季一般多连阴雨天气。日照时间充足，全年平均日照时数2271.6小时，全年日照总辐射量为518.6kJ/cm²。年平均气温13.8℃，极端最高气温42.8℃，极端最低气温-20℃，≥10℃的积温4529℃，无霜期210天，为山西省气温最高地区。

年平均降水量508.7mm，降水量以冬季最少，春季次之，夏季高度集中，秋季又明显减少。海拔300～800m，石榴分布在海拔300～400m之间。干旱、冰雹、暴雨和干热风等是常见的灾害天气。该区主要栽培品种是古老的地方品种江石榴（图117、图118），栽培面积约2000hm²。冬季低温是该区石榴发展的不利因素，特殊年份有冻害发生。

2. 河北石榴地方品种分布区

河北石榴产区主要在石家庄市元氏县，近年来在太行山区的井陉县、赞皇县、顺平县、平山县等地有少量栽培。该区栽培总面积约1200hm²，年产量达1.2万t。

元氏县位于河北省中南部，太行山东麓，东经114°11'～114°38'，北纬37°40'～37°55'，距石家庄市30km。太行山高差明显，地形地貌复杂多变，由此形成了山地温暖型小气候。石榴栽培就分布在元氏县西部浅山区，海拔100～200m的太行山低海拔向阳背风区，比全县的平均温度高2～3℃。光照条件充足，全年日照时数为2649小时，光能总量高，≥10℃的积温3000℃以上，晚秋昼夜温差大，有利于光合产物的生产和积累，故石榴单产高，品质好。全域年平均气温12.5℃，极端最高气温42℃，极端最低气温-22.8℃，1月日均气温-3.6℃，平均无霜期191天，平均年降水量528mm，其中春季为45.3mm，夏季为365.1mm，秋季为103.4mm，冬季为15.2mm。

河北产区石榴品种20余个，其中表现优良的地方品种有9个，包括'大叶甜'石榴、'小叶甜'石榴、酸石榴、'半口'石榴等。元氏县至今保存着大约400年以上的34hm²甜石榴群落和近67hm²酸石榴群落，是至今在河北省发现的树龄最长、面积最大、保存最好的老石榴群落。此外从其他栽培区引进的品种数十个，其中在该区表现好的品种有，山东的'大青皮甜''大青皮酸''泰山红'等，临潼的'天红蛋'等，有些品种品质由于气候条件、地理条件的改变，甚至超过了原产地。该区冻害发生比较频繁，冬季低温、冷风是该区石榴发展的最大制约因子，所以只能选择小气候中背风向阳的阳坡地栽培石榴。

3. 江苏苏北石榴地方品种分布区

该产区主要在徐州市贾汪区、铜山区。周边其他市（区、县）也有零星分布。该区栽培总面积约1000hm²，年产量约1.2万t。

贾汪区位于徐州市主城区东北部35km，地处苏鲁两省结合部，东经117°17'～117°42'、北纬34°17'～34°32'。属北亚热带与暖温带过渡带，为湿润至半湿润季风气候区，四季分明，日照充足，冬夏季节较长，春秋季节较短。年平均气温14.1℃，极端最低气温为-8℃，≥10℃积温4641.5℃，年均降水量900mm，年平均日照时数为2366小时，有利于石榴的生长发育。

该区石榴栽培最悠久、最集中产地是贾汪区贾汪镇大洞山石榴园。大洞山石榴园栽培面积700hm²，年产石榴1.0万t。为国家级无公害农产品生产基地、江苏省省级农业科技示范园。因独特的自然生态环境，大洞山石榴具有皮薄、粒饱、味甜的特点。2010年被评定为国家农产品地理标志保护产品，2011年被评为江苏省名优农产品，"大洞山"商标为江苏省著名商标。主要品种有'冰糖籽''大

图117 临猗'江石榴'果实（孟玉平 摄影）

图118 临猗'江石榴'单株（孟玉平 摄影）

图119 陇南石榴结果状（孟玉平 供图）

青皮'、'二青皮'、'状元红'、'大红袍'、'大马牙'、'蒙阳红'等20多个。当地政府依托石榴资源，兴建了大洞山茱萸寺风景名胜区。

4. 甘肃甘南石榴地方品种区

该产区主要在甘南藏族自治州舟曲县，陇南市武都区、文县、宕昌县、康县、成县、徽县等地（图119）。该区处于甘肃省南部，与川陕交界，西为四川九寨沟，南是四川平武，东部是陕西汉中，地处青藏高原东北边缘和秦巴山区。属亚热带向暖温带过渡区，垂直气候差异明显，形成了亚热带、温带、寒带叠次镶嵌的不同气候类型区。

甘南藏族自治州舟曲县过去一直以房前屋后、庭院等零星栽培石榴为主（图120），近20年间开始扩大发展，目前形成一定规模的生产。舟曲县位于甘肃省南部，甘南藏族自治州东南部，介于东经103°51′30″～104°45′30″、北纬33°13′～34°1′之间。舟曲县地处南秦岭山地，岷山山系呈东南—西北走向贯穿全境。海拔高度在1173～4504m之间。本县居温暖带气候区，由于地形复杂，高差悬殊，气候的差异性很大。在不同高度上同时出现不同气候，常有"山下桃花盛开，山上白雪皑皑"的自然景观。全县平均年日照时数为1842.4小时，日照率42%，年内8月份为日照最多月，年总辐射为442.8kJ/cm²。农耕区年平均气温14.1℃，极端最高气温35.2℃，极端最低气温-10.2℃，最热月平均气温23.1℃，春季温暖回升快而稳，秋季温凉阴雨多。全年无霜期平均为223天。年降水量400～800mm。目前全县石榴栽植面积达100hm²，栽植总数在10万株以上。主要品种有'米米'、'马牙'、'青皮'等。该区丘陵山地多，地垧、地埂资源丰富，根据自然条件，多利用地垧、地埂栽植石榴，不占土地，形成了一种立体种植模式。

陇南市与舟曲县相连，地理地貌、气候特征相似，垂直高差大，海拔550～4187m，同时分布了亚热带、温带、寒带气候特征。石榴栽培区年平均气温14～15℃，极端低气温-0.5～17.8℃，≥10℃的积温3359.4～4548.3℃，全年日照时数1711.0～1968.0小时，5～9月间811.3～969.0小时，无霜期260天左

图120 陇南石榴生境（孟玉平 供图）

图121 陇南文县石榴山旁栽植（孟玉平 供图）

右，降水量400～800mm。具有夏无酷暑，冬无严寒的气候特点，适宜于石榴种植。陇南市石榴分布范围虽广，但数量较少，一般分布于海拔550～1800m之间。有11.5万余株，年产鲜果48.55万kg。主要分布在文县、武都县、宕昌县、康县、成县、徽县等地，以文县和武都区最多。主要栽植在庭院、村庄周边、路旁沟边、堤埂地缘（图121）。有10余个地方石榴品种，其中'米米''马牙''海石榴''青皮'品质较好。

五　我国石榴零星栽培区

除上述主产区、相对集中栽培区外，江苏、湖南、湖北、浙江、西藏、贵州、江西、广东、广西、福建、台湾等省（自治区）也有少量石榴零星栽培，尤其是观赏石榴遍布各地。特别是近几年来，随着我国改革发展和农业结构调整以及旅游事业的发展，有许多地区引种栽培石榴，其中有建成石榴生产基地的，有少量栽培的，也有零星栽培的。

位于长江三峡流域的重庆市渝北区、巫山县、奉节县、南川区、武隆县、丰都县，湖北省宜昌市等地，近年来发展了一定数量的石榴。位于长江中游湖北省武汉市、黄石市、荆门市等地也有一定数量石榴栽培。武汉市在2011年新建有33.3hm²的软籽石榴基地。该地域气候属于亚热带润湿季风气候区，春早、夏热、秋凉、冬暖，四季分明，无霜期长，雨量充沛，日照时间长，热量丰富，有梅雨季节。年平均气温15～18℃，极端最低气温-3～6℃，无霜期240～285天，年降水量1000～1400mm，有明显的梅雨季节。该区石榴多分布在海拔200～700m的"四旁"及山坡梯田，品种有红皮、青皮、黄皮3个类型。由于长江三峡是旅游地，近年石榴作为特色经济树种发展较快，但5月花期阴雨影响石榴授粉受精，后期多雨又易造成烂果，直接影响产量。

位于长江三角洲的江苏省太湖东山、西山半岛和湖中岛屿的山坡、路旁和太湖周边地区以及江苏如皋市、南京市，浙江省义乌市、萧山区、富阳市、杭州市等地，近年来有一定数量的石榴栽培。

长江三角洲地区气候属亚热带季风性气候，温和湿润，四季分明，光热资源丰富，雨量充沛，有梅雨季节。年平均气温在17℃左右，平均气温以7月最高，为29.3℃；1月最低，为4.2℃。年平均无霜期为216～243天。年平均降水量为1100～1600mm之间，年平均日照时数1765～2200小时。但是5月份梅雨及石榴成熟时期多雨，影响石榴产量和品质。

广东省汕头市南澳县（海岛），石榴栽培历史有几百年之久，南澳岛古镇深澳，产有饮誉中外的石榴，世称"澳榴"。相传在清朝中期由山东烟台总兵赠石榴枝给南澳总兵而传入深澳。据1963年7月《南澳简志》载："深澳石榴清末最高年产量曾达750担（注：每担50kg）。"由于澳榴饮誉海内外，自清末起，置设于深澳的南澳城被称为"榴城"。故1985年《中国果树栽培学》一书中，把甜石榴产地写为广东省南澳岛。南澳石榴有'白籽冰糖榴''四季榴''白花榴''白籽一点红榴''七寸榴'等7个品种（类型）。以白籽冰糖榴为最出名，而白花榴之

根因是固精补肾特效药也闻名遐迩。在"文革"中强调"以粮为纲"，南澳石榴生产遭冷遇，几乎损失殆尽。"文革"结束后，重获生机，特别是近20年来石榴种植又快速发展起来，至今有2hm²，年产量逾8t。

南澳岛位于福建、广东、台湾三省交界海面，在东经116°56'～117°09'、北纬23°23'～23°29'之间，地处亚热带，北回归线横贯。冬暖夏凉的海洋性气候十分宜人，年平均气温21.5℃，为亚热带季风气候，气候特征是夏季高温多雨，冬季温和少雨。由于岛屿较小又四面环海，具有海洋性特征，比同纬度的大陆夏季要凉爽，冬季要温暖；降水量更多，雨季更长。但是，南澳冰糖榴仅在古城深澳生长茂盛，树大果硕。若在此外的隆、云、青澳等岛上其他地方或在潮汕大陆种植，则树弱果小且味差。经当地科研人员分析认为，其主因是深澳地理位置特殊，即三面高山，一面临海，土肥湿润，四季如春，宜于石榴生长。

第四节
石榴地方品种分子身份证构建及遗传多样性分析

一 国内外研究现状

地中海国家（如土耳其、印度、埃及、西班牙、摩洛哥等）、西亚（如土库曼斯坦、阿富汗）、东亚（日本）、北欧（俄罗斯）及美国等国家进行了石榴种质资源分类的相关研究。国外石榴根据风味分为甜、酸甜和酸三个品种类型；根据成熟期分为早熟、中熟和晚熟品种；根据籽粒软硬分为软籽和硬籽等，并根据它们的原产地或果皮颜色命名。AlSaid等（2009）对阿曼、苏丹石榴品种的果实品质和生理生化特性进行研究，把石榴品种分为硬籽和软籽两类。BenNasr等（1996）利用原花青色素分析方法，把突尼斯国石榴品种分为4类。Mars等采取主成分和UPGMA（Unweighted Pair Group Method With Arithmetic Mean，非加权组平均法）聚类分析，对突尼斯国石榴品种进行分析表明果实大小、果皮颜色、果汁成分中pH是品种主要鉴别依据，并提出同工酶和RAPD（Random Amplified Polymorphic DNA，随机扩增多态性DNA）分子标记等方法能够在石榴品种识别中起辅助作用。

Sarkhosh等（2009）利用RAPD分子标记技术，分析了24个伊朗石榴品种的遗传多样性，在相似系数为0.6处，把供试品种分为4类；同时对伊朗21个软籽石榴品种的遗传多样性进行了评价。Narzary等（2009）利用RAPD和DAMD（Directed Amplification of Minisatellite DNA，小卫星扩增多态性）分子标记技术研究了印度喜马拉雅山脉西部49个野生石榴品种的遗传多样性，相似系数从0.08到0.79不等，且DAMD揭示石榴的多态性程度（97.08%）高于RAPD（93.72%）。Melgarejo等

（2009）利用18S-28S rDNA基因间隔序列RFLP（Restriction Fragment Length Polymorphism，限制性片段长度多态性）技术，对生长在西班牙不同地区的10个石榴品种进行鉴定，根据基因图谱，可区分不同的石榴品种，结果发现石榴形态特征与分子遗传特性基本不相关。Jbir等（2008）利用AFLP（Amplified Fragment Length Polymorphism，扩增片段长度多态性）分子标记技术分析了34个突尼斯石榴品种的多态性，聚类分析表明起源地或名字相近的供试品种单独聚为一类。

我国在石榴种质资源遗传多样性分析及品种的鉴定方面也取得了一些进展。苑兆和等（2007）利用AFLP荧光标记对来源于中国山东、安徽、陕西、河南、云南和新疆6个栽培石榴群体的85个品种进行遗传多样性研究，结果表明：6个群体的遗传多样性依次为河南群体>新疆群体>陕西群体>安徽群体>山东群体>云南群体，石榴品种种级水平遗传多样性大于群体水平，并且具有显著性差异；杨荣萍等（2007）用RAPD标记技术分析了25份云南地方石榴材料（品种或类型）的亲缘关系，研究结果与生产上根据风味、花色、皮色、籽粒颜色、核软硬程度等某一性状及栽培目的的分类方法不一致；尹燕雷（2008）利用8对荧光ALFP引物对25个石榴品种进行扩增，扩增多态性条带达41.78%，可把25个石榴品种划分为4个类群；张四普等（2008）利用SRAP（Sequence Related Amplified Polymorphism，序列相关扩增多态性）标记对23个石榴种质资源进行了分析，扩增条带多态性达48%，23个石榴种质资源可被划分为5个类群，划分结果与根据花色和果味进行的分类无明显的相关性；巩雪梅（2004）对50个石榴品种进行RAPD分析，以

遗传距离0.174为阈值，将50个石榴品种（系）划为11类，并找到了16个品种（系）独有的特异性谱带，可以作为这些品种（系）鉴别的分子标记；汪小飞（2007）用RAPD将北方55个石榴品种分为4个类群，其结果基本支持按照花单瓣、复瓣、重瓣和台阁进行分类，但RAPD分析结果未完全支持酸、酸甜和甜三类划分法；卢龙斗等（2007）利用RAPD对55个石榴栽培品种进行分析，将55个石榴品种分为4个类群，分类结果与形态上的分类存在着一定的差异，即与根据花色和果味进行的分类没有相关性，而与瓣型进行的分类有一定的相关性；李丹（2008）利用形态特征及AFLP对15个类型71个供试石榴材料进行遗传多样性分析和聚类分析，将所有品种分为3大类，该结果与传统的形态分类结论存在一定差异；赵丽华等（2010）用6条ISSR引物对47个石榴品种进行了遗传多样性分析，多态性达90.83%，可将47个石榴品种分为5个类群；房经贵等（2010）用11条RAPD引物对47个来至不同省份的石榴品种进行了鉴定；张四普等（2010）采用SRAP标记对红花石榴母株上的白花变异枝进行鉴定和分析，结果表明，白花变异枝条的产生可能与母株DNA片段缺失有关；薛华柏等（2010）利用两对SRAP引物组合，可将'中农红软籽''红如意软籽''突尼斯软籽''中农红黑子甜'4个石榴品种进行区分，为苗木鉴定提供了依据。

二 研究的目的和意义

我国石榴种质资源丰富，分布广泛。一方面，给我们的科学研究提供了资源基础；另一方面，也对资源的有效保存提出了挑战。对石榴种质资源进行遗传多样性评估及身份证构建，可以有效解决由于引种和品种交换带来的品种混杂问题，进而筛选核心种质，为种质资源的保存节省地力、人力和物力。身份证，顾名思义就是证实和区别身份的有效证明，其具有唯一性、可识别鉴别性、可追溯性等特点，并可将反映身份的基本信息以数字、条码、图像等方式进行科学表述和系统规范，从而被社会接受和通用。随着DNA分子标记技术的发展和日趋完善，RAPD、AFLP、SRAP和SSR等技术已经广泛应用于石榴品种鉴定，多数集中在优良的栽培种上，往往忽略地方品种的鉴定。地方品种通常对自生境有着较强的适应性，含有更多优良基因。依

托国家科技基础性工作专项"我国优势产区落叶果树农家品种资源调查与收集"项目，团队成员历尽千山万水，克服重重困难收集了大量的地方品种资源。在此基础上，对地方品种资源进行分子标记遗传多样性分析以及身份证构建，为地方品种资源的保存、鉴定和利用提供工作基础。

三 石榴地方品种分子身份证构建策略

在苗期对包含国内地方品种、栽培种及国外栽培品种在内的136份石榴种质资源（表3、表4）提取基因组DNA。参考曹尚银研究团队组装的石榴基因组序列（数据未发表），开发67对SSR引物。利用这些SSR引物对随机挑选的10个品种进行毛细管电泳检测。依据扩增条带的可读性、多态性，最终筛选出了13对多态性较高、扩增稳定的SSR引物（表5），用于136份石榴荧光标记分析。根据每对引物对不同品种扩增条带分子质量的大小，将扩增片段（等位基因）从小到大以阿拉伯数字1、2、3、4、……、9标注，9个以上的等位基因，以大写英文字母A、B、C、……、Z标注。

四 石榴地方品种分子身份证标准模式解析

读取136份石榴品种的13对SSR荧光标记的指纹数据，并对指纹数据进行数字化编码。例如，地方品种'黄里青皮2号'的SSR指纹编码，13个标记在'黄里青皮2号'中的扩增产物，经由毛细管电泳扩增直接读取的片段大小（bp）为207/213、281/303、271/277、271/271、264/285、224/230、240/246、308/308、213/219、226/226、234/234、219/219、142/207（按片段长度由小到大排序；石榴为二倍体，SSR扩增标记单条主带扩增时，须重复记录一次，如240/240），转换成26位的指纹码为36-26-6E-33-26-24-24-88-13-33-33-55-13。其中第1、2位的"3、6"表示标记5347在'黄里青皮2号'中的扩增片段（207/213）在其等位基因梯度（多态性片段）中分别排第3位和第6位。第3、4位的"2、6"表示标记16262的两个扩增片段（226/226）在其等位基因梯度（多态性片段）中分别排第2、6位（图122），其余22位类推。类似地，地方品种

'淮北小红皮'的SSR指纹编码，13个标记在'淮北小红皮'中的扩增产物，经由毛细管电泳扩增直接读取的片段大小为199/199、303/303、277/277、271/271、285/285、224/224、246/246、308/308、222/222、226/226、237/259、222/222、142/207。转换成26位的指纹码为22-66-EE-33-66-22-44-88-44-33-4A-66-13。其中第1、2位的"2、2"表示标记5347在'淮北小红皮'中的扩增片段（199/199）在其等位基因梯度中排第2位。第3、4位的"6、6"表示标记16262的两个扩增片段（303/303）在其等位基因梯度中排第6位（图123），其余22位类推。

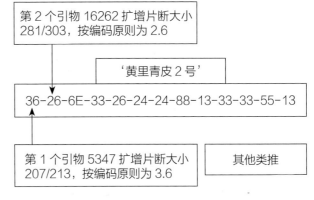

图122 '黄里青皮2号'分子身份证编码

（五）石榴地方品种分子身份证编码和品种基本信息

根据各引物对对品种的扩增结果，制作了136份石榴品种特异的分子身份证编码（表3、表4）。

（六）石榴地方品种遗传多样性分析

图124为遗传多样性分析结果，所用标记基本可以有效的将136份石榴资源区分开。基于所用标记，该群体中成对材料间平均遗传距离为0.32，92.4%的品种遗传距离在0.30～0.37范围内。L018（'突尼斯'）和L019（'中农红'）间遗传距离最小为0.04。'中农红'为曹尚银研究员从'突尼斯'芽变体中选育而来，其与'突尼斯'有着极大的遗传相似性。这也表明采用该标记对石榴群体进行的遗传多样性评估结果是可靠的。成对材料间遗传距离最大为0.37，表明该群体中存在着一些遗传变异广泛的材料。遗传距离较远的材料可以用来进行杂交，创建杂交群体，从而选择优良单株。另外，一些国外引进品种和国内地方品种聚在一个分支上，表明这些材料间存在着广泛的基因交流。考虑到地理隔离

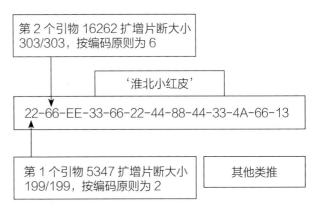

图123 '淮北小红皮'分子身份证编码

条件，花粉传播引起的基因交流不现实，更多的为人为引种和交换。这也给了我们启发，国外品种有没有可能来源于中国即中国有没有可能是石榴起源地之一。事实上，曹尚银研究团队在农家品种资源收集的过程中发现了西藏山区存在着野生石榴林。由于并未有石榴地方品种资源遗传多样性研究报道，本研究首次采用分子标记技术对石榴地方品种资源进行了遗传多样性分析，证明石榴地方品种资源有较高的利用价值，可以为石榴新品种选育及遗传研究提供资源基础。

表3 主要石榴地方品种分子身份证编码

品种代号	品种名称	分子身份证编码	品种代号	品种名称	分子身份证编码
L002	礼泉重瓣红	28-27-38-33-12-12-44-58-14-35-14-56-13	L074	西藏006	22-88-DD-88-66-22-22-58-22-55-44-66-26
L003	白马寺重瓣白	23-26-4E-34-55-22-24-25-14-33-69-56-26	L075	御石榴	34-66-GH-48-44-12-22-22-24-33-39-35-12
L004	峄城粉红重瓣白皮甜	89-37-6G-38-24-24-24-48-13-3B-99-55-12	L076	河阴薄皮	23-27-GH-55-66-00-22-55-11-88-9A-55-13
L005	月季石榴	88-22-GH-89-66-11-22-44-12-34-49-66-13	L077	金红早	11-BB-18-44-46-22-22-44-55-55-44-25-13
L007	四川黄皮胭脂	89-1E-E-48-22-22-22-24-13-33-44-55-13	L078	鲁峪酸	1A-22-78-44-26-22-13-48-14-35-59-55-13
L008	峄城重瓣白皮酸	28-38-88-34-25-12-24-44-11-33-49-66-26	L079	会理黄皮	66-67-EE-33-66-44-44-88-14-38-45-55-13
L009	西藏003	22-88-GH-88-66-22-22-58-22-55-44-66-26	L080	大红袍	68-22-48-38-34-14-22-57-35-33-15-35-12
L010	西藏004	22-33-88-33-22-11-22-44-11-33-AA-66-26	L081	河阴三白	78-78-44-34-22-13-22-48-33-AB-9B-55-13
L020	陕大籽	34-67-HH-48-44-12-22-22-25-33-39-35-12	L082	玖子红	34-66-HH-48-44-11-33-22-24-33-39-35-12
L021	酸绿籽	18-18-18-44-26-12-12-24-55-56-34-35-13	L083	会理青皮软籽	28-68-AA-38-46-24-24-48-23-44-45-56-12
L022	甜绿籽	28-2C-28-45-26-14-22-24-12-35-39-56-12	L084	山东青皮软籽	66-66-FG-33-16-44-44-89-44-35-33-55-13
L023	甜光颜	29-DE-17-58-66-44-22-44-25-35-39-26-12	L085	盐水铜皮	17-8G-14-46-13-23-24-11-36-34-45-12
L024	大青皮	22-88-4D-38-46-22-88-12-55-14-66-12	L086	青皮笨籽	28-22-EE-44-26-22-55-11-33-9A-56-13
L025	净皮甜	78-27-45-34-26-13-22-48-13-2A-99-55-12	L087	超红	68-28-78E-38-24-14-24-78-34-5B-45-35-12
L026	四川红皮酸	18-9F-8E-44-22-22-24-15-33-34-35-12	L088	花红皮	37-22-78-44-66-22-12-44-12-33-9A-55-13
L027	峄城厚皮甜	22-88-44-33-66-22-22-55-11-55-24-66-12	L089	冰糖籽	78-28-47-34-26-13-22-48-13-2A-99-55-12
L028	蒙阳红	22-56-8E-33-56-22-00-22-14-33-44-55-13	L090	会理红皮	88-EF-8E-44-22-22-44-15-33-44-55-13
L029	四川姜驿石榴	18-9E-8E-44-22-22-24-15-33-34-35-12	L092	峄城小青皮酸	22-78-44-44-14-22-48-14-35-14-57-13
L030	峄城复瓣粉红甜	00-00-8E-38-24-12-22-44-34-3-58-55-12	L093	峄城岗榴	22-28-44-88-44-44-34-88-14-33-41-55-12
L031	淮北红皮软籽	66-56-56-33-22-44-24-88-13-33-56-13	L094	峄城半口青皮谢花甜	23-28-6F-00-00-00-24-00-14-35-45-55-13
L032	四川黄皮甜	18-89-8E-44-22-22-24-15-33-34-35-12	L095	峄城青皮谢花甜	33-22-46-33-24-22-22-25-11-33-44-66-12
L033	峄城粉红牡丹	89-37-6G-38-24-24-24-48-13-3B-79-55	L096	峄城白皮马牙甜	88-88-45-33-12-11-24-88-33-33-11-55-13
L034	峄城大红皮酸	23-27-44-34-46-22-22-25-12-35-11-56-26	L097	峄城大籽青皮岗榴	28-88-4G-33-26-12-22-88-13-35--56-13
L035	大满天红甜	23-22-48-44-44-22-48-14-45-69-55-13	L098	豫石榴5号	39-26-8E-48-45-12-22-24-23-33-39-33-12
L037	峄城玛瑙石榴	89-22-EF-44-45-22-24-88-12-3A-56-55-13	L099	峄城单瓣粉红酸	33-22-77-88-46-22-22-58-44-55-11-56-12
L038	淮北二白一红	22-66-8E-35-55-22-44-44-33-4A-55-12	L100	峄城紫粒青皮甜	22-78-4G-46-22-22-57-12-55-14-66-12
L039	山东大叶红皮	22-66-EE-33-56-22-44-22-00-33-4A-55-13	L101	薛城多刺	33-66-55-00-00-22-00-26-DD-66-58-12
L040	怀远红珍珠	28-00-00-38-68-24-24-24-44-3F-45-56-12	L102	峄红1号	78-78-47-38-68-34-22-48-34-AF-59-56-13
L042	蒙自火炮	88-16-8G-14-46-12-23-24-11-36-35-45-12	L103	峄城青厚皮	22-88-4D-38-46-22-58-12-55-14-66-12
L044	黄里青皮2号	36-26-6E-33-26-24-88-13-33-33-55-13	L104	峄城抗病青皮甜	23-27-6F-33-24-22-28-14-35-45-55-13
L045	蒙自厚皮沙子	89-12-18-48-26-12-22-24-55-35-24-23-12	L105	四川青皮酸	36-26-6E-33-26-24-00-88-13-33-33-55-13
L047	峄城小红牡丹	23-22-EG-48-46-24-22-68-24-35-55-35-13	L106	四川海棠石榴	18-00-8A-44-22-22-24-15-33-34-35-12
L048	淮北软籽3号	36-26-66-33-22-24-24-88-33-33-55-13	L108	小满天红甜	23-33-48-44-22-44-48-14-45-69-55-13
L050	泰安红牡丹	23-22-EG-48-46-24-22-68-23-35-55-35-13	L109	满天红酸	22-11-EE-33-24-22-24-88-11-44-11-56-13
L051	怀远抗裂白玉石籽	66-67-8E-33-16-44-44-88-14-33-56-35-12	L113	淮北硬籽青皮	89-1D-18-33-45-22-44-28-12-35-00-56-12
L052	开封四季红	68-22-48-38-24-14-22-57-34-33-15-35-12	L114	建水红玛瑙	26-26-48-44-26-14-22-44-15-35-44-22-26
L053	黄里红皮3号	36-26-6E-33-26-24-88-33-33-55-13	L115	杨凌黑籽酸	13-66-4I-45-45-22-22-44-33-99-33-13
L054	黄里红皮1号	36-26-68-33-26-24-88-33-33-55-13	L116	淮北半口红皮酸	26-26-4E-34-24-22-15-23-13-33-14-35-12
L055	蒙自糯石榴	88-14-8G-14-46-12-23-24-11-36-34-45-12	L117	怀远六棱甜	33-45-8E-33-26-12-24-88-14-36-124-55-13
L056	泰安大汶口无刺	22-66-8E-33-56-22-44-45-33-44-55-12	L119	怀远玉石籽	22-66-8E-33-66-00-44-88-14-38-45-55-13
L057	黄金榴	22-66-48-33-46-22-44-28-24-33-44-66-13	L120	泰山红	AA-88-88-33-56-22-44-22-44-33-44-55-13
L058	鲁白榴2号	88-78-44-33-12-11-24-88-33-33-11-00-13	L121	淮北小红皮	22-66-EE-33-66-22-44-88-44-33-4A-66-13
L059	峄城红皮马牙甜	13-66-4I-45-45-22-22-22-33-29-33-13	L122	淮北软籽2号	36-26-68-00-00-24-00-38-13-33-33-15-13
L060	怀远大青皮酸	23-28-4G-48-46-22-55-12-35-14-56-13	L123	临选7号	13-66-4I-48-44-12-22-22-24-33-39-35-12
L061	洛克4号	13-66-4J-55-45-26-22-24-33-99-33-13	L124	皮亚曼	34-66-GH-56-45-22-22-44-33-99-33-13
L062	淮北小叶甜	28-67-4E-38-68-24-24-48-23-3E-45-66-12	L125	怀远二笨籽	66-66-8E-33-46-44-44-78-14-35-34-35-13
L063	峄城青皮甜	28-67-4E-38-68-24-0-23-3E-45-66-12	L126	新疆和田酸	22-22-45-45-22-22-44-33-99-33-13
L064	峄城超大白皮甜	22-67-48E-33-66-12-24-88-44-35-44-55-13	L127	峄城超青	13-66-33-33-11-22-22-47-44-55-33-55-13
L065	黄里青皮1号	36-26-68-33-26-24-88-13-33-34-55-13	L128	峄城胭脂红	22-88-44-33-11-22-44-88-55-55-44-55-13
L066	淮北青皮大籽	66-66-56-33-22-44-24-88-13-33-39-56-13	L129	大叶满天红	23-22-48-44-44-22-48-14-45-69-55-13
L067	临选2号	27-22-45-33-14-22-44-28-14-35-14-55-13	L130	怀远粉皮	26-66-EE-33-46-44-44-11-33-33-35-13
L068	四川黄皮酸	18-9A-78-24-22-22-22-21-33-34-34-12	L131	怀远薄皮糙	26-67-EE-33-16-24-44-88-14-37-34-35-13
L069	豫石榴1号	68-22-48-38-24-14-3-57-34-33-15-35-12	L132	红皮甜	22-26-4E-34-46-22-44-88-14-33-4A-66-12
L070	冬石榴	88-16-8H-14-46-12-23-24-11-36-34-45-12	L134	峄城白皮大籽	68-28-47-33-26-11-22-48-33-22-99-55-12
L071	一串铃	78-22-48-34-24-12-22-248-23-23-69-55-12	L135	蒙自白花	88-11-8E-48-22-24-22-44-33-44-55-12
L072	塔山红	68-61-8B-33-12-14-44-88-14-38-54-55-13	L136	太行红	22-66-4E-45-45-22-44-44-11-35-44-55-12
L073	豫石榴	39-26-8H-48-45-12-22-24-23-33-39-33-12			

表4 引进的国外资源及'中农红'分子身份证编码

品种代号	品种名称	分子身份证编码
L001	Wonderful 以色列	33-67-45-55-46-34-66-24-26-DD-56-88-28
L006	澳大利亚蓝宝石	AA-88-88-44-44-22-22-44-11-12-35-33-28
L011	以1	38-77-48-88-47-44-55-22-44-EF-55-58-13
L012	以2	38-67-48-88-47-44-55-22-44-1F-55-58-13
L013	以3	88-77-48-88-47-44-55-22-44-DD-55-58-13
L014	以4	33-68-45-56-46-45-26-24-26-8D-56-58-27
L015	以色列M号	26-66-AB-33-66-24-44-28-44-33-34-55-13
L016	以色列软子	00-00-00-56-46-45-26-24-26-8D-56-58-27
L017	Mollar Deelche 意大利14年	38-67-48-58-47-24-25-24-14-DE-5-58-12
L018	突尼斯	38-78-EE-68-44-24-25-44-24-CE-55-66-13
L019	中农红	38-56-EE-66-44-24-25-44-22-4E-55-66-13
L036	美国005	33-67-45-56-46-45-26-24-26-8D-56-58-12
L041	美国喜爱	33-66-78-58-77-24-22-14-11-39-35-58-13
L043	美国003	22-78-GH-33-66-22-22-58-22-55-44-55-13
L046	美国普兰甜	28-67-48-38-68-24-24-48-23-3E-45-66-12
L049	美国010	38-27-4F-48-46-24-12-58-14-55-19-55-13
L091	缅甸巨型	23-28-4E-34-15-2-24-29-25-35-49-55-13
L107	White	88-78-44-33-12-11-22-88-33-33-11-55-12
L110	美国001	33-67-44-55-44-45-25-24-22-DD-55-55-27
L111	美国002	56-78-88-44-44-22-22-44-11-12-35-33-28
L112	美国004	22-25-78-44-44-22-22-44-11-12-34-33-28
L118	Ambrosia	66-00-8E-88-77-22-55-44-11-9G-55-88-13
L133	Red Sweet	33-66-55-66-44-55-22-24-26-D-66-58-27

表5 13对特异引物名称和序列

Primer 名称	序列（5'to3'）
2363-F	AGAAATGCTGATGATTCGGG
2363-R	GGGGTCGAAGTTGCTTATCA
14870-F	CCCCAGTAATCACCCATTTG
14870-R	GTGGACATAAATAATTGCTGAAGA
18616-F	TGGTTAGGCATGCAAGAGTG
18616-R	GAGCTGGTGATTTCATTGGG
27944-F	TAGCCCCATTTGCTGATTC
27944-R	GTCGCGTGAAATTCCCTAAA
34768-F	CAATGAAATGAAGATGTTAGCAAAA
34768-R	AGTGTGAGAAAGCCCAGCTC
37300-F	GCCAGGACAAATTGACCCTA
37300-R	TGTTTCTTGTGTGAGCTGATTGG
41575-F	CCAAAATGGTCCTTGGTTTG
41575-R	GATTTCGTGTAACGCACGG
47743-F	GGGTGAATCAGGTTGGCATA
47743-R	TCAGTGTCTGTCGTGGCTTC
61814-F	TTACCCACCACCAACAACAA
61814-R	ATGCTGATGAGCCAATGAGA
68159-F	TTTGAACATCTAGGTGGCATTT
68159-R	TCACTTATATATCGTCTGCAACCAA
16262-F	CTAAGTGTGCGGCTGAGCTT
16262-R	GCTTGGAGGGCAAGTCATTA
5347-F	GAGAGAGAAGGGGAAATGGG
5347-R	CTCATCCCATGCAGAGAGAA
16942-F	TCTTCTCCACCGCCTCTTTA
16942-R	CTGCCTCCTCCTTCCTTCTT

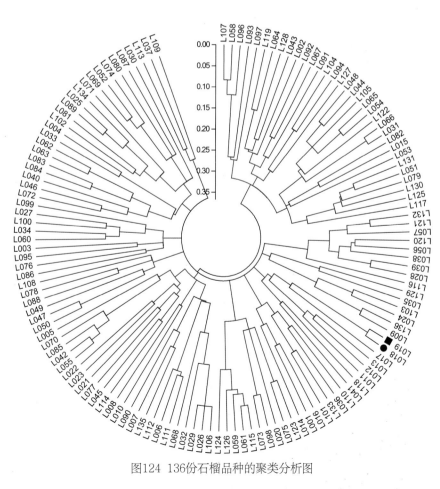

图124 136份石榴品种的聚类分析图

各论

中国石榴地方品种图志

早熟大红袍

Punica granatum L.'Zaoshudahongpao'

调查编号： YINYLLMF017

所属树种： 石榴 *Punica granatum* L.

提 供 人： 李明法
电　　话： 13963215463
住　　址： 山东省枣庄市峄城区榴园镇

调 查 人： 尹燕雷、冯立娟、杨雪梅
电　　话： 0538-8246350
单　　位： 山东省果树研究所

调查地点： 山东省枣庄市峄城区榴园镇

地理数据： GPS数据（海拔：62m，
经度：E117°23'44"，纬度：N34°29'21"）

样本类型： 果实、枝条、叶片

生境信息

来源于当地，地形为山坡，土壤质地为壤土，树龄15年，栽植场所为人工林，现存10株，为'大红袍'石榴的实生后代。

植物学信息

1. 植株情况

树势强健，树姿半开张，树形自然圆头形；株型中等大小，树高2.6m，冠幅东西3.4m、南北2.6m，干高0.42m，干周46cm，主干灰色，树皮丝状裂，枝条较密，茎刺稀疏。

2. 植物学特征

1年生枝红褐色，节间平均长2.8cm、粗0.24cm，嫩梢上无茸毛，多年生枝灰褐色；叶柄平均长0.8cm，黄绿色，叶片平均长6.4cm、宽2.6cm，新叶浅紫红色，成熟叶浓绿色，叶片长椭圆形，叶尖渐尖，叶基圆形，叶面平滑、有光泽，叶背无茸毛；花单瓣，花瓣数5~7片，花径长3.7cm，花瓣红色、卵形，花蕾红色，花药黄色，花粉多，雌蕊1个，柱头比雄蕊高，子房下位，萼筒开张，萼筒长；开花在叶发育后，花期为5月中旬至7月中旬。

3. 果实性状

果实纵径10.4cm、横径9.6cm，平均单果重506g，最大单果重1250g，果皮平均厚0.4cm，近圆形，幼果绿色，成熟果红色，果面光滑、有光泽；籽粒水红色、透明，百粒重56g，种仁硬，汁多，甜酸适中，味浓郁，可溶性固形物含量16%，可食率48%，品质上等。

4. 生物学习性

萌芽力强，发枝力强，生长势强；早果性强，短果枝占85%，坐果部位全树，坐果力中等，生理落果少，采前落果少；抗寒性强；丰产、稳产，大小年不显著，单株平均产量（盛果期）40kg；在山东省枣庄市峄城区，萌芽期3月下旬，展叶期4月中旬，盛花期5月下旬至6月上旬，果实采收期8月下旬到9月上旬，落叶期11月上旬。

品种评价

高产，优质，抗旱。

植株

叶片

花

果实

枣庄软籽

Punica granatum L.'Zaozhuangruanzi'

调查编号：YINYLLMF018

所属树种：石榴 *Punica granatum* L.

提 供 人：李明法
电　　话：13963215463
住　　址：山东省枣庄市峄城区榴园镇

调 查 人：尹燕雷、冯立娟、杨雪梅
电　　话：0538-8246350
单　　位：山东省果树研究所

调查地点：山东省枣庄市峄城区榴园镇

地理数据：GPS 数据（海拔：62m，
　　　　　经度：E117°23'44"，纬度：N34°29'20"）

样本类型：果实、枝条、叶片

生境信息

来源于当地，地形为山坡，土壤质地为壤土，最大树龄50年，栽植场所为人工林，现存10株。

植物学信息

1. 植株情况

树势强健，树姿半开张，树形自然圆头形；株型中等大小，树高2.3m，冠幅东西3.2m、南北2.4m，干高0.52m，干周52cm，主干灰色，树皮丝状裂，枝条较密，茎刺稀疏。

2. 植物学特征

1年生枝红褐色，节间平均长2.6cm、粗0.24cm，嫩梢上无茸毛，多年生枝灰褐色；叶柄平均长0.86cm，黄绿色，新叶浅绿色，成熟叶浓绿色，叶片平均长3.4cm、宽1.5cm，长椭圆形，叶尖渐尖，叶基圆形，叶面平滑、有光泽，叶背无茸毛；花单瓣，5~7片，红色，卵形，花径长3.3cm，花蕾红色，花药黄色，花粉多，雌蕊数1个，柱头比雄蕊高，子房下位，萼筒开张，萼筒长；开花在叶发育后，花期为5月中旬至7月中旬。

3. 果实性状

扁圆形，纵径8.8cm、横径10.2cm，平均单果重350g，单果有籽300粒左右，果皮厚0.4cm，幼果浅红色，成熟果红色，果面光滑、有光泽；籽粒红色，放射线明显，排列紧密，长形，百粒重43.6g，种仁半软，汁多，味甘甜，可溶性固形物含量15%，可食率48%，品质上等。

4. 生物学习性

萌芽力强，发枝力强，生长势强；早果性强，坐果部位全树，坐果力中等，生理落果少，采前落果少；抗寒性强；丰产、稳产，大小年不显著，单株平均产量（盛果期）37.5kg；在山东省枣庄市峄城区，萌芽期3月下旬，盛花期5月下旬至6月上旬，果实成熟期9月中旬，落叶期11月上旬。

品种评价

高产，优质，抗旱性强；中熟品种。

植株

花

花及叶片

幼果

果实

大红袍芽变

Punica granatum L.'Dahongpaoyabian'

调查编号： YINYLLMF019

所属树种： 石榴 *Punica granatum* L.

提供人： 李明法
电话： 13963215463
住址： 山东省枣庄市峄城区榴园镇

调查人： 尹燕雷、冯立娟、杨雪梅
电话： 0538-8246350
单位： 山东省果树研究所

调查地点： 山东省枣庄市峄城区榴园镇

地理数据： GPS 数据（海拔：65m，经度：E117°21'56"，纬度：N34°29'21"）

样本类型： 果实、枝条、叶片

生境信息

来源于当地，地形为山坡，土壤质地为壤土，最大树龄50年，栽植场所为人工林，现存10株，为'大红袍'石榴的实生后代。

植物学信息

1. 植株情况

树势强健，树姿半开张，树形自然圆头形；株型中等大小，树高1.6m，冠幅东西1.2m、南北1.0m，干高0.3m，干周80cm。

2. 植物学特征

1年生枝红褐色，节间平均长3.5cm、粗0.22cm，嫩梢上无茸毛，多年生枝灰褐色；叶柄平均长1.2cm，黄绿色，新叶浅紫红色，成熟叶浓绿色，叶片平均长7.5cm、宽2.5cm，长椭圆形，叶边无锯齿，叶尖渐尖，叶基圆形，叶面平滑、有光泽，叶背无茸毛；花单瓣，红色，卵形，5～7片，花径长3.6cm，花蕾红色，花药黄色，花粉多，雌蕊数1个，柱头比雄蕊高，子房下位，萼筒开张，萼筒长；开花在叶发育后，花期5月中旬至7月中旬。

3. 果实性状

扁圆形，纵径8.5cm、横径11.2cm，平均单果重450g，最大单果重1400g，果皮平均厚0.4cm，幼果绿色，成熟果红色，果面光滑、有光泽；籽粒粉红色，有星芒，百粒重60g，种仁硬，汁多，甜酸适中，味浓郁，可溶性固形物含量16%，可食率57.9%，品质上等。

4. 生物学习性

萌芽力强，生长势强；早果性强，坐果部位全树，坐果力中等，生理落果少，采前落果少；抗寒性强；丰产性一般，稳产，大小年不显著，单株平均产量（盛果期）25kg；在山东省枣庄市峄城区，萌芽期3月下旬，盛花期5月下旬至6月上旬，果实采收期9月中、下旬，落叶期11月中旬。

品种评价

高产，优质，抗旱。

幼果

花及叶片

花及花蕾

果实

青皮芽变

Punica granatum L.'Qingpiyabian'

调查编号： YINYLLMF020

所属树种： 石榴 *Punica granatum* L.

提 供 人： 李明法
电　　话： 13963215463
住　　址： 山东省枣庄市峄城区榴园镇

调 查 人： 尹燕雷、冯立娟、杨雪梅
电　　话： 0538-8246350
单　　位： 山东省果树研究所

调查地点： 山东省枣庄市峄城区榴园镇

地理数据： GPS数据（海拔：71m，
经度：E117°23'44"，纬度：N34°29'21"）

样本类型： 果实、枝条、叶片

生境信息

来源于当地，地形为山坡，土壤质地为壤土，最大树龄50年，栽植场所为人工林，现存10株，为'大青皮'石榴的实生后代。

植物学信息

1. 植株情况

树势强健，树姿半开张，树形自然圆头形；株型中等大小，树高1.6m，冠幅东西1.4m、南北1.3m，干高0.3m，干周60cm。

2. 植物学特征

1年生枝红褐色，节间平均长2.0cm、粗0.3cm，嫩梢上无茸毛，多年生枝灰褐色；叶柄平均长0.9cm，黄绿色，新叶浅紫红色，成熟叶浓绿色，叶片平均长3.5cm、宽1.7cm，长椭圆形，叶边无锯齿，叶尖渐尖，叶基圆形，叶面平滑、有光泽，叶背无茸毛；花单瓣，5~7片，红色，卵形，花径长2.6cm，花蕾红色，花药黄色，花粉多，雌蕊数1个，柱头比雄蕊高，子房下位，萼筒长；开花在叶发育后，花期5月中旬至7月中旬。

3. 果实性状

果实近圆形，纵径10.0cm、横径12.0cm，平均单果重560g，最大单果重1580g，果皮平均厚0.35cm，幼果绿色，成熟果底色黄绿，向阳面着红色，果面光滑、有光泽；心室8~12个，室内有籽430~890粒，籽粒粉红或鲜红，透明，百粒重44g，种仁硬，汁多，甜酸适中，味浓郁，可溶性固形物含量11%~16%，可食率52.3%；品质上等。

4. 生物学习性

萌芽力强，生长势强；早果性强，坐果部位全树，坐果力中等，生理落果少，采前落果少；抗寒性强；丰产性一般、稳产，大小年不显著，单株平均产量（盛果期）25kg；在山东省枣庄市峄城区，萌芽期3月下旬，盛花期5月下旬至6月上旬，果实成熟期9月下旬，落叶期11月中旬。

品种评价

高产，优质，抗寒，抗旱性强。

植株

花

花及叶片

幼果

果实

大青皮酸

Punica granatum L.'Daqingpisuan'

調查編號： YINYLLMF021

所属树种： 石榴 *Punica granatum* L.

提 供 人： 李明法
电　　话： 13963215463
住　　址： 山东省枣庄市峄城区榴园镇

调 查 人： 尹燕雷、冯立娟、杨雪梅
电　　话： 0538-8246350
单　　位： 山东省果树研究所

调查地点： 山东省枣庄市峄城区榴园镇

地理数据： GPS数据（海拔：63m，
经度：E117°23′43″，纬度：N34°29′21″）

样本类型： 果实、枝条、叶片

生境信息

来源于当地，地形为山坡，土壤质地为壤土，最大树龄50年，栽植场所为人工林，现存15株。

植物学信息

1. 植株情况

树势强健，树姿半开张，树形自然圆头形；株型中等大小，树高1.5m，冠幅东西1.2m、南北1.0m，干高0.5m，干周60cm。

2. 植物学特征

1年生枝红褐色，节间平均长2.4cm、粗0.3cm，嫩梢上无茸毛，多年生枝灰褐色；叶柄平均长0.8cm，黄绿色，新叶浅绿，成熟叶浓绿，叶片平均长7.5cm、宽2.0cm，长椭圆形，叶边无锯齿，叶尖渐尖，叶基圆形，叶面平滑、有光泽，叶背无茸毛；花单瓣，5~7片，红色，卵形，花径长2.6cm，花蕾红色，花药黄色，花粉多，雌蕊数1个，柱头比雄蕊高，子房下位，萼筒长、开张；开花在叶发育后，花期为当地5月中旬至7月中旬。

3. 果实性状

果实近圆形，纵径9.5cm、横径11.0cm，平均单果重530g，最大果重1420g，果皮平均厚0.25~0.40cm，幼果绿色，成熟果底色黄绿，向阳面着红色，果面光滑、有光泽；心室8~12个，室内有籽430~890粒，籽粒粉红或鲜红，透明，百粒重44g，种仁硬，汁多，风味酸，味浓，可溶性固形物含量16%，可食率52.3%，品质中上。

4. 生物学习性

萌芽力强，生长势强；早果性强，坐果部位全树，坐果力中等，生理落果少，采前落果少；丰产、稳产，大小年不显著，单株平均产量（盛果期）40kg；在山东省枣庄市峄城区，萌芽期3月下旬，盛花期5月下旬至6月上旬，果实采收期9月下旬，落叶期11月中旬。

品种评价

高产，优质，抗旱性强。

植株

花

花及叶片

幼果

果实

骏红

Punica granatum L.'Junhong'

调查编号： YINYLSF081

所属树种： 石榴 *Punica granatum* L.

提 供 人： 史　凡
电　　话： 0538-8513512
住　　址： 山东省泰安市泰山区白马
　　　　　石村

调 查 人： 尹燕雷、冯立娟、杨雪梅
电　　话： 0538-8246350
单　　位： 山东省果树研究所

调查地点： 山东省泰安市泰山区白马
　　　　　石村

地理数据： GPS数据（海拔：213m，
　　　　　经度：E117°09'31.4"，纬度：N36°13'25.2"）

样本类型： 果实、枝条、叶片

生境信息

来源于当地，地形为坡地上的可耕地，土壤质地为壤土，树龄15～20年，栽植场所为人工林，面积16.7hm²左右。

植物学信息

1. 植株情况

树势强健，树姿半开张，树形自然圆头形；中等大小，树高2.6m，冠幅东西3.4m、南北2.6m，干高0.42m，干周36cm。

2. 植物学特征

1年生枝红褐色，节间平均长2.8cm、粗0.24cm，嫩梢上无茸毛，多年生枝灰褐色；叶柄平均长0.8cm，绿色，新叶浅紫红色，成熟叶浓绿色，叶片平均长6.4cm、宽2.6cm，长椭圆形，叶尖渐尖，叶基圆形，叶面平滑、有光泽，叶背无茸毛；花红色，单瓣，卵形，5～7片，花径长3.5cm，花蕾红色，花药黄色，花粉多，雌蕊数1个，柱头比雄蕊高，子房下位，萼筒长、开张；开花在叶发育后，花期为当地5月中旬至7月中旬。

3. 果实性状

扁圆形，纵径7.6cm、横径9.4cm，平均单果重161g，最大单果重195g，果形整齐，幼果绿黄色，成熟果红色，果面光滑，果皮有光泽，无锈斑，果梗短，近果端膨大，梗洼深，萼片缩存；籽粒红色，籽粒大，种仁硬，汁多，酸甜适中，味浓郁，可溶性固形物含量14.5%，品质上等；较抗裂果；中熟品种。

4. 生物学习性

萌芽力强，发枝力强，生长势强；实生早果，短果枝占85%，坐果部位全树，坐果力中等，生理落果少，采前落果少；抗寒性强；丰产、稳产，大小年不显著，单株平均产量（盛果期）40.5kg；在山东省泰安市，萌芽期4月上旬，盛花期6月上旬，果实采收期9月下旬，落叶期11月下旬。

品种评价

高产，优质，抗病，抗裂果，适应性较广。

植株

植株

花及花蕾

果实

果实籽粒

胭脂红

Punica granatum L.'Yanzhihong'

◎ 调查编号： YINYLSF082

▤ 所属树种： 石榴 *Punica granatum* L.

▤ 提供人：史凡
电话：0538-8513512
住址：山东省泰安市泰山区白马
石村

▤ 调查人：尹燕雷、冯立娟、杨雪梅
电话：0538-8246350
单位：山东省果树研究所

▢ 调查地点：山东省泰安市泰山区白马
石村

⊕ 地理数据：GPS 数据（海拔：213m，
经度：E117°09'31.4"，纬度：N36°13'25.2"）

▣ 样本类型：果实、枝条

▦ 生境信息

来源于当地，地形为坡地上的可耕地，土壤质地为壤土，树龄 16 年，栽植场所为人工林，面积 16.7hm² 左右。

▤ 植物学信息

1. 植株情况

树势强，树姿半开张，树形自然圆头形；株型中等，树高3.2m，冠幅东西3.6m、南北2.8m，干高0.62m，干周39cm。

2. 植物学特征

1年生枝形状挺直，红褐色，平均节间长2.8cm、粗0.25cm，嫩梢上无茸毛，多年生枝灰褐色；叶柄平均长0.7cm，黄绿色，新叶绿色，成熟叶浓绿色，叶片平均长6.6cm、宽2.9cm，长椭圆形，叶尖渐尖，叶基圆形，叶面平滑、有光泽，叶背无茸毛；花红色，单瓣，卵形，5~7片，花径长3.7cm，花蕾红色，花药黄色，花粉多，雌蕊1个，柱头比雄蕊高，子房下位，萼筒长、开张；开花较叶发育前后，花期在5月上旬至7月上旬。

3. 果实性状

果实近圆形，纵径9.6cm、横径10.4cm，平均单果重315g，最大单果重375g，果形整齐，幼果绿黄色，成熟果红色，果面光滑，果皮有光泽，无锈斑，果梗短、近果端膨大，梗洼深，萼片缩存；籽粒红色，籽粒大，种仁硬，汁多，酸甜适中，味浓郁，可溶性固形物含量15.5%，品质上等；裂果轻；中熟品种。

4. 生物学习性

萌芽力强，发枝力强，生长势强；实生早果，短果枝占85%，坐果部位全树，坐果力中等，生理落果少，采前落果少；抗寒性强；丰产、稳产，大小年不显著，单株平均产量（盛果期）38kg；在山东省泰安市，萌芽期4月上旬，盛花期6月上旬，果实采收期9月下旬，落叶期11月下旬。

▤ 品种评价

高产，优质，抗病，抗裂果，适应性广。

植株

花

果实

籽粒

果实籽粒

泰丰

Punica granatum L.'Taifeng'

调查编号： YINYLSF083

所属树种： 石榴 *Punica granatum* L.

提 供 人： 史 凡
电 话： 0538-8513512
住 址： 山东省泰安市泰山区白马
　　　　　石村

调 查 人： 尹燕雷、冯立娟、杨雪梅
电 话： 0538-8246350
单 位： 山东省果树研究所

调查地点： 山东省泰安市泰山区白马
　　　　　石村

地理数据： GPS 数据（海拔：213m，
　　　　　经度：E117°09'31.4"，纬度：N36°13'25.2"）

样本类型：果实、枝条、叶片

生境信息

来源于当地，地形为坡地上的可耕地，土壤质地为壤土，树龄 10 年，栽植场所为人工林，面积 16.7hm² 左右。

植物学信息

1. 植株情况

树势强，树姿半开张，树形自然圆头形；株型中等，树高3.2m，冠幅东西3.6m、南北2.8m，干高0.82m，干周36cm。

2. 植物学特征

1年生枝红褐色，节间平均长2.8cm、粗0.24cm，嫩梢上无茸毛，多年生枝灰褐色；叶柄平均长0.8cm，绿色，新叶浅紫红色，成熟叶浓绿色，叶片长4.5~6.8cm、宽1.5~2.6cm，长椭圆形，叶尖渐尖，叶基圆形，叶面平滑、有光泽；花单瓣，红色，卵形，花瓣数5~7片，花径长3.7cm，花蕾红色，花药黄色，花粉多，雌蕊数1个，柱头比雄蕊高，子房下位，萼筒长、开张；开花在叶发育后，花期为当地5月中旬至7月上旬。

3. 果实性状

圆形，纵径9.5cm、横径9.8cm，平均单果重375g，最大单果重460g，果形整齐，幼果黄绿色，成熟果向阳面着红色，果面光滑、有光泽，无锈斑，果梗较粗，梗洼深，萼片缩存；籽粒红色，中等大小，种仁硬，汁多，酸甜适中，味浓郁，可溶性固形物含量15.0%，品质上等；裂果轻；中熟品种。

4. 生物学习性

萌芽力强，生长势强；短果枝85%，坐果部位全树，坐果力中等，生理落果少，采前落果少；抗寒性强；丰产，大小年不显著，单株平均产量（盛果期）37kg；在山东省泰安市，萌芽期4月上旬，盛花期6月上旬，果实采收期9月下旬，落叶期11月下旬。

品种评价

高产，优质，抗病。

植株

果实

籽粒

果实

花

巢湖红花

Punica granatum L.
'Chaohuhonghua'

🔘 调查编号： YINYLSQB051

📋 所属树种： 石榴 *Punica granatum* L.

📄 提 供 人： 周卫平
电　　话： 18905654353
住　　址： 安徽省巢湖市银屏镇白牡
　　　　　山村

📋 调 查 人： 孙其宝、俞飞飞、陆丽娟、
　　　　　周军永
电　　话： 13956066968
单　　位： 安徽省农业科学院园艺研
　　　　　究所

📍 调查地点： 安徽省巢湖市银屏镇白牡
　　　　　山村

🌐 地理数据： GPS 数据（海拔： 11m，
经度：E117°52'5"，纬度：N31°30'46"）

🖼 样本类型： 果实、枝条

🔲 生境信息

来源于当地，地形为山坡地，土壤质地为黏壤土；人工栽植，面积约20hm²，树龄60年，疏于管理，石榴园近于荒废，易受耕作、砍伐等人为影响。

🔲 植物学信息

1. 植株情况

生长势较弱，树姿开张，树形无定形或自然圆头形；样株株型中等，单干，干高1.1m，干周58cm，主干灰色，老皮块状脱落，无扭曲，枝条较密，枝干茎刺密。

2. 植物学特征

新梢淡绿色，无茸毛，1年生枝条灰褐色，节间平均长2.3cm、粗0.18cm，多年生枝灰褐色、针刺发达、长、密；新叶浅绿色，成熟叶浓绿色，叶片长椭圆形，叶边无锯齿，叶尖渐尖，叶基圆形，叶背无茸毛；花单瓣，红色，卵形，花瓣数5～7片，花径长2.5cm，花蕾红色，花药黄色，花粉多，子房下位，萼筒开张；开花在叶发育后，花期为当地5月上旬至6月中旬。

3. 果实性状

近圆形，中等大小，平均单果重168g，幼果绿色，成熟果底色青黄色，向阳面着红色，棱肋不明显，果面锈斑较多。

🔲 品种评价

抗旱、耐贫瘠，适应性广，果实耐贮藏。

生境

植株

枝条

果实

晶花玉石籽

Punica granatum L.'Jinghuayushizi'

调查编号： YINYLSQB120

所属树种： 石榴 *Punica granatum* L.

提供人： 王为元
电话： 13155286658
住址： 安徽省怀远县涂山风景区涂山村

调查人： 孙其宝、俞飞飞、陆丽娟、周军永
电话： 13956066968
单位： 安徽省农业科学院园艺研究所

调查地点： 安徽省怀远县涂山风景区涂山村

地理数据： GPS 数据（海拔：30m，经度：E117°14'33"，纬度：N32°56'4"）

样本类型： 果实、枝条

生境信息

来源于当地，地形为坡地上的可耕地，土壤质地为黏壤土；树龄 8 年生，面积约 0.2hm²。

植物学信息

1. 植株情况

小乔木，生长势中等，枝条生长较旺，顶端优势强，树姿开张，树形自然圆头形或主干疏层形；树高1.8m，干高0.7m，最大干周25cm。

2. 植物学特征

主干和多年生枝灰褐色，当年生枝浅灰色，新梢嫩枝淡红色，节间平均长为3.0cm，2年生枝褐色，节间平均长为2.5cm，茎刺少；叶柄长约0.6cm，紫红色，新叶淡红色，成叶深绿色，叶片披针形，平均长6.2cm、宽1.7cm，基部楔形，叶尖渐尖，叶缘波状，全缘；花萼筒状，6裂，较短，淡红色，不反卷，花单瓣，6枚，橙红色，雄蕊150枚左右，三种类型花均有。

3. 果实性状

近圆球形，中型果，果型指数0.93，平均单果重380g，最大单果重578g，有明显的五棱，果皮青绿色，向阳面有红晕，果皮厚0.35～0.45cm，果面光洁、锈斑少，梗洼稍凸；心室8～12个，籽粒特大，百粒重90.1g，玉白色，近核处常有放射状红晕，可溶性固形物含量为14.0%，种仁硬，甘甜爽口，品质上等。

4. 生物学习性

整株开花量大，着花中等；在安徽省蚌埠市怀远县，3月下旬萌芽，盛花期5月中、下旬，10月中、下旬果实成熟，果实生育期150天左右；果实成熟后挂果期长，霜降前后采收果实风味达到最佳；成熟期即使遇到连续的阴雨天气，果实也不裂果或裂果很轻。

品种评价

品质上等，高产，优质，抗病，抗旱，抗裂果，耐瘠薄。

植株

结果状

果实

姬川红

Punica granatum L.'Jichuanhong'

调查编号： YINYLSQB022

所属树种： 石榴 *Punica granatum* L.

提 供 人： 鲍国荣
电　　话： 0559-6611650
住　　址： 安徽省黄山市歙县上丰乡
　　　　　 姬川村

调 查 人： 孙其宝、俞飞飞、陆丽娟、
　　　　　 周军永
电　　话： 13956066968
单　　位： 安徽省农业科学院园艺研
　　　　　 究所

调查地点： 安徽省黄山市歙县上丰乡
　　　　　 姬川村

地理数据： GPS 数据（海拔：387m，
　　　　　 经度：E118°22'28"，纬度：N 30°0'12"）

样本类型： 果实

生境信息

来源于当地，地形为山地，土壤质地为砂壤土，树龄50年，栽植场所为庭院，现存1株，易受到砍伐等人为影响。

植物学信息

1. 植株情况

树势中庸，生长势中等，树姿直立；乔木，主干灰色、无扭曲，树高3.5m，冠幅东西2.5m、南北2.0m。

2. 植物学特征

1年生枝条红褐色，针刺不发达，新梢淡绿色，节间平均长2.4cm，平均粗0.2cm，嫩梢上无茸毛，多年生枝灰褐色；叶柄绿色，新叶黄绿色，成熟叶绿色，叶大，叶长5.0~8.0cm，叶宽1.5~3.0cm；花红色，单瓣，花瓣数5~7片，花径长3.1cm，卵形，花蕾红色，花药黄色，子房下位。

3. 果实性状

中型果，扁圆形，纵径6.8cm、横径8.0cm，果形指数0.85，平均单果重260g，果皮红色，棱肋明显，萼筒直立或闭合；籽粒粉红色，百粒重24g，可溶性固形物含量11%。

4. 生物学习性

在安徽省黄山市歙县，3月下旬萌芽，花期在4月下旬至6月中旬，9月中旬果实开始成熟，11月上旬开始落叶。

品种评价

外观红色，籽粒小，品质一般，耐干旱、瘠薄，可作为育种种质材料。

植株

微

果实

果实

溪源红

Punica granatum L. 'Xiyuanhong'

调查编号： YINYLSQB023

所属树种： 石榴 *Punica granatum* L.

提 供 人： 吴广钊
电　　话： 0559-6611650
住　　址： 安徽省歙县上丰镇溪源村

调 查 人： 孙其宝、俞飞飞、陆丽娟、
周军永
电　　话： 13956066968
单　　位： 安徽省农业科学院园艺研
究所

调查地点： 安徽省黄山市歙县上丰镇
溪源村

地理数据： GPS 数据（海拔：180m，
经度：E118°20'40"，纬度：N 30°0'44"）

样本类型： 果实

生境信息

来源于当地，地形为平地，土壤质地为黏壤土，树龄50～60年，栽植场所为庭院，现存1株，易受到砍伐等人为影响。

植物学信息

1. 植株情况

树势中庸，生长势中等，树姿开张；乔木，树高6m，主干灰色、无扭曲，单干，干高0.6m，干粗85cm，冠幅东西6.5m、南北6m。

2. 植物学特征

主干和多年生枝灰褐色，当年生枝浅灰色，平均长100cm，新梢嫩枝淡红色，针刺不发达；叶柄绿色，幼叶黄绿色，成龄叶绿色，长披针形；花红色，单瓣，花瓣数目5～7片，卵形，花蕾红色，花药黄色，子房下位。

3. 果实性状

近圆形，大型果，平均单果重400g，纵径7.8cm、横径8.5cm，果形指数0.92，果皮粉红色，有块状锈斑，棱肋明显，萼筒直立，萼片6裂；籽粒小，粉红色，百粒重35g，可溶性固形物含量14%。

4. 生物学习性

在安徽省黄山市歙县，3月下旬萌芽，花期在4月下旬至6月中旬，9月中旬果实开始成熟，11月上旬开始落叶。

品种评价

外观红色，籽粒小，品质一般，耐干旱、瘠薄，可作为育种种质材料。

生境

叶片

植株

果实

怀远白玉石籽

Punica granatum L. 'Huaiyuanbaiyushizi'

⊙ 调查编号： YINYLSQB026

🏷 所属树种： 石榴 *Punica granatum* L.

📄 提供人：王为元
　　电　话：13155286658
　　住　址：安徽省怀远县涂山风景区
　　　　　　涂山村

📇 调查人：孙其宝、俞飞飞、陆丽娟、
　　　　　　周军永
　　电　话：13956066968
　　单　位：安徽省农业科学院园艺研
　　　　　　究所

📍 调查地点：安徽省黄山市歙县上丰镇
　　　　　　溪源村

🌐 地理数据：GPS 数据（海拔：30m，
　　　　　　经度：E117°14'33"，纬度：N32°56'4"）

🖼 样本类型：果实

🗒 生境信息

来源于当地，地形为坡地，土地利用为耕地，土壤质地为砂壤土，易受到砍伐、耕作等人为影响。

📋 植物学信息

1. 植株情况

树势强健，枝条较软，树姿开张，树形自然圆头形；乔木，多主干，主干灰褐色，老皮脱落处皮白色。

2. 植物学特征

枝皮灰白色，茎刺稀少；叶片较大，披针形，叶色深绿，叶尖微尖，幼叶及叶柄及幼茎黄绿色；两性花，1~4朵着生于当年新梢顶端或叶腋处，花单瓣，白色，卵形，较大，花瓣、花萼均4~6片。

3. 果实性状

近圆形，纵径8.8cm、横径10.3cm，平均单果重469g，果皮黄白色，果面光洁，果棱不明显，萼片直立；平均单粒重0.84g，最大单粒重1.02g，籽粒多呈马齿状，白色，内有少量"针芒"状放射线，籽粒出汁率81.4%，种仁硬度3.29kg/cm²，可溶性固形物含量16.4%，品质上等；较耐贮运。

4. 生物学习性

盛果期株产达60kg，丰产性好；在安徽省蚌埠市怀远县，3月中下旬开始萌芽，4月初发枝，4月中、下旬现蕾，5月上旬初花，5月中旬至6月中旬盛花，9月中、下旬果实成熟，11月上、中旬开始落叶。

📑 品种评价

主要分布在安徽省蚌埠市；果个大，籽粒大，品质优良，丰产、稳产，适应性较广，抗病能力中等；自花结实率较高，注意疏花疏果；降水量较大的地区，注意及时排涝，并加强对早期落叶病、干腐病的防治。

果实　　生境　　植株　　枝叶　　花　　果实

怀远珍珠红

Punica granatum L. 'Huaiyuanzhenzhuhong'

调查编号： YINYLSQB027

所属树种： 石榴 *Punica granatum* L.

提 供 人： 王为元
电　　话： 13155286658
住　　址： 安徽省怀远县涂山风景区涂山村

调 查 人： 孙其宝、俞飞飞、陆丽娟、周军永
电　　话： 13956066968
单　　位： 安徽省农业科学院园艺研究所

调查地点： 安徽省黄山市歙县上丰镇溪源村

地理数据： GPS数据（海拔：30m，经度：E117°14'33"，纬度：N32°56'4"）

样本类型： 果实

生境信息

来源于当地，地形为坡地，土地利用为耕地，土壤质地为砂壤土，易受到砍伐、耕作等人为影响。

植物学信息

1. 植株情况

树势较强，生长势强，树姿直立，萌芽力、成枝力较强，树形自然圆头形；乔木，树高2.5m，干高0.7m，干粗46cm，冠幅东西2.1m、南北1.8m。

2. 植物学特征

1年生枝灰褐色，新梢青灰色；叶柄0.6cm，青红色，基部有弯，叶长5.9cm、宽1.9cm，披针形，叶色浓绿，表面具较厚的蜡质层，叶面平滑、有光泽，叶背无茸毛，叶厚，叶基渐尖，叶缘具小波状皱纹；花红色，单瓣，花瓣数5～7片，花径长3.5cm，卵形，花蕾红色，花药黄色，子房下位。

3. 果实性状

大型果，近球形，果型指数0.91，平均单果重380g，最大单果重1335g，果皮平均厚0.5cm，果肩稍平，果面较粗糙，有褐色斑块，果皮底色黄绿，向阳面稍带红褐色，梗洼较平，萼洼稍凸；心室8个，百粒重52g，籽粒鲜红或粉红，透明，可溶性固形物含量16%，甜味浓，汁多，种仁硬。

4. 生物学习性

在安徽省蚌埠市怀远县，3月下旬萌芽，4月上旬展叶，5月底至6月初进入盛花期，9月下旬至10月上旬果实成熟，10月25日以后开始落叶。

品种评价

主要分布在安徽省蚌埠市怀远县、禹会区；果实外观艳丽，籽粒大，口味佳，是一个比较有发展前途的品种。

植株

生境

花

枝叶

果实

果实

果实

怀远二笨籽

Punica granatum L. 'Huaiyuanerbenzi'

调查编号： YINYLSQB028

所属树种： 石榴 *Punica granatum* L.

提 供 人： 王为元
电　话： 13155286658
住　址： 安徽省怀远县涂山风景区
　　　　涂山村

调 查 人： 孙其宝、俞飞飞、陆丽娟、
　　　　周军永
电　话： 13956066968
单　位： 安徽省农业科学院园艺研
　　　　究所

调查地点： 安徽省黄山市歙县上丰镇
　　　　溪源村

地理数据： GPS 数据（海拔：43m，
　　　　经度：E117°14'37"，纬度：N32°56'3"）

样本类型： 果实

生境信息

来源于当地，地形为坡地，土地利用为耕地，土壤质地为砂壤土，易受到砍伐、耕作等人为影响。

植物学信息

1. 植株情况

树势较强，生长势强，树姿半开张，树形自然圆头形；半灌木，主干老皮灰褐色，老皮脱落处皮白色。

2. 植物学特征

当年生枝红褐色，新梢嫩枝紫红色，2年生枝褐色，茎刺少；叶柄长约0.3cm，内侧紫红色，外侧绿色，新叶淡紫红色，成叶绿色，中上部叶多为披针形，长3.6～7.8cm，宽1.0～2.4cm，平均长5.5cm，平均宽1.8cm，叶面平，基部楔形，叶尖渐尖，叶缘波状，全缘；花单瓣，6枚，椭圆形，红色，长2.0cm，宽1.0cm，花冠内扣，花径5cm。

3. 果实性状

大型果，扁圆球形，果型指数0.86，棱肋明显，平均单果重410g，最大单果重750g，果皮底色黄绿，阳面红色，果面光滑，梗洼平且周围有果锈，萼洼平，果皮平均厚0.4cm；心室6～8个，籽粒粉红，百粒重40g，风味甜，可溶性固形物含量13.1%，品质中等；不耐贮藏，易裂果。

4. 生物学习性

在安徽省蚌埠市怀远县，3月底萌芽，5月中旬盛花期，9月上旬果实开始成熟，11月上旬开始落叶。

品种评价

系安徽省蚌埠市禹会区、怀远县地方品种；抗病虫能力强，较耐瘠薄、干旱，早产、丰产、稳产。

生境

植株

花

枝叶

果实

怀远大笨籽

Punica granatum L. 'Huaiyuandabenzi'

调查编号：　YINYLSQB029

所属树种：　石榴 *Punica granatum* L.

提 供 人：　王为元
电　　话：　13155286658
住　　址：　安徽省怀远县涂山风景区
　　　　　　涂山村

调 查 人：　孙其宝、俞飞飞、陆丽娟、
　　　　　　周军永
电　　话：　13956066968
单　　位：　安徽省农业科学院园艺研
　　　　　　究所

调查地点：　安徽省黄山市歙县上丰镇
　　　　　　溪源村

地理数据：　GPS 数据（海拔：42m，
　　　　　　经度：E117°14'37"，纬度：N32°56'3"）

样本类型：果实

生境信息

来源于当地，地形为坡地，土地利用为耕地，土壤质地为砂壤土，易受到砍伐、耕作等人为影响。

植物学信息

1. 植株情况

树势强健，根萌蘖力强，生长势强，树姿开张；半灌木，树高2.8m，干高0.8m，干粗36cm，冠幅东西3.3m、南北3.5m。

2. 植物学特征

主干和多年生枝褐色，有瘤状突起，当年生枝红褐色，新梢嫩枝紫红色，2年生枝褐色，茎刺少；叶柄平均长0.5cm，新叶淡紫红色，成叶浓绿色，中上部叶多披针形，长3~8cm，宽1.1~2.3cm，平均长5.8cm、宽1.8cm，叶面微内折，基部楔形，叶尖渐尖，叶缘波状，全缘；整株开花量大，着花中等；花梗下垂，短，平均长0.3cm，紫红色；花萼筒状，6裂，较短，橙红色，张开不反卷；花单瓣，6枚，椭圆形，红色，平均长1.9cm、宽1.2cm，花冠内扣，花径4.0cm。

3. 果实性状

圆球形，棱肋明显，果型指数1.0，平均单果重412g，最大750g，果皮厚，青绿色，有较多紫红色果锈，果面不光滑，梗洼稍凹，萼洼平；心室8~10个，籽粒大，粉红色，风味甜，百粒重55.3g，近核处"针芒"多，可溶性固形物16%；极耐贮藏，果实在良好条件下，可贮藏至来年清明。

4. 生物学习性

在安徽省蚌埠市禹会区、怀远县，3月下旬萌芽，花期在4月下旬至6月中旬，果实9月下旬成熟，11月上旬开始落叶。

品种评价

系安徽省蚌埠市禹会区、怀远县地方品种、主栽品种之一；品质优，丰产、稳产，适应性强，抗病力强，耐贮藏。

果实

生境

植株

枝叶

花

果实

怀远玉石籽

Punica granatum L. 'Huaiyuanyushizi'

🔘 调查编号：　YINYLSQB030

🏷 所属树种：　石榴 *Punica granatum* L.

📄 提 供 人：王为元
　　电　　话：13155286658
　　住　　址：安徽省怀远县涂山风景区
　　　　　　　涂山村

📋 调 查 人：孙其宝、俞飞飞、陆丽娟、
　　　　　　　周军永
　　电　　话：13956066968
　　单　　位：安徽省农业科学院园艺研
　　　　　　　究所

📍 调查地点：安徽省黄山市歙县上丰镇
　　　　　　　溪源村

🌐 地理数据：GPS 数据（海拔：45m，
　　　　　　　经度：E117°14'34"，纬度：N32°56'3"）

🖼 样本类型：果实

🗂 生境信息

来源于当地，地形为坡地，土地利用为耕地，土壤质地为砂壤土，易受到砍伐、耕作等人为影响。

📋 植物学信息

1. 植株情况

生长势中等，枝条生长较旺，顶端优势强，树形自然圆头形；乔木，树高2.4m，干高0.8m，干粗32cm，冠幅东西3.6m、南北4.1m。

2. 植物学特征

当年生枝红褐色，新梢嫩枝淡紫红色，2年生枝灰褐色，茎刺较少；叶柄平均长0.6cm，红色，新叶淡紫红色，成叶深绿色，枝中上部叶平均长6.5cm、宽2.0cm，叶面微内折，多为披针形，基部楔形，叶尖渐尖，叶缘平直，全缘；花较小，花梗下垂，花尊筒状，花单瓣，6枚，椭圆形，橙红色，平均长2.1cm、宽1.9cm，花径3.1cm。

3. 果实性状

果大皮薄，近圆球形，中型果，果型指数0.93，平均单果重270g，最大单果重450g，棱肋明显，果皮底色青绿，向阳面红色，并常有少量斑点，梗洼稍凸；心室8～12个，籽粒大，玉白色，近核处常有放射状红晕，汁多味甜并略具香味，品质上等，百粒重60.2g，种仁半软，可溶性固形物含量16.5%。

4. 生物学习性

管理粗放时，大小年结果现象严重；在安徽省蚌埠市怀远县，3月底萌芽，5月中下旬盛花期，9月中下旬果实开始成熟，11月上旬开始落叶。

📑 品种评价

系安徽省蚌埠市禹会区、怀远县地方品种、主栽品种、优良品种；籽粒大，品质优良，不耐贮藏，适宜在砾质壤土的山坡地栽培，肥水要求高。

植株

枝叶

花

果实

果实

怀远红玛瑙

Punica granatum L. 'Huaiyuanhongmanao'

⊚ 调查编号：YINYLSQB031

🗂 所属树种：石榴 *Punica granatum* L.

📄 提 供 人：王为元
　　电　话：13155286658
　　住　址：安徽省怀远县涂山风景区涂山村

📑 调 查 人：孙其宝、俞飞飞、陆丽娟、周军永
　　电　话：13956066968
　　单　位：安徽省农业科学院园艺研究所

📍 调查地点：安徽省黄山市歙县上丰镇溪源村

🌐 地理数据：GPS 数据（海拔：41m，经度：E117°14'34"，纬度：N32°56'4"）

🖼 样本类型：果实

🗄 生境信息

来源于当地，地形为坡地，土地利用为耕地，土壤质地为砂壤土，易受到砍伐、耕作等人为影响。

📋 植物学信息

1. 植株情况

乔木，多干，开张，老皮灰褐色，干略有扭曲，树高2.4m，干高0.8m，干周32cm，冠幅东西3.6m、南北4.1m。

2. 植物学特征

树势强健，枝条直立，成枝力弱，针刺较硬、发达，1年生枝条平均长100cm，新梢略带红色；叶柄侧面红色，幼叶黄绿色，成熟叶绿色，较大，披针形，全缘；花朵较小，单瓣，红色，花瓣、花萼均4~6片。

3. 果实性状

近圆形，平均单果重301g，果梗部稍尖突；果皮底色橙黄，阳面有红晕及红色斑点，果面常有少量褐色疤痕，果皮中厚；籽粒呈马齿状，红色，内有"针芒"状放射线，味甘甜，品质佳，可溶性固形物含量17.0%，百粒重65.4g，种仁半软，平均硬度3.56kg/cm²；耐贮运。

4. 生物学习性

在安徽省蚌埠市怀远县，3月下旬萌芽，4月上旬展叶，5月上旬始花，5月中旬、下旬盛花，10月上旬果实成熟，11月上旬开始落叶。

📖 品种评价

主要分布在安徽省蚌埠市禹会区、怀远县境内；品质优，丰产性好，适应性强，抗褐斑病、干腐病；花粉活力较弱，自花结实率不高，应注意配置不同品种相互授粉，注意排水防涝。

植株

枝叶

果实

叶片

果实

怀远薄皮糙

Punica granatum L. 'Huaiyuanbopicao'

调查编号：YINYLSQB032

所属树种：石榴 *Punica granatum* L.

提 供 人：王为元
电　　话：13155286658
住　　址：安徽省怀远县涂山风景区涂山村

调 查 人：孙其宝、俞飞飞、陆丽娟、周军永
电　　话：13956066968
单　　位：安徽省农业科学院园艺研究所

调查地点：安徽省黄山市歙县上丰镇溪源村

地理数据：GPS 数据（海拔：46m，经度：E117°14'35"，纬度：N32°56'3"）

样本类型：果实

生境信息

来源于当地，地形为坡地，土地利用为耕地，土壤质地为砂壤土，易受到砍伐、耕作等人为影响。

植物学信息

1. 植株情况

树势较强，生长势强，树形自然圆头形；树高2.2m，干高0.8m，干周46cm，冠幅东西2.5m、南北4.0m。

2. 植物学特征

主干和多年生枝灰褐色，当年生枝浅灰色，新梢嫩枝淡红色；叶柄平均长0.3cm，新叶淡红色，成叶深绿色，叶面微内折，多为披针形，基部楔形，叶尖渐尖，叶缘波状，全缘；花单瓣，6枚，红色，花冠内扣，花径4.5cm，雄蕊150枚左右。

3. 果实性状

圆球形，果型指数0.95，中型果，平均单果重240g，最大单果重360g；果皮青黄色，向阳面着红色，果皮薄，平均0.2cm，萼筒短，多数直立或张开；心室8～12个，籽粒马耳形，汁液多，味甜，百粒重42.5g，种仁硬，可溶性固形物含量15.8%。

4. 生物学习性

在安徽省蚌埠市禹会区、怀远县，3月下旬萌芽，5月中、下旬盛花，9月上、中旬果实开始成熟，11月上旬开始落叶。

品种评价

无特殊优良性状，唯果皮薄是其可取之处，但因皮薄，雨后裂果亦多。

植株

枝叶

花

果实

果实

怀远青皮

Punica granatum L. 'Huaiyuanqingpi'

调查编号：YINYLSQB033

所属树种：石榴 *Punica granatum* L.

提 供 人：王为元
电　　话：13155286658
住　　址：安徽省怀远县涂山风景区
　　　　　涂山村

调 查 人：孙其宝、俞飞飞、陆丽娟、
　　　　　周军永
电　　话：13956066968
单　　位：安徽省农业科学院园艺研
　　　　　究所

调查地点：安徽省黄山市歙县上丰镇
　　　　　溪源村

地理数据：GPS 数据（海拔：43m，
　　　　　经度：E117°14'35"，纬度：N32°56'3"）

样本类型：果实

生境信息

来源于当地，生境为田间，地形为平地，土地利用为耕地，土壤质地为壤土，易受到砍伐、耕作等人为影响。

植物学信息

1. 植株情况

树势较强，生长势强，树形自然圆头形，发枝力、根萌蘖力均强；乔木，树高2.0m，干高0.4m，干粗18cm，冠幅东西1.5m、南北1.5m。

2. 植物学特征

嫩梢红色，针刺枝较少且较软，1年生枝黄褐色，皮孔较多，新梢较细弱；叶柄红色，平均长0.9cm，叶长椭圆形，稠密，平均长7.6cm、宽2.3cm，枝条先端叶较窄，叶片较薄，浅绿色，叶尖急尖，叶基渐尖；花单瓣，红色，单轮着生，花蕾红色，花药黄色，花粉多，雌蕊1个，子房下位。

3. 果实性状

近圆形，果形指数0.95，果皮平均厚0.3cm，果皮底色黄绿，阳面着红色，洁净无锈斑，有棱肋，平均单果重258g，最大单果重460g；子房11室，籽粒红色，百粒重28.5g，味甜，种仁硬，可溶性固形物含量13.5%。

4. 生物学习性

在安徽省蚌埠市怀远县，3月下旬萌芽，5月中、下旬盛花，9月下旬果实开始成熟，11月上旬开始落叶。

品种评价

树势健旺，发枝力、根萌蘖力均强，3年始果，早产、丰产、稳产，一般成年树株产可达50kg以上，适应性强，抗病虫。

植株　生境　花　叶片　果实　果实

怀远火葫芦

Punica granatum L. 'Huaiyuanhuohulu'

○ 调查编号：YINYLSQB034

○ 所属树种：石榴 *Punica granatum* L.

○ 提 供 人：王为元
电　　话：13155286658
住　　址：安徽省怀远县涂山风景区
　　　　　涂山村

○ 调 查 人：孙其宝、俞飞飞、陆丽娟、
　　　　　周军永
电　　话：13956066968
单　　位：安徽省农业科学院园艺研
　　　　　究所

○ 调查地点：安徽省黄山市歙县上丰镇
　　　　　溪源村

○ 地理数据：GPS 数据（海拔：43m，
　　　　　经度：E117°14'32"，纬度：N32°56'5"）

○ 样本类型：果实

📋 生境信息

来源于当地，生境为田间，地形为平地，土地利用为耕地，土壤质地为壤土，易受到砍伐、耕作等人为影响。

📰 植物学信息

1. 植株情况

树冠广卵形，树姿开张，生长势中等；小树，多干，干皮灰色，无扭曲，树高1.8m，干高0.3m，干粗13cm，冠幅东西2m、南北2.5m。

2. 植物学特征

主干和多年生枝灰褐色，有瘤状起，老干树皮常常斑块状脱落，脱落后呈白色，当年生枝红褐色，新梢嫩枝淡红色，2年生枝灰褐色，刺极少；叶柄平均长0.3cm，淡紫红色，新叶淡紫红色，成叶绿色，中上部叶多披针形，平均长3.2～8.5cm，宽1.2～2.6cm，叶面微内折，基部楔形，叶尖渐尖，全缘；花单瓣，近圆形，红色，平均长1.4cm、宽1.3cm，花径2.7cm。

3. 果实性状

小型果，果型指数0.94，平均单果重150g，果皮粉红色，有紫红色果锈，果皮稍粗糙，平均厚0.4cm，萼筒短，大多数张开并反卷明显；籽粒粉红，百粒重33g，风味甜，可溶性固形物含量13.4%，品质中等。

4. 生物学习性

在安徽省蚌埠市怀远县，3月下旬萌芽，花期在4月下旬至6月中旬，成熟期10月上旬，11月上旬开始落叶。

📋 品种评价

系安徽省蚌埠市禹会区、怀远县地方品种；晚熟品种；不耐贮藏，易裂果。

生境

枝叶

果实

植株

果实

怀远粉皮

Punica granatum L. 'Huaiyuanfenpi'

◎ 调查编号：YINYLSQB035

🔑 所属树种：石榴 *Punica granatum* L.

📄 提 供 人：王为元
　电　　话：13155286658
　住　　址：安徽省怀远县涂山风景区涂山村

📋 调 查 人：孙其宝、俞飞飞、陆丽娟、周军永
　电　　话：13956066968
　单　　位：安徽省农业科学院园艺研究所

📍 调查地点：安徽省黄山市歙县上丰镇溪源村

🌐 地理数据：GPS数据（海拔：33m，经度：E117°14'26"，纬度：N32°56'17"）

🖼 样本类型：果实

📋 生境信息

来源于当地，生境为田间，地形为平地，土地利用为耕地，土壤质地为砂壤土，易受到砍伐、耕作等人为影响。

📋 植物学信息

1. 植株情况

树势强健，生长势强，根萌蘗力强，树形自然圆头形；半灌木，多干，干高0.7m，干粗28cm，树高2.2m，冠幅东西3.1m、南北3.5m。

2. 植物学特征

1年生枝黄褐色，皮孔较多，新梢紫红色；叶大，平均长7.2cm、宽2.1cm，呈倒卵形，叶质厚，浓绿色，枝条先端叶较窄，叶柄平均长0.6cm；花大，红色，单瓣，卵形，数目5~7片，花径长4.2cm，花蕾红色，花药黄色，花粉多，雌蕊1个，子房下位。

3. 果实性状

果实圆形，有棱肋5~6条，平均单果重155g；果皮薄，粉红色，有紫红色果锈，果皮光洁，故称粉皮石榴；籽粒中小，酸甜适口，百粒重36.8g，可溶性固形物含量15.8%，品质中上；耐贮藏，贮藏期可达3个月。

4. 生物学习性

新梢平均生长量较大，萌芽力强，成枝力强，生长势强；全树成熟期一致，丰产，早产、稳产；在安徽省蚌埠市怀远县，3月底萌芽，5月中下旬盛花期，10月上旬果实成熟，11月上旬开始落叶。

📋 品种评价

适应性强，抗病力强，丰产、稳产，裂果稍重，外观好、色彩鲜艳，产量高，商品价值高。

果实

生境

植株

枝叶

花

果实

淮北红皮糙

Punica granatum L.'Huaibeihongpicao'

调查编号：YINYLSQB036

所属树种：石榴 *Punica granatum* L.

提 供 人：宋继承
电　　话：13856121506
住　　址：安徽省淮北市烈山镇榴园村

调 查 人：孙其宝、俞飞飞、陆丽娟、
　　　　　周军永
电　　话：13956066968
单　　位：安徽省农业科学院园艺研
　　　　　究所

调查地点：安徽省淮北市烈山镇榴园村

地理数据：GPS 数据（海拔：82m，
　　　　　经度：E116°57'10"，纬度：N33°55'42"）

样本类型：果实

生境信息

来源于当地，温带季风气候，当地标志树种为杨树、桃等，地形为丘陵坡地，土壤质地为砂壤土，栽植场所为田间，易受到砍伐、耕作等人为影响。

植物学信息

1. 植株情况

主干扭曲，灰褐色；树高4.2m，冠幅东西2.1m、南北2.1m，干高1.8m，干周46cm。

2. 植物学特征

1年生枝条平均长76cm，针刺发达，针刺上着生叶；叶柄黄绿色，叶柄正面红色；叶小，全缘；花红色，单瓣，卵形，花瓣数5～7片，花蕾红色，花药黄色，花粉多，子房下位。

3. 果实性状

果实近圆形，成熟果皮红色，具4～5棱，萼筒半开张。

4. 生物学习性

在安徽省淮北市，3月底4月初萌芽，盛花期为5月下旬至6月上旬，9月中旬果实开始成熟，10月底开始落叶。

品种评价

果皮艳丽，品质优，丰产，抗病虫害能力弱。

植株

枝叶

果实

果实

淮北三白

Punica granatum L.'Huaibeisanbai'

调查编号： YINYLSQB037

所属树种： 石榴 *Punica granatum* L.

提 供 人： 宋继承
电　　话： 13856121506
住　　址： 安徽省淮北市烈山镇榴园村

调 查 人： 孙其宝、俞飞飞、陆丽娟、周军永
电　　话： 13956066968
单　　位： 安徽省农业科学院园艺研究所

调查地点： 安徽省淮北市烈山镇榴园村

地理数据： GPS 数据（海拔：84m，经度：E116°57'7"，纬度：N33°55'49"）

样本类型： 果实

生境信息

来源于当地，温带季风气候，当地标志树种为杨树、桃等，地形为丘陵坡地，土壤质地为砂壤土，栽植场所为田间，易受到砍伐、耕作等人为影响。

植物学信息

1. 植株情况

树势较强，生长势强，树姿开张，树形自然圆头形；树高3.5m，冠幅东西5.5m、南北4.5m，干高0.8m，干周60cm。

2. 植物学特征

新梢灰色或灰白色，以后变为褐色，而且界线明显，皮孔明显；多年生枝干灰色，干皮粗糙，老皮呈片状龟裂剥离，脱皮较轻，片大，脱皮后干较光滑，呈白色，瘤状物较少，而且较小；叶柄浅绿色，较细，平均长0.5cm；叶平均长7.2cm、宽1.6cm，多为披针形；枝条先端叶片黄绿色或浅绿色，叶片较薄，有亮光感，呈线形；叶尖渐尖，叶基楔形；花白色，单瓣，花瓣数6片，呈瓦状存于萼筒内。

3. 果实性状

中型果，圆形，果形指数1.03；果皮平均厚0.4cm，果面白色，果面光滑，洁净无锈斑，有棱肋，平均单果重390g，最大单果重820g；子房7～9室，籽粒近方形，百粒重42.6g，白色，味甜酸，种仁硬，可溶性固形物含量14.5%。

4. 生物学习性

在安徽省淮北市，3月下旬萌芽，4月上旬展叶，5月中旬始花，5月下旬至6月上旬盛花，9月上旬果实开始成熟，10月下旬开始落叶。

品种评价

花白、皮白、籽白，故名；耐干旱瘠薄，适应性广，早熟。

生境

枝叶

果实

花及花蕾

淮北青皮甜

Punica granatum L.'Huaibeiqingpitian'

调查编号： YINYLSQB038

所属树种： 石榴 *Punica granatum* L.

提 供 人： 宋继承
电　　话： 13856121506
住　　址： 安徽省淮北市烈山镇榴园村

调 查 人： 孙其宝、俞飞飞、陆丽娟、
　　　　　周军永
电　　话： 13956066968
单　　位： 安徽省农业科学院园艺研
　　　　　究所

调查地点： 安徽省淮北市烈山镇榴园村

地理数据： GPS 数据（海拔：84m，
　　　　　经度：E116°57'7"，纬度：N33°55'49"）

样本类型： 果实

生境信息

来源于当地，温带季风气候，当地标志树种为杨树、桃等，地形为丘陵坡地，土壤质地为砂壤土，栽植场所为田间，易受到砍伐、耕作等人为影响。

植物学信息

1. 植株情况

树势中庸，生长势一般，树形自然圆头形，主干灰色，树皮块状裂，枝条较密；树高2.8m，冠幅东西4.6m、南北5m，干高0.6m，干周36cm。

2. 植物学特征

新梢嫩枝淡紫红色，嫩梢上无茸毛，1年生枝浅灰色，2年生枝褐色，多年生枝青灰色；叶柄黄绿色，平均长0.5cm；新叶浅紫红色，成熟叶浓绿色；叶片平均长6.0cm、宽2.1cm；枝条先端叶片呈披针形，叶缘向正面纵卷，叶尖弯曲，叶尖渐尖，叶基圆形，叶面平滑、有光泽，叶背无茸毛；花单瓣，花瓣数5~6片，红色，花蕾红色，花药黄色，花粉多，子房下位。

3. 果实性状

扁球形，果形指数0.87，平均单果重420g，最大单果重1300g，果面底色黄绿，阳面黄色或略带红晕，光洁亮丽、美观，果皮平均厚0.4cm；籽粒红色，籽粒大，百粒重40~55g，种仁半软，可溶性固形物含量15%~17%；浓甜微酸，品质佳。

4. 生物学习性

萌芽力中等，成枝力强，生长势中等，全树成熟期一致；落果、裂果少，耐贮藏；在安徽省淮北市，3月底4月初萌芽，5月上旬日始花，5月下旬至6月上旬盛花，果实9月下旬开始成熟，11月上旬开始落叶。

品种评价

系安徽省淮北市地方品种、主栽品种、优良品种；早产、丰产、稳产，抗病虫能力强，较耐瘠薄、干旱。

植株

枝叶

果实

果实

淮北红软

Punica granatum L.'Huaibeihongruan'

调查编号： YINYLSQB039

所属树种： 石榴 *Punica granatum* L.

提 供 人： 宋继承
电　　话： 13856121506
住　　址： 安徽省淮北市烈山镇榴园村

调 查 人： 孙其宝、俞飞飞、陆丽娟、
　　　　　周军永
电　　话： 13956066968
单　　位： 安徽省农业科学院园艺研
　　　　　究所

调查地点： 安徽省淮北市烈山镇榴园村

地理数据： GPS 数据（海拔：83m，
　　　　　经度：E116°57'7"，纬度：N33°55'51"）

样本类型： 果实

生境信息

来源于当地，温带季风气候，当地标志树种为杨树、桃等，地形为丘陵坡地，土壤质地为砂壤土，栽植场所为田间，易受到砍伐、耕作等人为影响。

植物学信息

1. 植株情况

树势中庸，生长势中等，树姿半开张，树形自然圆头形；树高3m，冠幅东西2.7m、南北3.1m，干高0.6m，干周28cm。

2. 植物学特征

新梢嫩枝淡紫红色，嫩梢上无茸毛，1年生枝浅绿色，2年生枝褐色，多年生枝青灰色；叶柄黄绿色，平均长0.3cm，新叶浅紫红色，成熟叶浓绿色，叶片小，平均长4.2cm、宽1.3cm，枝条先端叶片呈披针形，叶缘向正面纵卷，叶尖弯曲，叶尖渐尖，叶基圆形，叶面平滑、有光泽，叶背无茸毛；花单瓣，花瓣数5~6片，红色，花蕾红色，花药黄色，花粉多，子房下位。

3. 果实性状

近圆形，果形指数0.94，平均单果重350g，最大单果重1250g，果皮平均厚0.6cm，果面红色，平滑、有光泽，有点状锈斑，明显4~5棱；籽粒粉红，近圆形，百粒重46.8g，味甜，初成熟时有涩味，存放几天后涩味消失，种仁半软，可溶性固形物含量15.5%。

4. 生物学习性

萌芽力中等，发枝力一般，生长势中庸，坐果力中等，抗寒性强，产量一般，大小年不显著；在安徽省淮北市，萌芽期3月底4月初，盛花期5月下旬至6月上旬，9月中旬果实开始成熟，落叶期11月上旬。

品种评价

果实艳丽，品质佳，丰产，但抗病虫害能力弱，果实成熟遇雨易裂果，不耐贮运，可适当发展。

生境

枝叶

植株

果实

淮北软籽 1 号

Punica granatum L.'Huaibeiruanzi 1'

调查编号：YINYLSQB040

所属树种：石榴 *Punica granatum* L.

提 供 人：宋继承
电　　话：13856121506
住　　址：安徽省淮北市烈山镇榴园村

调 查 人：孙其宝、俞飞飞、陆丽娟、周军永
电　　话：13956066968
单　　位：安徽省农业科学院园艺研究所

调查地点：安徽省淮北市烈山镇榴园村

地理数据：GPS 数据（海拔：87m，经度：E116°57'6"，纬度：N33°55'51"）

样本类型：果实

生境信息

来源于当地，温带季风气候，当地标志树种为杨树、桃等，地形为丘陵坡地，土壤质地为砂壤土，栽植场所为田间，易受到砍伐、耕作等人为的影响。

植物学信息

1. 植株情况

树冠开张，半圆形，老干左旋扭曲，嫩枝有棱明显；树高3.2m，冠幅东西5m、南北3.5m，干高0.6m，干周40cm。

2. 植物学特征

当年生枝红褐色，棱新梢嫩枝淡紫红色，2年生枝灰褐色，茎刺较少；叶柄平均长0.5cm，淡红色，新叶淡红色，成叶绿色，长披针形，平均长5.1cm、宽1.2cm，叶面平，基部楔形，叶尖钝圆，叶缘波状，全缘；整株开花量大，着花大多数在枝条顶端；花单瓣，5～7枚，平均6枚，稍皱缩，椭圆形，红色，平均长2.1cm、宽1.4cm；花冠外展，花径3.5cm。

3. 果实性状

近圆形，果型指数0.89，略显棱筋，平均单果重325g，最大单果重650g，果皮光洁，较薄，成熟后阳面呈古铜色；籽粒白色有红色"针状"晶体，品质上等，百粒重72g，可溶性固形物含量15.5%，种仁半软。

4. 生物学习性

早产、丰产、稳产，耐贮运；在安徽省淮北市，3月下旬萌芽，花期在5月上旬至6月下旬，9月中旬果实即可采收食用，完全成熟期为10月上旬，11月初开始落叶。

品种评价

抗性强，耐旱耐瘠薄，在石灰岩冈地上生长良好，经济寿命长；采用壮苗定植，在集约经营条件下，二年生即可开花结实，3年生株产4～5kg，6～7年生株产8kg，盛果期大树株产35kg以上。

植株

枝叶

果实

果实

淮北塔山红

Punica granatum L.'Huaibeitashanhong'

调查编号：　YINYLSQB041

所属树种：　石榴 *Punica granatum* L.

提 供 人：　宋继承
电　　话：　13856121506
住　　址：　安徽省淮北市烈山镇榴园村

调 查 人：　孙其宝、俞飞飞、陆丽娟、
　　　　　　周军永
电　　话：　13956066968
单　　位：　安徽省农业科学院园艺研
　　　　　　究所

调查地点：　安徽省淮北市烈山镇榴园村

地理数据：　GPS 数据（海拔：85m，
　　　　　　经度：E116°57'6"，纬度：N33°55'51"）

样本类型：果实

生境信息

来源于当地，温带季风气候，当地标志树种为杨树、桃等，地形为丘陵坡地，土壤质地为砂壤土，栽植场所为田间，易受到砍伐、耕作等人为的影响。

植物学信息

1. 植株情况

树势较强，生长势强，成枝力强，树冠较大，树姿开张，茎刺较少，树形自然圆头形；单干，树高2.6m，冠幅东西3.8m、南北3.5m，干高0.5m，干周26cm。

2. 植物学特征

多年生枝灰褐色，多年生老干呈灰黑色；叶柄绿色，背面红色，平均长0.5cm；老叶浓绿色，中大，平均叶长5.8cm、叶宽1.9cm，叶片卵形，叶尖急尖；幼枝顶端叶较窄长，披针形，叶质厚；花单瓣，花瓣数5~6片，花径平均长3.5cm，红色，卵形，花蕾红色，花药黄色，花粉多，子房下位。

3. 果实性状

大型果，近圆形，果形指数0.96，果皮红色，棱肋明显，果皮平均厚0.6cm，平均单果重420g，最大单果重600g，果萼闭合，较短，萼裂6裂，萼宽2cm；子房10室，籽粒红色，近方形，百粒重44g，味甜，种仁硬，可溶性固形物含量15.2%。

4. 生物学习性

生长势强，全树成熟期一致，采前遇雨易裂果，抗病虫力性一般；在安徽省淮北市，3月底4月初萌芽，盛花期为5月底至6月初，9月中旬果实开始成熟，10月底开始落叶。

品种评价

系安徽省淮北市地方品种；品种树势强健，耐干旱、瘠薄，适应性强，抗病虫力能力一般。

果实

生境

植株

枝叶

淮北软籽2号

Punica granatum L.'Huaibeiruanzi 2'

調查編号：YINYLSQB042

所属树种：石榴 *Punica granatum* L.

提 供 人：宋继承
电　　话：13856121506
住　　址：安徽省淮北市烈山镇榴园村

調 查 人：孙其宝、俞飞飞、陆丽娟、
　　　　　周军永
电　　话：13956066968
单　　位：安徽省农业科学院园艺研
　　　　　究所

調查地点：安徽省淮北市烈山区宋疃
　　　　　镇榴园村

地理数据：GPS数据（海拔：84m，
　　　　　经度：E116°57'7"，纬度：N33°55'51"）

样本类型：果实

生境信息

来源于当地，温带季风气候，当地标志树种为杨树、桃等，地形为丘陵坡地，土壤质地为砂壤土，栽植场所为田间，易受到砍伐、耕作等人为的影响。

植物学信息

1. 植株情况

树势中庸，树冠较开张，干性较强，大树主干左旋扭曲；树高2.3m，冠幅东西3.6m、南北3.2m，干高0.9m，干周40cm。

2. 植物学特征

嫩枝微红色，枝棱不明显，老枝枝刺较多、较短；新梢嫩枝淡紫红色，2年生枝灰褐色，茎刺多；叶柄平均长0.4cm，淡红色；新叶淡红色，成叶绿色，长披针形，平均长5.4cm、宽1.3cm，叶面平，基部楔形，叶尖钝圆，叶缘波状，全缘；花单瓣，6枚，稍皱缩，椭圆形，红色，平均长2.5cm、宽1.8cm，花径特大，5.2cm，雄蕊155枚。

3. 果实性状

近圆形，果型指数0.94，果形较整齐，平均单果重294g，最大单果重610g，果皮光洁，呈青绿色，红晕明显，果皮较厚，梗洼凸，萼洼平，萼筒张开反卷，萼片5～7裂；心室8～12个。籽粒红色，"针状"晶体明显，品质上等，百粒籽重65g，可溶性固形物含量18.2%，种仁半软。

4. 生物学习性

早产、丰产、稳产、耐贮运；在安徽省淮北市，3月底4月初萌芽，5月上旬至6月下旬花期，9月下旬果实成熟，11月初开始落叶。

品种评价

安徽省淮北市优良品种；结果较早，在管理较好的条件下，2年生即可开花结实，3年生株产2～3kg，6年生株产6kg左右，进入盛果期后平均株产30kg以上；适应性强，耐旱、耐瘠薄，对病虫害抗性较强，经济寿命长。

植株

枝叶

果实

果实

淮北软籽 3 号

Punica granatum L. 'Huaibeiruanzi 3'

🔘 调查编号：　YINYLSQB043

🔖 所属树种：　石榴 *Punica granatum* L.

📋 提 供 人：　宋继承
　　电　话：　13856121506
　　住　址：　安徽省淮北市烈山镇榴园村

📷 调 查 人：　孙其宝、俞飞飞、陆丽娟、
　　　　　　　周军永
　　电　话：　13956066968
　　单　位：　安徽省农业科学院园艺研
　　　　　　　究所

📍 调查地点：　安徽省淮北市烈山区宋瞳
　　　　　　　镇榴园村

🌐 地理数据：　GPS 数据（海拔：81m，
　　　　　　　经度：E 116°57'7" 纬度：N 33°55'50"）

🖼 样本类型：果实

🗒 生境信息

来源于当地，温带季风气候，当地标志树种为杨树、桃等，地形为丘陵坡地，土壤质地为砂壤土，栽植场所为田间，易受到砍伐、耕作等人为的影响。

📋 植物学信息

1. 植株情况

树势较强，生长势强，树冠半开张，树形自然圆头形；主干灰褐色，茎刺发达，树高2.3m，冠幅东西4.1m、南北4.5m，干高0.6m，干周45cm。

2. 植物学特征

当年生枝红褐色，新梢嫩枝淡紫红色，2年生枝灰褐色，茎刺少；叶柄平均长0.5cm，淡红色，新叶淡红色，成叶绿色，披针形，平均长6.5cm、宽1.4cm，叶面平，基部楔形，叶尖钝圆，叶缘波状，全缘；花梗直立，花萼筒状，较短，深红色，张开反卷；花单瓣，6枚，稍皱缩，圆形，红色，平均长2.1cm、宽2.1cm，花径3.5cm。

3. 果实性状

近圆形，平均单果重267.2g，最大单果重557g；果皮较薄，呈青黄色，梗洼凹，萼洼平，萼筒张开反卷，萼片5～6裂；心室8～12个；籽粒绿白色，可见辐射状晶体，种仁半软，品质佳，百粒重63.5～70g，可溶性固形物含量15.0%。

4. 生物学习性

生长势强，全树成熟期一致；在安徽省淮北市，3月底4月初萌芽，5月中下旬盛花期，9月下旬果实成熟，11月初开始落叶。

📋 品种评价

安徽省淮北市优良品种；早产、丰产，品质佳，耐贮运；定植2～3年即开花结实，3年生株产果2kg，6～7年生株产5～6kg，盛果期大树株产果30kg以上；耐旱、抗寒，较抗病，适应范围广，尤其适宜石灰岩发育的坡地栽植。

生境

植株

枝叶

果实

庆大石榴

Punica granatum L.'Qingdashiliu'

◎ 调查编号： YINYLSQB049

◎ 所属树种： 石榴 *Punica granatum* L.

◎ 提 供 人： 陈晓东
电　　话： 13956193420
住　　址： 安徽省芜湖市繁昌县农技
推广中心

◎ 调 查 人： 孙其宝、俞飞飞、陆丽娟、
周军永
电　　话： 13956066968
单　　位： 安徽省农业科学院园艺研
究所

◎ 调查地点： 安徽省芜湖市繁昌县庆大村

◎ 地理数据： GPS 数据（海拔：8m，
经度：E117°59'50"，纬度：N31°5'24"）

◎ 样本类型：果实

生境信息

来源于当地，地形为平地，土壤质地为黏壤土，栽植场所为庭院，易受到砍伐等人为活动影响。

植物学信息

1. 植株情况

乔木，因疏于管理，生长势一般，树势较弱，树形自然圆头形，主干和枝条灰褐色，茎刺不发达；单干，树高3m，冠幅东西3.5m、南北3.5m，干高0.5m；

2. 植物学特征

新梢嫩枝淡紫红色，嫩梢上无茸毛，1年生枝浅灰色，2年生枝褐色，多年生枝灰褐色；叶柄绿色，新叶浅紫红色，成熟叶绿色；叶片披针形，叶尖渐尖，叶基圆形，叶面平滑、有光泽，叶背无茸毛，叶边无锯齿；花红色，单瓣，卵形，花瓣数5~6片，花蕾红色，花药黄色，花粉多，子房下位。

3. 果实性状

近圆形，果实有4棱，成熟果底色黄绿，向阳面有红晕，果面锈斑较多。

4. 生物学习性

在安徽省淮北市，3月底4月初萌芽，5月上旬日始花，5月下旬至6月上旬盛花，9月下旬果实开始成熟，11月上旬开始落叶。

品种评价

果实外观一般，耐干旱、瘠薄，适应性广。

植株

枝叶

果实

白马石石榴 1号

Punica granatum L.'Baimashishiliu 1'

调查编号：YINYLSF023

所属树种：石榴 *Punica granatum* L.

提供人：史 凡
电　话：0538-8513512
住　　址：山东省泰安市白马石村

调查人：尹燕雷、冯立娟、杨雪梅
电　话：13953830190
单　位：山东省果树研究所

调查地点：山东省泰安市白马石村

地理数据：GPS数据（海拔：213m，
经度：E117°09'31"，纬度：N36°13'25"）

样本类型：果实

生境信息

来源于当地，地形为坡地，树龄7年。

植物学信息

1. 植株情况

乔木，树势强，树姿半开张，树形不整齐；树型中等，树高2.1m，冠幅东西2m、南北1.8m，干高0.6m，干周25cm。

2. 植物学特征

1年生枝挺直，黄绿色，长度中等，节间平均长2.9cm，较细，平均0.3cm；叶柄平均长0.8cm，无茸毛，黄绿色；新叶绿色，成熟叶浓绿色；叶平均长5.8cm，叶宽2.2cm，叶椭圆形，叶渐尖，叶基圆形，叶面平滑、有光泽，叶背无茸毛，叶边无锯齿；花红色，单瓣，卵形，花瓣数5～7片，花蕾红色，花药黄色，花粉多，子房下位。

3. 果实性状

中型果，近圆形，平均单果重387g，果皮平均厚0.4cm，底色黄绿色，阳面和果实下部着红色，光洁，无锈斑；籽粒红色，百粒重45g，汁液多、甜，可溶性固形物含量15.2%。

4. 生物学习性

萌芽力强，生长势强，坐果力强，生理落果少，采前落果少，抗旱性强，丰产，大小年不显著；在山东省泰安市，萌芽期4月上旬，开花期6月上旬，果实采收期10月中下旬，11月上旬开始落叶。

品种评价

品质优，早产、丰产、稳产，耐干旱、瘠薄，适应性广。

植株

枝条

生境

叶片

花纵切图

果实

籽粒

泰山三白甜

Punica granatum L.'Taishansanbaitian'

调查编号： YINYLSF024

所属树种： 石榴 *Punica granatum* L.

提 供 人： 史　凡
电　　话： 0538-8513512
住　　址： 山东省泰安市白马石村

调 查 人： 尹燕雷、冯立娟、杨雪梅
电　　话： 13953830190
单　　位： 山东省果树研究所

调查地点： 山东省泰安市白马石村

地理数据： GPS 数据（海拔：213m，
经度：E117°09'31"，纬度：N36°13'25"）

样本类型： 果实

生境信息

来源于当地，地形为坡地，树龄15年。

植物学信息

1. 植株情况

树势强，树姿半开张，树形半圆形；乔木，树型高大，树高3.5m，冠幅东西3m、南北4m，干高0.9m，干周50cm。

2. 植物学特征

嫩梢白色，有条纹，枝刺较多，灰白色；叶大，宽披针形，平均长8.1cm、宽2.3cm，基部白色；总花量大，着花大多数在枝条顶端；花梗直立，平均长0.2cm；花萼筒状，5~7裂，黄白色，张开反卷；花单瓣，花瓣数5~8片，多6枚，稍皱缩，椭圆形，白色，长2.2cm、宽1.5cm，花径3.5cm，雄蕊约150枚。

3. 果实性状

中型果，近圆球形，平均单果重275g，最大单果重635g，果皮白色，平均厚0.4cm，果棱不明显，有锈斑，果萼圆柱形，萼片直立或半开张，5~7裂；籽粒白色，百粒重36.8g，汁液多，种仁硬，味甜，口感好，可溶性固性形物含量15.5%。

4. 生物学习性

萌芽力强，生长势强，坐果力强，生理落果少，采前落果少，抗旱性强，丰产，大小年不显著；在山东省泰安市，3月底到4月初萌芽，5月下旬至6月上旬盛花，9月中、下旬果实成熟，10月底开始落叶。

品种评价

系山东省泰安市地方品种、优良品种；抗寒，抗旱，耐瘠薄，抗涝性中等，抗病虫能力较弱。

植株

叶片

枝叶

花

果实

金红

Punica granatum L.'Jinhong'

调查编号：YINYLSF025

所属树种：石榴 *Punica granatum* L.

提供人：史　凡
电　话：0538-8513512
住　址：山东省泰安市白马石村

调查人：尹燕雷、冯立娟、杨雪梅
电　话：13953830190
单　位：山东省果树研究所

调查地点：山东省泰安市白马石村

地理数据：GPS数据（海拔：213m，
经度：E117°09'31"，纬度：N36°13'25"）

样本类型：果实

生境信息

来源于当地，地形为坡地，树龄15年。

植物学信息

1. 植株情况

树势强，树姿半开张，树形半圆形；乔木，树型高大，树高3.0m，冠幅东西4m、南北5m，干高1.1m，干周40cm。

2. 植物学特征

1年生枝挺直，红褐色，长度中等，节间平均长3.8cm，平均粗度0.5cm；叶柄平均长0.5cm，新叶绿色，成熟叶浓绿色，叶平均长7.0cm，叶平均宽2.5cm，长椭圆形，叶渐尖，叶基圆形，叶面平滑，有光泽，叶背无茸毛，叶边无锯齿；花红色，单瓣，卵形，花瓣数5~7片，花蕾红色，花药黄色，花粉多，子房下位。

3. 果实性状

果实椭圆形，幼果青绿色，成熟果红色，果面光滑，有光泽，风味甜，味浓郁。

4. 生物学习性

萌芽力强，生长势强，坐果力强，生理落果少，采前落果少，抗旱性强，丰产，大小年不显著；在山东省泰安市，萌芽期3月下旬，开花期6月上旬，果实采收期9月中、下旬，落叶期11月下旬。

品种评价

外观美，品质优，丰产、稳产，耐干旱、瘠薄，适应性广。

植株

花

花纵切图

叶片

籽粒

结果状

果实

青皮大马牙甜

Punica granatum L.'Qingpidamayatian'

调查编号： YINYLLMF026

所属树种： 石榴 *Punica granatum* L.

提 供 人： 李明法
电　　话： 13963215463
住　　址： 山东省枣庄市峄城区榴园
镇王府山村

调 查 人： 尹燕雷、冯立娟、杨雪梅
电　　话： 13953830190
单　　位： 山东省果树研究所

调查地点： 山东省枣庄市峄城区榴园
镇王府山村

地理数据： GPS 数据（海拔：160.37m,
经度：E117°15'20",纬度：N36°11'48"）

样本类型： 果实

生境信息

来源于当地，地形为坡地，树龄15年。

植物学信息

1. 植株情况

树势稍强，生长势中等，树形自然圆头形；树型中等，乔木，树高3.0m，冠幅东西1.7m、南北1.8m，干高0.8m，干周26cm。

2. 植物学特征

树体高大，树姿开张，自然状态下多呈圆头形，萌芽力强，成枝力弱，枝条瘦弱细长；叶柄平均长0.6cm，叶片倒卵圆形，叶平均长6.5cm、宽2.7cm，深绿色；枝条上部叶片呈披针形，叶基渐尖，叶尖急尖，向背面横卷；花红色，单瓣，卵形，花瓣数5~7片，花蕾红色，花药黄色，花粉多，子房下位。

3. 果实性状

大型果，扁圆球形，平均单果重482g，最大单果重1280g，果皮平均厚0.4cm，果面光滑，青黄色，果实中部有数条红色条纹，上部有红晕，中下部逐渐减弱，具有光泽；心室10~14个，百粒重52g，籽粒粉红，形似马牙，味甜多汁，可溶性固形物含量15.5%，品质极佳。

4. 生物学习性

生长势中等，全树成熟期一致；在山东省枣庄市峄城区，3月底4月初萌芽，5月下旬至6月上旬盛花，9月下旬至10月上旬果实成熟，10月底开始落叶。

品种评价

系山东省枣庄市峄城区地方品种、优良品种、主栽品种之一；果实个大、色艳、外观美、籽粒大，口感极佳，是山东石榴产区最著名的优良鲜食品种；抗病虫能力强，较耐瘠薄、干旱，耐贮运，轻度裂果，抗寒能力稍弱。

花

幼果

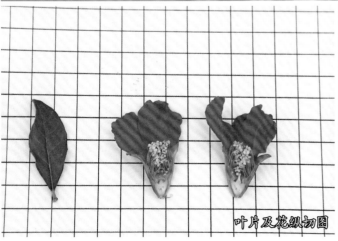

叶片及花纵切图

果实

大青皮甜

Punica granatum L.'Daqingpitian'

調查编号： YINYLLMF027

所属树种： 石榴 *Punica granatum* L.

提 供 人： 李明法
电　　话： 13963215463
住　　址： 山东省枣庄市峄城区榴园
　　　　　镇王府山村

调 查 人： 尹燕雷、冯立娟、杨雪梅
电　　话： 13953830190
单　　位： 山东省果树研究所

调查地点： 山东省枣庄市峄城区榴园
　　　　　镇王府山村

地理数据： GPS数据（海拔：160.37m,
　　　　　经度：E117°15'20",纬度：N36°11'48"）

样本类型： 果实

生境信息

来源于当地，地形为坡地，树龄15年。

植物学信息

1. 植株情况

树势强，树姿半开张，树形自然圆头形；树型中等，乔木，树高3.1m，冠幅东西2.5m、南北3m，干高0.8m，干周45cm。

2. 植物学特征

萌芽力中等，成枝力较强，成龄树体较大，树高4~5m，树姿半开张，骨干枝扭曲较重；叶平均长6.6cm、宽2.7cm，长卵圆形，叶尖钝尖，叶色浓绿，叶面蜡质较厚；花红色，单瓣，卵形，花瓣数5~7片，花蕾红色，花药黄色，花粉多，子房下位。

3. 果实性状

扁圆球形，平均单果重489g，最大单果重1520g，果皮平均厚0.4cm，果皮底色黄绿，向阳面红晕；心室8~12个，籽粒鲜红，汁多，甜味浓，百粒重35g，可溶性固形物含量15%。

4. 生物学习性

生长势强，全树成熟期一致，丰产性能好；在山东省枣庄市峄城区，3月底4月初萌芽，5月下旬至6月上旬盛花，9月下旬至10月上旬果实成熟，10月底开始落叶。

品种评价

系山东省枣庄市峄城区地方品种、优良品种、主栽品种，约占栽培总量的80%；果实个大、皮艳、外观美是其突出特点，丰产性能好，果实抗真菌病害能力较强，耐干旱、瘠薄，耐盐碱，易裂果，果实不耐贮藏。

幼果结果状

叶片、花及花纵切图

果实

大红袍甜

Punica granatum L.'Dahongpaotian'

调查编号：　YINYLLMF028

所属树种：　石榴 *Punica granatum* L.

提 供 人：　李明法
电　　话：　13963215463
住　　址：　山东省枣庄市峄城区榴园
　　　　　　镇王府山村

调 查 人：　尹燕雷、冯立娟、杨雪梅
电　　话：　13953830190
单　　位：　山东省果树研究所

调查地点：　山东省枣庄市峄城区榴园
　　　　　　镇王府山村

地理数据：　GPS 数据（海拔：160.37m，
　　　　　　经度：E117°15'20"，纬度：N36°11'48"）

样本类型：　果实

生境信息

来源于当地，地形为坡地，树龄15年。

植物学信息

1. 植株情况

树势强，树姿半开张，树形半圆形；树型高大，乔木，树高3m，冠幅东西2m、南北1.8m，干高0.9m，干周30cm。

2. 植物学特征

1年生枝挺直，红褐色，长度中等，节间平均长4.5cm，粗度平均0.3cm；叶柄平均长0.8cm，新叶绿色，成熟叶浓绿色，叶平均长5cm、宽2cm，长椭圆形，叶渐尖，叶基圆形，叶面平滑、有光泽，叶边无锯齿，叶背无茸毛；花红色，单瓣，卵形，花瓣数5～7片，花蕾红色，花药黄色，花粉多，雌蕊1个，柱头比雄蕊高，子房下位。

3. 果实性状

大型果，扁圆球形，平均单果重546g，最大单果重1250g，果肩齐，果面光亮，果皮鲜红色，向阳面棕红色，并有纵向红线，条纹明显，果皮平均厚0.5cm；心室8～10个，百粒重35g，籽粒粉红，透明，可溶性固形物含量15.8%，汁多味甜。

4. 生物学习性

在山东省枣庄市峄城区，3月下旬萌芽，4月上旬展叶，5月中旬始花，6月上旬盛花；6月底末花，9月上旬果实开始成熟，10月下旬开始落叶。

品种评价

系山东省枣庄市峄城区地方品种、优良品种、主栽品种之一；果实个大、皮艳、外观美是其显著特点；耐瘠薄干旱，早期丰产性好，果实成熟时遇雨易裂果，不耐贮运。

果实

叶片及花纵切图

花

果实

王府山石榴

Punica granatum L.'Wangfushanshiliu'

⊙ 调查编号： YINYLLMF029

♠ 所属树种： 石榴 *Punica granatum* L.

📄 提 供 人： 李明法
电 话： 13963215463
住 址： 山东省枣庄市峄城区榴园
镇王府山村

📇 调 查 人： 尹燕雷、冯立娟、杨雪梅
电 话： 13953830190
单 位： 山东省果树研究所

📍 调查地点： 山东省枣庄市峄城区榴园
镇王府山村

🌐 地理数据： GPS 数据（海拔：160.37m，
经度：E17°15'20"，纬度：N36°11'48"）

🖼 样本类型： 果实

📋 生境信息

来源于当地，地形为坡地，树龄10年。

📑 植物学信息

1. 植株情况

树势强，树姿直立，树形不整齐；树型中等，乔木，主干灰色，树皮丝状裂，枝条密；树高 2.2m，冠幅东西 1.5m、南北 1.0m，干高 0.5m，干周 38cm。

2. 植物学特征

一年生枝挺直，黄绿色，长度中等，节间平均长 3.0cm，粗度平均0.5cm；叶平均长7cm，叶平均宽2.5cm，长椭圆形，叶渐尖，叶基圆形，新叶绿色，成熟叶浓绿色，叶面平滑，有光泽，叶背无茸毛，叶边无锯齿，叶柄平均长 0.5cm；花红色，单瓣，卵形，花瓣数5～7片，花蕾红色，花药黄色，花粉多，雌蕊1个，柱头比雄蕊高，子房下位。

3. 果实性状

近圆形，平均单果重 325g，最大单果重 827g，果皮平均厚0.4cm，红色，果面光洁，有棱肋；子房8～11室，籽粒红色，味甜酸可口，种仁硬，百粒重 35.6g，可溶性固形物含量 14.5%。

4. 生物学习性

萌芽力强，生长势强，坐果力强，生理落果少，采前落果少，抗旱性强，丰产，大小年不显著；在山东省枣庄市峄城区，3 月底萌芽，5 月下旬至 6 月上旬盛花，9 月下旬果实成熟，11 月上旬开始落叶。

📖 品种评价

适生范围广，抗寒，抗病，耐干旱、瘠薄，抗虫能力中等。

植株

枝条

叶片、花及花纵切图

花

果实

峄城岗榴

Punica granatum L.'Yichenggangliu'

调查编号： YINYLLMF030

所属树种： 石榴 *Punica granatum* L.

提 供 人： 李明法
电　　话： 13963215463
住　　址： 山东省枣庄市峄城区榴园
镇王府山村

调 查 人： 尹燕雷、冯立娟、杨雪梅
电　　话： 13953830190
单　　位： 山东省果树研究所

调查地点： 山东省枣庄市峄城区榴园
镇王府山村

地理数据： GPS 数据（海拔：160.37m，
经度：E17°15'20"，纬度：N36°11'48"）

样本类型：果实

生境信息

来源于当地，地形为坡地，树龄10年。

植物学信息

1. 植株情况

树势强，生长势强，树姿半开张，树形自然圆头形，干性强；树型高大，乔木，树高2.4m，冠幅东西3.5m、南北2.8m，干高0.5m，干周50cm，主干白色，树皮块状裂，枝条密，枝干茎刺稀疏。

2. 植物学特征

1年生枝红褐色，节间平均长2.2cm、粗0.22cm，嫩梢上无茸毛，多年生枝灰褐色；叶柄平均长0.5cm，新叶浅紫红色，成叶浓绿色，叶平均长6.3cm、宽2.1cm，长椭圆形至披针形，叶尖钝尖，向正面纵卷，叶面平滑，有光泽，叶背无茸毛；花红色，单瓣，卵形，花瓣数5～7片，花径平均长2.6cm，花蕾红色，花药黄色，花粉多，子房下位。

3. 果实性状

圆球形，果型指数0.95，平均单果重368g，最大单果重826g，果皮平均厚0.5cm，果面光滑，黄绿色，阳面着红晕，萼筒半开张；心室8～10个，百粒重45g，籽粒红色，汁液多、味纯甜，可溶性固形含量16.5%，品质上等。

4. 生物学习性

新梢平均生长量大，萌芽力强，成枝力强，生长势强；全树成熟期一致，早产、丰产、稳产，成熟前不落果，较抗裂果，较耐贮藏，为晚熟品种；在山东省枣庄市峄城区，3月底4月初萌芽，5月下旬至6月上旬盛花期，10月上旬果实成熟，11月上旬开始落叶。

品种评价

系山东省枣庄市峄城区地方品种、优良品种、主栽品种之一，主要分布在枣庄市的峄城、薛城、市中等区；抗旱、抗旱，耐瘠薄，丰产、稳产，质优，抗裂果。

植株

叶片、花及花纵切图

幼果结果状

果实

瑶下屯石榴

Punica granatum L.'Yaoxiatunshiliu'

调查编号：　FANGJGLXL002

所属树种：　石榴 *Punica granatum* L.

提 供 人：　邓满新
电　　话：　15078671097
住　　址：　广西壮族自治区百色市乐
　　　　　　业县甘田镇达道村瑶下屯

调 查 人：　李贤良
电　　话：　13978358920
单　　位：　广西特色作物研究院

调查地点：　广西壮族自治区百色市乐
　　　　　　业县甘田镇达道村瑶下屯

地理数据：　GPS 数据（海拔：1005m，
　　　　　　经度：E106°29′58.87″，纬度：N24°36′38.17″）

样本类型：　果实、枝条

生境信息

来源于当地，坡度为35°的坡地，坡向南，土壤质地为黏土；该地域植被类型为针阔混交林，代表生长环境的标志树种为杉木；现存1株，种植农户为1户。

植物学信息

1. 植株情况

树势中庸，主干灰褐色。

2. 植物学特征

1年生枝条浅紫红色，多年生枝条灰褐色；叶柄长0.5~1cm，嫩叶红绿色，老叶深绿色，叶片平均长10~12cm，叶片宽2~4cm，叶片薄，革质，具光泽，羽状叶脉明显，对生、簇生，长椭圆形，叶尖钝形，叶基楔形，叶缘全缘；花为辐状花，萼片深红色，萼片数6~7个，花托筒状、钟状，花单瓣，红色，卵形，花瓣数5~7片，花托深红色，花药黄色，子房下位，雌蕊1枚，雄蕊数约300枚。

3. 果实性状

近球形，果实纵径10.5cm、横径11.2cm，平均单果重698g，平均果皮平均厚0.7cm，果皮鲜艳，质地光滑；百粒重59g，籽粒深红色或红色，果肉酸，种仁硬，可溶性固形物含量15.5%；坐果率低，小于10%；果实不抗病，果实耐贮藏性中等。

4. 生物学习性

萌芽力中等，发枝力中等，生长势中等；全树坐果，坐果力弱，无大小年现象；广西壮族自治区百色市乐业县，2月下旬萌芽，3月上旬现蕾，3月下旬至6月上旬开花，8月中旬至9月上旬果实成熟。

品种评价

果个大，果皮颜色鲜艳，产量较高，对土壤适应性强，耐瘠薄。

生境

植株

开花状

瑶下屯石榴 2号

Punica granatum L.'Yaoxiatunshiliu 2'

调查编号: FANGJGLXL003

所属树种: 石榴 *Punica granatum* L.

提 供 人: 廖基杰
电　话: 15777374519
住　址: 广西壮族自治区桂林市全州县两河乡鲁水村10队

调 查 人: 李贤良
电　话: 13978358920
单　位: 广西特色作物研究院

调查地点: 广西壮族自治区百色市乐业县甘田镇达道村瑶下屯

地理数据: GPS 数据（海拔: 322m，经度: E111°07'36.78"，纬度: N25°41'59.54"）

样本类型: 果实、枝条

生境信息

来源于当地，生长于坡地农田中，坡度30°，坡向南，土壤质地黏土；该地域为人工林，植被类型为针阔混交林，代表生长环境的标志树种为杉木；影响因子有放牧、耕作、砍伐等。

植物学信息

1. 植株情况

树势强健，树冠大，半圆形，树冠紧凑，主干灰褐色；耐寒，抗旱、抗病。

2. 植物学特征

枝条粗壮，新生枝条浅紫红色，多年生枝灰褐色，老熟枝条灰褐色，枝条开张；叶柄短，长0.5～1cm，基部红色，嫩叶红绿色，老叶深绿色，叶片长10～12cm，宽2～4cm，叶片薄，革质，具光泽，羽状叶脉明显，叶片对生、簇生，宽披针形，叶尖钝形，叶基楔形，叶缘全缘；花为辐状花，萼片深红色，萼片数6～7个，花托筒状、钟状，花托深红色，花单瓣，红色、卵形、花瓣数6片，花药黄色，雄蕊数300～350枚。

3. 果实性状

近圆球形，果皮鲜红，果面光洁、有光泽，外观极美观，平均单果重550g，最大单果重1200g，果皮薄，可用手掰开；籽粒特大，百粒重68g，种仁半软，不垫牙，可嚼碎咽下，籽粒紫黑玛瑙色，呈宝石状，颜色极其漂亮吸引人，汁液多，味浓甜，出籽率85%，出汁率89%，可溶性固形物含量16%～20%，品质特优；坐果率低，小于10%。

4. 生物学习性

萌芽力中等，发枝力中等，生长势强；全树坐果，坐果力低；在广西壮族自治区百色市乐业县，开花期3月上旬到4月上旬，果实采收期8月中旬到9月下旬。

品种评价

果个较大，果皮颜色鲜艳，成熟果实糖度高，口味甜酸，产量较高，无大小年现象，对土壤适应性强，耐瘠薄。

生境

果实

枝条

国家落叶果树间农家品种资源库
采集编号：Lbh003
采集日期：2014-08-09
采集人：李贤良、梅正境
采集地：中国广西省桂林市全州县西河乡型水村100，
经纬度：N25°41′59.54″ NE111°07′
38.78″
海拔高度：322m 坡度： 坡向：
生境：山地
伴生物种：
其他描述：乔木

地方名：石榴某种（腊基态）
野外鉴定：挂榴

社上屯石榴

Punica granatum L.'Sheshangtunshiliu'

○ 调查编号： FANGJGLXL004

所属树种： 石榴 *Punica granatum* L.

提 供 人： 黄敏心
电 话： 13978458741
住 址： 广西壮族自治区百色市乐业县甘田镇长达道村社上屯

调 查 人： 李贤良
电 话： 13978358920
单 位： 广西特色作物研究院

调查地点： 广西壮族自治区百色市乐业县甘田镇长达道村社上屯

地理数据： GPS 数据（海拔： 983m，经度： E106°28′43.91″，纬度： N24°36′17.45″）

样本类型： 果实、枝条

生境信息

来源于当地，生长于农户庭院中，坡度为30°的坡地，坡向南，土壤质地为黏土；该地域为人工林，植被类型为针阔混交林，代表生长环境的标志树种为杉木；现存株数1株，种植农户为1户。

植物学信息

1. 植株情况

树势弱，耐寒、抗旱、抗病，树冠紧凑，半圆形，枝条粗壮，主干灰褐色。

2. 植物学特征

新生枝条浅紫红色，老熟枝条灰褐色，枝条开张，粗壮，灰黄色，嫩梢黄绿色，先端红色；叶柄短，基部红色，嫩叶红绿色，老叶深绿色，叶长7cm左右，宽1.5～2cm，叶片薄，革质，具光泽，羽状叶脉明显，披针形，叶片对生、簇生，叶尖钝形，叶基楔形，叶缘全缘；花单瓣，红色，5～8片，花药黄色，雄蕊数300～350枚。

3. 果实性状

近圆球形，中型果，单果重350～500g，最大单果重650.0g，果皮艳红，果皮厚0.5～0.8cm，筒萼圆柱形，5～7裂；籽粒红色，百粒重35.6g，汁液多，味酸，可食率58%，可溶性固性形物含量14.8%。

4. 生物学习性

萌芽力中等，发枝力中等，生长势弱；全树坐果，坐果力一般，丰产性好；在广西壮族自治区百色市乐业县，开花期3月上旬到4月上旬，果实采收期8月中旬到9月下旬。

品种评价

果皮颜色鲜艳，产量较高，有大小年现象，耐寒，抗旱，抗病，对土壤适应性强，耐瘠薄。

植株

枝条

枝条

转村甜石榴 1号

Punica granatum L.'Zhuancuntianshiliu 1'

调查编号： CAOQFMYP026

所属树种： 石榴 *Punica granatum* L.

提 供 人： 袁素英
电　　话： 13466943719
住　　址： 山西省运城市平陆县杜马乡转村

调 查 人： 孟玉平
电　　话： 13643696321
单　　位： 山西省农业科学院生物技术研究中心

调查地点： 山西省运城市平陆县杜马乡转村

地理数据： GPS 数据（海拔：488m，经度：E110°35'37"，纬度：N34°52'12.6"）

样本类型：果实、枝条、叶

生境信息

来源于当地，生长于农户庭院中，地形属于坡地，坡度15°，坡向南，土壤质地壤土；样株树龄10年，现存3株，半灌木。

植物学信息

1. 植株情况
树姿开张，树势强健，成枝力强。

2. 植物学特征
幼枝紫红色，枝条有条纹，四棱，老枝褐色，有刺；叶柄较短，叶片厚而硬，幼叶紫红色，成叶浓绿色，窄小，平均长5.2cm、宽1.5cm，叶缘波浪大而反卷，叶面光滑、无茸毛；花单瓣，红色，花瓣5～7片，花萼钟形、开张，6～7裂，萼筒内雌蕊1枚，雄蕊220～230枚，总花量大。

3. 果实性状
近圆球形，中型果，平均单果重351.4g，最大单果重640g，果皮红色，果棱明显，果面光洁、无锈斑，果皮厚0.25～0.36cm，果萼直立或闭合；籽粒红色，百粒重46.6g，味甜，可食率61%，可溶性固性形物含量14.1%，可溶性糖9.47%，维生素C含量20.7mg/100g果肉，可滴定酸3.80%。

4. 生物学习性
丰产，稳产，耐贮藏；在山西省运城市平陆县，一般4月初萌芽，4月中旬展叶，4月下旬现蕾，5月上旬始花，6月至7月盛花，9月下旬果实开始成熟，10月下旬至11月上旬落叶。

品种评价

果实耐贮藏，抗裂果，丰产、稳产，适应性较广。

籽粒

植株

果实

花纵切图

结果状

花

转村甜石榴 2号

Punica granatum L.'Zhuancuntianshiliu 2'

调查编号：CAOQFMYP002

所属树种：石榴 *Punica granatum* L.

提 供 人：袁素英
电　　话：13466943719
住　　址：山西省运城市平陆县杜马乡转村

调 查 人：孟玉平
电　　话：13643696321
单　　位：山西省农业科学院生物技术研究中心

调查地点：山西省运城市平陆县杜马乡转村

地理数据：GPS 数据（海拔：488m，经度：E110°35'37"，纬度：N34°52'12.6"）

样本类型：果实、枝条、叶

生境信息

来源于当地，生长于农户庭院中，地形属于坡地，坡向南，坡度15°，土壤质地为壤土；样株树龄8年生，现存1株，灌木。

植物学信息

1. 植株情况

树姿开张，树势强健，成枝力强。

2. 植物学特征

幼枝紫红色，老枝褐色，有刺；叶柄较短，成叶浓绿色，叶面光滑、无茸毛；花单瓣，红色，花瓣5~6片，总花量大，筒萼钟形，萼片直立，6~7裂，雌蕊1枚，雄蕊约300枚。

3. 果实性状

果实中等大小，近圆球形，平均单果重360.6g，最大单果重760g，成熟果面底色黄绿，阳面略带红晕，果面光滑、无锈斑，略有棱肋，果萼6裂、直立；单果有籽约350粒，粉红色，百粒重46g，浆多汁浓，可食率72.5%，可溶性固形物含量15%，味甜。

4. 生物学习性

在山西省运城市平陆县，一般4月初萌芽，4月中旬展叶，4月中下旬现蕾，5月上旬始花，6月至7月盛花，9月下旬果实成熟，10月下旬至11月上旬落叶。

品种评价

品质优，抗病虫能力、抗寒性、适应性及抗逆性强，适合多种立地条件栽培。

植株

果实

果实

结果状

临猗江石榴

Punica granatum L.'Linyijiangshiliu'

调查编号： CAOQFMYP046

所属树种： 石榴 *Punica granatum* L.

提 供 人： 许行立
电　　话： 13903597796
住　　址： 山西省运城市临猗县临晋
　　　　　镇代村

调 查 人： 孟玉平
电　　话： 13643696321
单　　位： 山西省农业科学院生物技
　　　　　术研究中心

调查地点： 山西省运城市临猗县临晋
　　　　　镇代村

地理数据： GPS 数据（海拔：678m，
　　　　　经度：E110°397.9"，纬度：N35°21'59.4"）

样本类型： 果实、枝条、叶

生境信息

来源于当地，生长于平原农区石榴园中；地形平地农田，土壤质地为壤土；乔木，人工林，自20世纪80年代开始栽培。

植物学信息

1. 植株情况

树体高大，树势强健，枝条直立，分枝力强，易生徒长枝。

2. 植物学特征

幼嫩枝红色，具四棱，老枝褐色，刺枝少，侧枝多数卷曲，多年生枝干深灰色；叶片大，倒卵形，叶尖圆宽，色浓绿；花单瓣，红色，花瓣数量5～7片，总花量较大，完全花率约34%左右，坐果率约70%以上。

3. 果实性状

果实近圆形，端正，纵径10～12cm，横径9～12cm，平均单果重250g，最大单果重750g，萼片5～8裂，闭合或半闭合，萼筒长约3.5cm，钟形，果皮鲜红艳丽，果面净洁光亮，果皮厚0.5～0.6cm，果皮重约占果重的40%；子房5～8室，隔膜薄，每果有籽粒650～680个，籽粒大，深红色，水晶透亮，内有放射状白线，味甜微酸，汁液多，可溶性固形物含量17%，种仁半软，品质上等。

4. 生物学习性

在山西省运城市临猗县，一般4月初萌芽，4月中旬展叶，4月中下旬现蕾，5月上旬始花，6月至7月盛花，9月下旬果实开始成熟，在10月下旬至11月上旬落叶。

品种评价

品质上等，抗旱、抗病，耐贫瘠，适应性强。

临猗县临晋江石榴

标准化栽培示范园

生境

结果状

果实

植株

果实

临猗甜石榴

Punica granatum L.'Linyitianshiliu'

◎ 调查编号： CAOQFMYP047

所属树种： 石榴 *Punica granatum* L.

提 供 人： 许行立
电　　话： 13903597796
住　　址： 山西省临猗县临晋镇代村

调 查 人： 孟玉平
电　　话： 13643696321
单　　位： 山西省农业科学院生物技
　　　　　 术研究中心

调查地点： 山西省运城市临猗县临晋
　　　　　 镇代村

地理数据： GPS 数据（海拔：678m，
　　　　　 经度：E110°397.9"，纬度：N35°21'59.4"）

样本类型： 果实、枝条、叶

生境信息

来源于当地，生长于平原农区石榴园中；地形为平地农田，土壤质地为壤土；乔木，当地自20世纪80年代开始栽培。

植物学信息

1. 植株情况
树势强，主干灰褐色。

2. 植物学特征
新生枝条浅紫红色，老熟枝条灰褐色；成叶深绿色，叶片质地薄，革质，具光泽，叶对生、簇生，叶尖钝形、凸尖，叶缘全缘，叶基楔形；花单瓣，6片，花托深红色、筒状或钟状，萼片深红色，6枚，雌蕊1枚，雄蕊数300～350枚。

3. 果实性状
近球形，平均单果重581g，最大单果重1334g，果面红色，果面光洁，外形美观，果萼6裂，半开张或直立，萼筒长2.1cm，果皮平均厚0.3cm；百粒重44g，籽粒深红色，可溶性固形物含量17.4%，味甜，种仁硬，可食率47.9%，维生素C含量12.1mg/100g果肉，总糖11.48%，总酸1.430%。

4. 生物学习性
在山西省运城市临猗县，一般4月初萌芽，4月中旬展叶，4月中下旬现蕾，5月上旬始花，6月至7月盛花，9月中下旬果实成熟，在10月下旬至11月上旬落叶。

品种评价

品质优良，丰产、稳产，抗病虫能力、抗寒性、抗逆性强，适应性广。

果实

植株

枝条

结果状

神沟石榴 1 号

Punica granatum L.'Shengoushiliu 1'

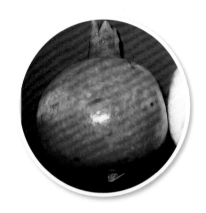

调查编号： CAOQFMYP108

所属树种： 石榴 *Punica granatum* L.

提 供 人： 曹铭阳
电 话： 13513651989
住 址： 山西省临汾市翼城县李砦镇神沟村

调 查 人： 孟玉平
电 话： 13643696321
单 位： 山西省农业科学院生物技术研究中心

调查地点： 山西省翼城县李砦镇神沟村

地理数据： GPS 数据（海拔：859m，经度：E111°38'44.8"，纬度：N35°49'15.8"）

样本类型： 果实、枝条、叶

生境信息

来源于当地，生长于农田中，易受农事耕作影响；地形属于平地，土壤质地为壤土；人工栽植，现存8株，半灌木。

植物学信息

1. 植株情况

树势中等；树高2.2m，冠幅东西2.0m、南北2.0m，主干灰褐色。

2. 植物学特征

新生枝条紫红色，老熟枝条灰褐色；叶柄长0.2～0.5cm，叶片长7～9cm、宽2～3cm，叶片薄，革质，具光泽，嫩叶淡绿色，老叶深绿色，叶对生、簇生，长椭圆形、倒卵形，叶尖钝形或凸尖，叶基楔形，叶缘全缘，叶脉羽状、正面凹陷；花为辐状花，萼片红色，萼片数6片，花托红色，花瓣红色，花药黄色。

3. 果实性状

平均纵径9.0cm、横径7.9cm，平均单果重313.5g，最大果重600g，果形整齐，果实红色，果面光滑、有光泽，果梗短，梗洼较深，萼片直立；汁液多，风味极酸，可溶性固形物含量16%，品质差。

4. 生物学习性

在山西省临汾市翼城县，一般4月初萌芽，4月中旬展叶，4月下旬现蕾，5月上旬始花，6月至7月盛花，9月下旬果实成熟。在10月下旬至11月上旬落叶。

品种评价

适于加工，抗病虫能力、抗寒能力、耐瘠薄能力强，适应性广。

植株

花及花蕾

花

枝条

花

叶片

果实及籽粒

平洛甜石榴 1号

Punica granatum L.'Pingluotianshiliu 1'

调查编号： CAOQFMYPGSKX049

所属树种： 石榴 *Punica granatum* L.

提 供 人： 王司远
电　　话： 13659393671
住　　址： 甘肃省陇南市康县林业局

调 查 人： 曹秋芬
电　　话： 13753480017
单　　位： 山西省农业科学院生物技术研究中心

调查地点： 甘肃省陇南市康县平洛镇张坪村

地理数据： GPS 数据（海拔：1124m，经度：E105°34'34"，纬度：N33°28'10"）

样本类型： 果实、枝条、叶

生境信息

来源于当地，生长于农户庭院中，当地零星分布；地形属于坡地，土壤质地为砂土；人工栽植，种植年限约75年，最大树龄100年以上，灌木，露地越冬。

植物学信息

1. 植株情况

树姿开张，多干，最大干周49cm。

2. 植物学特征

植株萌发率高，而成枝率较弱，当年可抽生二、三次新梢，小枝有棱，灰绿色，多年生枝条灰褐色，刺多；幼树春季萌芽后幼叶粉红色，色彩清新，彩叶效果明显，尤其被其他品种石榴叶衬托，尤为引人瞩目，后期叶片随温度升高颜色转绿，粉红色消失，秋季叶片金黄至脱落，故春秋两季观叶效果极佳；成龄叶平均长6.5cm、宽2cm，中大，倒卵圆形或长披针形，叶片颜色绿带红，全缘，叶先端园钝或微尖，叶片多对生；花芽多着生在1年生枝的顶部或叶腋部，花单瓣，红色，花瓣数6片。

3. 果实性状

近圆形，较对称，平均单果120g，最大195g，果皮底色黄绿，成熟时果面呈粉红色晕，果面光洁、有光泽，萼筒长，萼片半开张，果皮较厚；籽粒红色，晶莹，百粒重32.8g，风味酸甜，种仁半软，可溶性固形物含量15%；果实耐贮运，室温可贮藏保鲜30天左右；裂果现象极轻。

4. 生物学习性

在甘肃省陇南市康县，正常年份3月下旬开始萌芽，5月底至7月中旬开花，9月底枝条停止生长，9月下旬果实开始成熟，果实发育期120天左右，11月中旬开始落叶。

品种评价

抗裂果、抗病虫能力、抗寒能力强，耐干旱、瘠薄，适应性广；观赏、鲜食兼用品种，尤其适用于风景园林绿化和制作盆景、盆栽。

植株

开花状

果实

陇南石榴1号

Punica granatum L.'Longnanshiliu 1'

调查编号：CAOQFMYPGSLN029

所属树种：石榴 *Punica granatum* L.

提供人：辛国
电话：13993950684
住址：甘肃省陇南市武都区城关镇上黄家坝村

调查人：曹秋芬
电话：13753480017
单位：山西省农业科学院生物技术研究中心

调查地点：甘肃省陇南市武都区城关镇上黄家坝村

地理数据：GPS数据（海拔：731m，经度：E104°51'11.4"，纬度：N33°2500.6"）

样本类型：果实、枝条、叶

生境信息

来源于当地，生长于坡地农田中；地形属于坡地，土壤质地为砂土；样株30年生，人工栽植，现存10株，灌木；周边生长有无花果。

植物学信息

1. 植株情况

大田人工栽植，树龄30年；成枝力较强，单干，直立，青褐色，干高0.7m，最大干周39cm。

2. 植物学特征

枝条嫩梢无茸毛，多年生枝青灰色，皮孔稀而少，1年生枝条绿色，阳面紫红色，节间平均长1.8cm，成熟枝条黄褐色；幼叶浅绿色，成龄叶深绿色，大而肥厚，平均长7.5cm、宽2.0cm；花单瓣，红色，花量大；以中、长果枝结果为主，完全花率约35%，自然坐果率70%以上。

3. 果实性状

近圆形，较对称，平均单果重246.8g，最大单果重300g，果皮底色青黄色，成熟时果面亮绿色，着红晕，有光泽，萼筒中长，萼片半开张，果皮较厚；籽粒绿白色，稍带粉色，晶莹，百粒重36.8g，风味甜，种仁半软，可溶性固形物含量15%；果实耐贮运，室温可贮藏保鲜30天左右；裂果现象轻。

4. 生物学习性

在甘肃省陇南市武都区，正常年份3月下旬开始萌芽，5月底至7月中旬开花，9月底枝条停止生长，果实9月中、下旬开始成熟，11月中旬开始落叶。

品种评价

果实口感好，叶色独特，耐干旱、瘠薄，对病虫害抗性强，抗裂果。

果实

植株

花纵切图

花

幼果

结果状

文县石榴1号

Punica granatum L.'Wenxianshiliu 1'

调查编号： CAOQFMYPGSWX036

所属树种： 石榴 *Punica granatum* L.

提 供 人： 李世义
电　　话： 13993965300
住　　址： 甘肃省陇南市文县林业局
设计队

调 查 人： 曹秋芬
电　　话： 13753480017
单　　位： 山西省农业科学院生物技
术研究中心

调查地点： 甘肃省陇南市文县白水江
宾馆边公园

地理数据： GPS 数据（海拔：910m，
经度：E104°42′27.5″，纬度：N32°56′31.4″）

样本类型： 果实、枝条、叶

生境信息

来源于当地，生长于宾馆边公园内；地形属于河滩地，周边有山，土壤质地为砂壤土；人工栽植，树龄15年生，扦插繁殖，露地越冬。

植物学信息

1. 植株情况

树势较旺，树姿开张，树形为自然圆头形；乔木，树高2.7m左右，冠径3m左右，单干，干高1.2m，干周48cm，树干深灰色。

2. 植物学特征

萌芽力及成枝力均强，幼树生长势旺，树冠成型快，小枝呈水平生长，1年生枝条黄褐色；叶片中大，叶质光滑，叶面平整，叶色浅绿，叶片多数长椭圆形，少数倒卵圆形；花单瓣，红色，花量多，完全花比例较高。

3. 果实性状

果实扁球形，平均单果重350g左右，果面光洁，籽粒大而整齐，百粒重58g，放射线"针芒"明显，可溶性固形物含量13.5%，种仁小、半软，汁多味甜。

4. 生物学习性

二年生以上结果母枝坐果能力强，可连续结果，较稳产，早果性较好；在甘肃省陇南市文县，正常年份3月下旬开始萌芽，5月底至7月中旬开花，9月底枝条停止生长，果实9月中、下旬开始成熟，11月中旬开始落叶。

品种评价

果实籽粒大，口感好，耐干旱、瘠薄，对病虫害抗性强，适应性强。

生境　　　植株

枝叶和幼果

文县石榴 2 号

Punica granatum L.'Wenxianshiliu 2'

调查编号：	CAOQFMYPGSWX036
所属树种：	石榴 *Punica granatum* L.
提 供 人：	李世义
电　　话：	13993965300
住　　址：	甘肃省陇南市文县林业局设计队
调 查 人：	曹秋芬
电　　话：	13753480017
单　　位：	山西省农业科学院生物技术研究中心
调查地点：	甘肃省陇南市文县白水江宾馆边公园
地理数据：	GPS 数据（海拔：910m，经度：E104°42'27.5"，纬度：N32°56'31.4"）
样本类型：	果实、枝条、叶

生境信息

来源于当地，生长于宾馆边公园内；地形属于河滩地，周边有山，土壤质地为砂壤土；人工栽植，树龄 10 年生，现存 2 株。

植物学信息

1. 植株情况

树势（生长势）中等，树形扇形；乔木，直立单干，最大干周23cm。

2. 植物学特征

萌芽力强，成枝力强，1年生枝条黄褐色；叶片中大，叶质光滑，叶面平整，叶色浓绿，叶片长椭圆形；花单瓣，红色，花瓣数6片，花量多，完全花比例较高。

3. 果实性状

果实扁球形，平均单果重550g，果实底色青黄色，果面光滑，整个果面布满红色条纹，萼筒基部有红圈；籽粒晶莹剔透，呈粉红色，甘甜，形似玛瑙，可溶性固形物含量16.7%，可滴定酸0.26g/100g。

4. 生物学习性

在甘肃省陇南市文县，正常年份3月下旬开始萌芽，5月底至7月中旬开花，9月底枝条停止生长，果实9月中、下旬开始成熟，11月中旬开始落叶。

品种评价

果型美观，着色艳丽，籽粒大，品质优，耐干旱、瘠薄，适应性广。

植林

开花状　　　　幼果

果实　　　　叶片

文县石榴 3 号

Punica granatum L.'Wenxianshiliu 3'

调查编号： CAOQFMYPGSWX037

所属树种： 石榴 *Punica granatum* L.

提 供 人： 王文永
电　　话： 13830955397
住　　址： 甘肃省陇南市文县林业局

调 查 人： 曹秋芬
电　　话： 13753480017
单　　位： 山西省农业科学院生物技术研究中心

调查地点： 甘肃省陇南市文县玉垒乡马家沟村

地理数据： GPS 数据（海拔：764m，经度：E104°41'42"；纬度：N32°56'5"）

样本类型： 果实、枝条、叶

生境信息

来源于当地，生长于路旁，零星分布；土壤质地为砂石土；树龄约15年生，灌木或小乔木，人工栽植。

植物学信息

1. 植株情况

树势中庸，生长势中等，树姿开张，树形为自然圆头形或无定形；树高2.7m左右，冠径3m左右，多干，树干深灰色。

2. 植物学特征

1年生枝条黄褐色，成熟枝条暗褐色；叶片中大，叶质光滑，叶面平整，叶色浅绿，长椭圆形，少数倒卵圆形；花红色，单瓣，卵形，花瓣数量6片，子房下位，花量多，完全花比例较高。

3. 果实性状

果实近圆形，果形指数0.97，平均单果重500g，最大单果重1278g，果肩齐，表面光亮，果皮全面着鲜红色，向阳面呈艳红色，有纵向红线，条纹明显，萼筒较短，闭合或半开张；百粒重59.2g，籽粒呈宝石红色，透明，味酸，种仁硬度6.9～11.7kg/cm²，可溶性固形物含量17.2%。

4. 生物学习性

萌芽力及成枝力强，幼树生长势旺，树冠成型快；小枝水平生长；在甘肃省陇南市文县，正常年份3月下旬开始萌芽，5月底至7月中旬开花，9月底枝条停止生长，果实9月中、下旬开始成熟，11月中旬开始落叶。

品种评价

二年生以上结果母枝坐果能力强，丰产，可连续结果，较稳产，早果性较好，果个大，籽粒大，品质优。

生境

植株

果实

背角村石榴

Punica granatum L.'Beijiaocunshiliu'

调查编号：CAOSYWWZ001

所属树种：石榴 *Punica granatum* L.

提 供 人：杨付印
电　　话：13403997079
住　　址：河南省济源市邵元镇黄背
　　　　　角村

调 查 人：王文站
电　　话：13838902065
单　　位：河南省国有济源市苗圃场

调查地点：河南省济源市邵元镇黄背
　　　　　角村周阳城家

地理数据：　GPS 数据（海拔：585m，
　　　　　经度：E112°06′54.29″，纬度：N35°15′16.84″）

样本类型：果实、枝条、叶

生境信息

来源于当地，生长于农家庭院中，呈零星分布；土壤质地为壤土，土壤 pH＞7；树龄 40 年生，扦插繁殖苗木，人工栽植。

植物学信息

1. 植株情况

树体高大，树势强健，树形无定形；抗逆性强，尤其对干腐病及桃蛀螟有较强的抗性；多干，最大干周52cm。

2. 植物学特征

枝条粗壮，茎刺较多，嫩梢无茸毛，节间短，成熟枝条暗褐色；幼叶黄绿色，成龄叶深绿色，叶平均长7cm、宽1.5cm，倒卵圆形；花红色，单瓣，花瓣数6片；一般年份花量大，完全花比例较高。

3. 果实性状

扁圆球形，大型果，平均单果重399g，最大单果重1350g，果皮红色，果面光洁、有光泽，外形美观，萼筒长、直立，果皮厚；百粒重38g，籽粒浓红色，可溶性固形物含量15.6%，风味酸甜，微涩；耐贮藏，且贮后果皮彩色更艳，果面更加光洁；果实生长期120天左右。

4. 生物学习性

萌芽率高、成枝力较强，生长势较强；在河南省济源市，萌芽期4月上旬，盛花期5月下旬至6月上旬，果实成熟期9月下旬。

品种评价

坐果率中等，丰产、稳产，抗旱、耐瘠薄。

植株

叶片

花及花蕾

花蕾

东马蓬石榴

Punica granatum L.'Dongmapengshiliu'

🔲 调查编号：CAOSYWWZ002

📑 所属树种：石榴 *Punica granatum* L.

📄 提供人：刘　啸
电　话：15039189888
住　址：河南省济源市东马蓬

📰 调查人：王文站
电　话：13838902065
单　位：河南省国有济源市苗圃场

📍 调查地点：河南省济源市东马蓬

🌐 地理数据：GPS数据（海拔：143.5m，
经度：E112°3327.01"，纬度：N35°04'33.4"）

🖼 样本类型：果实、枝条、叶

📋 生境信息

来源于当地，生长于农家庭院中，零星分布；土壤质地为壤土；土壤pH＞7；现存1株，树龄50年生，扦插繁殖苗木，人工栽植，灌木、多干；代表生长环境的标志树种为杨树。

📋 植物学信息

1. 植株情况

树势中庸，树姿开张，树形为自然圆头形，树干深褐色，有棱状突起；树高3.2m左右，冠径2.5m左右。

2. 植物学特征

1年生枝条黄褐色，成熟枝条暗褐色；叶片平均长8cm、宽2.5cm，深绿色，长椭圆形，叶质光滑、叶面平整；花单瓣，红色，花瓣数6片，花量较大，完全花比例高。

3. 果实性状

果实圆球形，纵径8.3cm、横10.0cm，平均单果重420g，最大单果重510g，果肩齐，表面光亮，果皮全面着鲜红色，向阳面呈艳红色，果皮颜色美观，果皮薄，萼筒较短，直立或半开张；百粒重33g，籽粒粉红色，透明，种仁硬度4.77kg/cm²，可溶性固形物含量15.8%，果肉汁液多，味酸甜。

4. 生物学习性

生长势中等；在河南省济源市，萌芽期3月下旬，始花期4月下旬，盛花期5月下旬至6月上旬，果实成熟期9月下旬至10月上旬。

📖 品种评价

萌芽力、成枝力均一般，幼树生长旺，树冠成型快，二年生以上结果母枝坐果能力强，可连续结果，稳产、高产。

结果状

枝干

叶片

果实

夏家冲石榴

Punica granatum L.'Xiajiachongshiliu'

调查编号： CAOSYFHW003

所属树种： 石榴 *Punica granatum* L.

提 供 人： 刘 猛
电 话： 15939739918
住 址： 河南省信阳市浉河岗夏家冲

调 查 人： 范宏伟
电 话： 13837639363
单 位： 河南省信阳农林学院

调查地点： 河南省信阳市浉河区浉河
岗谭村夏家冲

地理数据： GPS 数据（海拔：122m，
经度：E113°53'57.01"，纬度：N32°03'19.9"）

样本类型： 果实、枝条、叶

生境信息

来源于当地，生长于丘陵区田间，坡度30°，坡向西南，土壤质地为黏壤土；扦插繁殖苗木，人工栽植，树龄25年，面积13hm²，种植农户数20户；伴生树种的优势树种为杏树。

植物学信息

1. 植株情况

树体较小，树姿开张，树形自然圆头形或无定形，树干灰褐色，有棱状突起，树皮易剥落；灌木或小乔木，多干形，树高2.5m左右，冠径2.2m左右。

2. 植物学特征

1年生枝条灰白色，成熟枝条暗褐色，针刺少；幼叶红棕色，成龄叶深绿色，狭长，平均长10cm、宽2cm；花单瓣，红色，花瓣数6片，花量较大，完全花比例较高。

3. 果实性状

果实圆球形，平均单果重386g，最大单果重468g，果皮表面光滑，底色黄绿，果皮70%着红色，向阳面呈鲜红色，间有浓红断续条纹，萼筒较长，萼片反卷；百粒重57.3g，可溶性固形物含量15.8%，籽粒大而整齐，长形，青白色，透明，放射线明显，味甜，种仁硬；耐贮藏，普通窖藏条件下可存放到次年1月底。

4. 生物学习性

萌芽力及成枝力均一般，开始结果年龄3年，成年树平均株产30kg以上；在河南省信阳市，萌芽期4月上旬，始花期5月上旬，果实始熟期9月中旬，果实成熟期9月下旬，11月上旬开始落叶。

品种评价

二年生以上结果母枝坐果能力高，较稳产，早果性较好；高产，优质，抗病，适应性广。

幼果结果状

植株

叶片

枝条

花

花蕾

粉红

Punica granatum L.'Fenhong'

调查编号： CAOSYNY004

所属树种： 石榴 *Punica granatum* L.

提 供 人： 贺永朝
电 话： 0373-6940668
住 址： 河南省新乡市辉县市占城
镇沟西村6组

调 查 人： 倪 勇
电 话： 13849362745
单 位： 河南省新乡市获嘉县经作站

调查地点： 河南省新乡市辉县市占城
镇沟西村6组

地理数据： GPS 数据（海拔：95m，
经度：E113°40'32.7"，纬度：N35°20'11.4"）

样本类型： 果实、枝条、叶

生境信息

来源于当地，生长于农户庭院中，零星分布；当地为平原农区，土壤质地为壤土；现保存1株，扦插苗木，人工栽植，树龄16年生；伴生树种有梧桐、刺槐等。

植物学信息

1. 植株情况

树体较大，树势强健，树姿半开张，树形半圆形，骨干枝扭曲较重，瘤状突起较多，多年生枝粗糙、灰黑色，老皮呈瓦片状剥离，脱落后枝干灰白色，皮孔明显；单干，最大干周30cm。

2. 植物学特征

新梢青灰色，成熟枝条暗褐色；幼叶浅紫红色，成熟叶浓绿色，成龄叶平均长6.0cm、宽1.5cm，叶尖急尖，幼枝顶端叶片呈披针形，较窄，叶基渐尖，叶质较厚，基部有弯；花单瓣，红色，卵形，花瓣数5～7片，花径3.4cm，花瓣柱头比雄蕊高，花量大。

3. 果实性状

果实近圆形，大型果，平均纵径9.0cm、横径10.7cm，单果重400～540g，最大单果重1080g，果皮粉红色，果肩较平，梗洼平或突起，果皮厚；百粒重58.8g，籽粒玛瑙色，可溶性固形物含量16.5%，酸甜多汁，味浓郁。

4. 生物学习性

生长势强，萌芽力中等，成枝力较强；在河南省新乡市辉县市，萌芽期4月初，开花期5月中旬至7月上旬，果实成熟期9月中、下旬，落叶期11月上旬。

品种评价

丰产性好，抗病虫能力较强，耐干旱、瘠薄，适应性强。

植株

花俯视图

花纵切图

可育及不可育花

花及果实

叶片

花及果实

铜皮

Punica granatum L.'Tongpi'

调查编号：CAOSYNY005

所属树种：石榴 *Punica granatum* L.

提供人：李清印
电　话：13663732774
住　址：河南省新乡市辉县市占城镇沟西村6组

调查人：倪　勇
电　话：13849362745
单　位：河南省新乡市获嘉县经作站

调查地点：河南省新乡市辉县市占城镇沟西村6组

地理数据：GPS数据（海拔：95m，经度：E113°40′32.7″，纬度：N35°20′11.4″）

样本类型：果实、枝条、叶

生境信息

来源于当地，生长于农户庭院中；当地为平原农区，土壤质地为壤土；扦插繁殖苗木，人工栽植，现保存2株，树龄40年生；伴生物种有梧桐树、槐树等。

植物学信息

1. 植株情况

树势强健，树形无定形，多干，最大干周40cm。

2. 植物学特征

树形开张，树形自然圆头形，冠内枝条密集，萌芽力强；嫩梢紫红色，1年生枝绿色，节间平均长1.9cm，树干和老枝灰褐色，纵裂，刺枝坚韧，量大；叶柄紫红色，幼叶紫红色，成叶绿色，平均长6.4cm、宽2.2cm，椭圆形，叶尖微尖，叶基锲形；花萼红色，5~8裂，单瓣，卵形，红色花瓣数5~8片，多为6片；总花量较大，完全花率39%，完全花自然坐果率72%。

3. 果实性状

果实球形，果皮青黄色，较光滑，果锈细粒状，纵径7.8cm、横径7.3cm，平均单果重194g，最大单果重333g，果萼5~8片，开张；子房7~9室，籽粒红色，单果有籽435~550粒，百粒重30g，籽粒出汁率90.3%，可食率61.6%，可溶性固形物含量12.8%，含酸量0.358%，糖酸比35.86:1，甜酸可口；9月下旬成熟，品质上等。

4. 生物学习性

以中长结果枝结果为主；在河南省新乡市辉县市，3月底萌芽，4月初左右展叶，5月3日前后现蕾，5月15日前后初花期，5月25日至6月5日前后为盛花期，7月22日前后进入末花期，花期长达67天左右，9月21日前后头批果实成熟，11月10日前后落叶，进入休眠期。

品种评价

丰产性好，耐贮运，抗寒、抗旱、抗病、耐瘠薄、抗虫能力较强，适生范围较广。

结果状

植株

叶片

结果枝组

果实

四街村红

Punica granatum L.'Sijiecunhong'

调查编号：CAOSYNY006

所属树种：石榴 *Punica granatum* L.

提 供 人：王景梅
电　　话：13598727925
住　　址：河南省新乡市获嘉县区城
　　　　　关镇四街村

调查人：倪　勇
电　　话：13849362745
单　　位：河南省新乡市获嘉县经作站

调查地点：河南省新乡市获嘉县城关
　　　　　镇四街村

地理数据：GPS 数据（海拔：78m，
　　　　　经度：E113°39′41.0″，纬度：N35°15′46.0″）

样本类型：果实、枝条、叶

生境信息

来源于当地，生长于农户庭院中；为平原农区，土壤质地为壤土；现保存 1 株，树龄 20 年生。

植物学信息

1. 植株情况

树体强健，树姿开张，树形自然圆头形，树干块状脱皮，脱落后呈灰白色；树高3.7m，冠幅东西3.5m、南北3.2m，单干，最大干周80cm。

2. 植物学特征

1年生枝紫红色，多年生枝条褐色，枝条粗壮，1年生枝平均节间长4.1cm，多年生枝平均节间长3.2cm，刺枝坚硬，量大；叶片平均长8.7cm、宽2.6cm，浓绿色，宽大，呈椭圆形，全缘，先端圆钝，质厚；花冠红色，花单瓣，红色，花瓣、萼片均5～8片，可育花子房肥大；总花量少。

3. 果实性状

果实近圆形，平均纵径8.8cm、横径9.7cm，平均单果重366.7g，最大单果重757g，果皮浓红色，光滑洁亮，果皮厚度中等；籽粒纵径1.00cm、横径0.40cm，百粒重48g，籽粒红色，出籽率56.4%，出汁率91.6%，可溶性固形物含量15.3%，风味甜酸适口，品质上等。

4. 生物学习性

生长势较强，萌芽力中等，成枝力强；易成花，易坐果，完全花率46.5%，自然坐果率66.5%，除当年生徒长枝外，其余枝上均可抽生结果枝，结果枝长1～20cm，顶端形成花蕾1～5个，多花簇生现象较多，也极易产生多果簇生；在河南省新乡市获嘉县，萌芽期4月初，开花期5月上旬至6月底，7月中旬果实开始着色，8月中旬果实膨大期，9月底果实成熟，11月上旬开始落叶。

品种评价

易成花，易坐果，早产、丰产、稳产，品质优，较抗病，耐干旱、瘠薄，适应性广。

植株

花

花纵切图

叶片

结果状

四街村三白

Punica granatum L.'Sijiecunsanbai'

调查编号：CAOSYNY007

所属树种：石榴 *Punica granatum* L.

提 供 人：王景梅
电　　话：13598727925
住　　址：河南省新乡市获嘉县城关镇四街村

调 查 人：倪勇
电　　话：13849362745
单　　位：河南省新乡市获嘉县经作站

调查地点：河南省新乡市获嘉县城关镇四街村

地理数据：GPS 数据（海拔：78m，经度：E113°39'41.0"，纬度：N35°15'46.0"）

样本类型：果实、枝条、叶

生境信息

来源于当地，生长于农户庭院中；当地为平原农区，土壤质地为壤土；现保存1株，树龄30年生，人工栽植；伴生物种椿树等。

植物学信息

1. 植株情况

树势强健，树姿半开张，树形自然圆头形；单干，最大干周40cm，多年生老皮呈瓦片状剥离，脱皮后呈灰白色，皮孔明显；树体大小中等，树高2.1m，冠幅东西1.7m、南北1.5m。

2. 植物学特征

1年生枝条绿白色，成熟枝条褐色；幼叶浅紫红色，成龄叶平均长5.0cm、宽2.0cm，长椭圆形，浓绿色，叶尖渐尖，叶基圆形，叶面平滑、有光泽，叶背无茸毛，叶边无锯齿；花单瓣，白色，花瓣数5~8片，花径平均3.1cm。

3. 果实性状

果实近球形，纵径8.5cm、横径8.9cm，平均单果重478g，最大单果重675g，果皮薄，黄白色；果粒纵径1.04cm、横径0.60cm，百粒重50g，籽粒白色，果肉汁液多，甜酸适宜，味浓郁，可溶性固形物15%~17%，品质极佳。

4. 生物学习性

生长势强，萌芽力强，成枝力中等；丰产期单株产量26kg；遇雨有轻微裂果现象，大小年不明显；在河南省新乡市获嘉县，萌芽期4月上旬，开花期5月初至7月初，果实成熟期9月中、下旬，落叶期11月上旬。

品种评价

果实个头大，果皮薄，籽粒晶莹饱满，品质优，抗病性强。

生境

花

花纵切图

花

树干

结果状

叶片

张巨冰糖

Punica granatum L.'Zhangjubingtang'

🔘 调查编号：　CAOSYNY008

🪪 所属树种：　石榴 *Punica granatum* L.

📄 提 供 人：　刘小平
　　电　　话：　13462237426
　　住　　址：　河南省新乡市获嘉县史庄
　　　　　　　镇东张巨村8队

📋 调 查 人：　倪　勇
　　电　　话：　13849362745
　　单　　位：　河南省新乡市获嘉县经作站

📍 调查地点：　河南省新乡市获嘉县城关
　　　　　　　镇四街村

🌐 地理数据：　GPS 数据（海拔：83m，
　　　　　　　经度：E113°34'49.8"，纬度：N35°12'24.6"）

🖼 样本类型：　果实、枝条、叶

📋 生境信息

来源于当地，生长于农户庭院中；当地为平原农区，土壤质地为壤土；分株繁殖苗木，人工栽植，树龄60年生，现保存1株；伴生树种主要为桐树等。

📰 植物学信息

1. 植株情况

树势（生长势）强，树姿直立，树形半圆形，枝条稀疏；双干，最大干周60cm。

2. 植物学特征

1年生枝青绿色，多年生枝条暗褐色；幼叶浅绿色，成熟叶深绿色，叶平均长5.0cm、宽1.5cm，长椭圆形，叶面平滑、有光泽，叶背无茸毛，叶边无锯齿，叶姿两侧向内微折，无波状；花单瓣，白色，花瓣数5~7片，花萼筒基部膨大，萼6~7片；总花量大，完全花率45.4%。

3. 果实性状

近圆球形，果形指数0.91，平均纵径7.8cm、横径8.6cm，平均单果重348.6g，最大单果重560g，果皮黄白色，果面光洁，果皮厚度中等；籽粒纵径1.10cm、横径0.68cm，百粒重90g，果肉质地较软，果肉汁液多，子房11室，籽粒水晶色，出汁率89.4%，可溶性固形物含量15.5%，味甜。

4. 生物学习性

萌芽力中等，成枝力弱，坐果力强，裂果不明显，大小年不明显，丰产期平均株产20.2kg；在河南省新乡市获嘉县，萌芽期4月上旬，开花期5月初至7月初，果实成熟期9月中旬，11月上旬开始落叶。

📋 品种评价

果实成熟早，外观漂亮；籽粒大，汁液多、味道醇美，享有"白糖石榴"的美誉，品质优；高产、稳产。

植株

花及花蕾

果实

果实

结果枝组

结果状

张巨红

Punica granatum L.'Zhangjuhong'

調查編號：CAOSYNY009

所屬樹種：石榴 *Punica granatum* L.

提 供 人：刘小平
电　　话：13462237426
住　　址：河南省新乡市获嘉县史庄
　　　　　镇东张巨村8队

调 查 人：倪　勇
电　　话：13849362745
单　　位：河南省新乡市获嘉县经作站

调查地点：河南省新乡市获嘉县城关
　　　　　镇四街村

地理数据：GPS 数据（海拔：83m，
　　　　　经度：E113°34'49.8"，纬度：N35°12'24.6"）

样本类型：果实、枝条、叶

生境信息

来源于当地，生长于农户庭院中；当地为平原农区，土壤质地为壤土；人工栽植，现保存1株，树龄约40年；伴生树种主要为桐树、杨树、槐树等。

植物学信息

1. 植株情况

树势较旺，树姿开张，树形自然圆头形；树体大小中等，多主干，树高2.7m，冠幅东西2.6m、南北2.5m。

2. 植物学特征

1年生枝红色或紫红色，刺较少，多年生枝条黄褐色；幼叶浅紫红色，叶柄紫红色，长0.8cm，成叶椭圆形，较厚，浓绿色；花单瓣，红色，花径3.8cm，花瓣数5～8片，萼筒圆柱形、细长，萼片4～7个；总花量大，可育花比例35%左右，坐果率在70%以上。

3. 果实性状

扁圆球形，棱肋不明显，果个整齐，平均纵径7.1cm、横径9.0cm，平均单果重430g，最大单果重550g，果皮浓红色，成熟时果皮向阳面由黄变红，果皮光洁明亮，点状锈斑，果皮薄，平均厚0.2～0.3cm；籽粒红色，纵径0.95cm、横径0.42cm，百粒重45g，鸡心形，果肉粉红色，汁液多，可食率67.1%，可溶性固形物含量15.5%，总酸0.56%，维生素C含量7.15mg/100g果肉，风味甜酸，品质佳。

4. 生物学习性

生长势强，萌芽力中等，成枝力较强；在河南省新乡市获嘉县，3月底4月初萌芽，5月下旬至6月上旬盛花，9月中旬果实开始成熟，11月上旬开始落叶。

品种评价

风味甜酸，品质佳，抗寒、抗裂果、耐干旱、瘠薄，适生范围广。

生境情况

植林

花

花俯视图

花纵切图

结果状

果实

张巨千层花

Punica granatum L.'Zhangjuqiancenghua'

调查编号：CAOSYNY010

所属树种：石榴 *Punica granatum* L.

提 供 人：刘小平
电　　话：13462237426
住　　址：河南省新乡市获嘉县史庄
　　　　　镇东张巨村8队

调 查 人：倪勇
电　　话：13849362745
单　　位：河南省新乡市获嘉县经作站

调查地点：河南省新乡市获嘉县城关
　　　　　镇四街村

地理数据：GPS数据（海拔：80m，
　　　　　经度：E113°34'53.9"，纬度：N35°11'58.0"）

样本类型：果实、枝条、叶

生境信息

来源于当地，生长于农田果园中；当地为平原农区，土壤质地为壤土；现保存2株，树龄15年生；伴生树种主要为桃树、杨树等。

植物学信息

1. 植株情况

树势中等，树姿直立，树形自然圆头形；单干，最大干周32cm。

2. 植物学特征

1年生枝条绿色，多年生枝条褐色，有刺；叶柄较短，0.3cm，幼叶浅紫红色，成龄叶浓绿色，叶片平均长5.2cm、宽1.5cm，单叶对生或簇生，质厚、有光泽，全缘，叶脉网状，叶面光滑、无茸毛；花红色，两性花，单生或数朵着生于叶腋或新梢先端，呈束状，重瓣，花瓣极薄，有皱褶；子房下位，萼筒及子房相连，子房壁肉质肥厚，萼筒内雌蕊1枚居中。

3. 果实性状

近圆球形或扁圆形，纵径8.1cm、横径9.4cm，平均单果重409.2g，最大单果重575.0g，果皮粉红色，果皮薄，果棱不明显，无锈斑，萼片开张，6~7裂；籽粒红色，扁圆形，果肉汁液多，百粒重36.4g，可食率61%，可溶性固形物含量14.5%，可溶性总糖12.16%，维生素C含量9.82mg/100g果肉，可滴定酸0.29%。

4. 生物学习性

丰产、稳产；在河南省新乡市获嘉县，4月上旬萌芽，5月上旬始花，5月下旬6月上旬盛花，8月中旬果实开始着色，9月下旬、10月上旬果实成熟采收，11月上旬开始落叶。

品种评价

连续结果能力强，抗寒、抗病虫；观赏、鲜食两用。

植株

花

花纵切图

花

花

花及果实

果实

张巨粉红

Punica granatum L.'Zhangjufenhong'

调查编号： CAOSYNY011

所属树种： 石榴 *Punica granatum* L.

提 供 人： 刘小平
电　　话： 13462237426
住　　址： 河南省新乡市获嘉县史庄
　　　　　镇东张巨村8队

调查人： 倪　勇
电　　话： 13849362745
单　　位： 河南省新乡市获嘉县经作站

调查地点： 河南省新乡市获嘉县城关
　　　　　镇四街村

地理数据： GPS数据（海拔：78m，
　　　　　经度：E113°34'54.0"，纬度：N35°11'58.1"）

样本类型：果实、枝条、叶

生境信息

来源于当地，生长于农田果园中；当地为平原农区，土壤质地为壤土；现保存1株，树龄15年生，人工栽植；伴生树种主要为桃树等。

植物学信息

1. 植株情况

树势强健，树姿半开张；树体中等，单干，干周21cm，树高2.5m，冠幅东西1.8m、南北2.1m。

2. 植物学特征

1年生枝条挺直，紫红色，长度中等，平均节间长3.2cm，较细，平均0.30cm，多年生枝条褐色；成熟叶平均长5.5cm、宽3.5cm，椭圆形，叶尖渐尖，叶基圆形，叶面平滑、有光泽，叶背无茸毛，叶边无锯齿，叶姿两侧向内微折，无波状，叶柄平均长1.0cm，无茸毛；花单瓣，红色，柱头高于雄蕊；花期长达65天，可育花比例43%，坐果率65.4%。

3. 果实性状

近圆球形或扁圆形，纵径7.7cm、横径9.1cm，平均单果重415.0g，最大单果重530.0g，果皮粉红色，果面光洁、有点状锈斑，果皮薄；果粒纵径1.10cm、横径0.60cm，平均粒重0.72g，钝卵圆形，果肉汁液多，出汁率83%，风味酸甜可口，味浓郁。

4. 生物学习性

在河南省新乡市获嘉县，4月上旬开始萌芽，5月初始花，5月中旬至6月中旬盛花，8月中旬果实开始着色，9月下旬10月上旬果实成熟采收，11月上旬落叶。

品种评价

品质优，丰产性好，可鲜食、加工，抗果腐病能力强，抗寒性强，适生范围广。

生境

花

花纵切图

果实

开花结果状

安西大红袍 2号

Punica granatum L.'Anxidahongpao 2'

调查编号： CAOSYMGY013

所属树种： 石榴 *Punica granatum* L.

提供人： 陈 龙
电 话： 13598468918
住 址： 河南省洛阳市新安县石井镇东三里村安西组

调查人： 马贯羊
电 话： 13608654029
单 位： 河南省洛阳市农林科学研究院

调查地点： 河南省洛阳市新安县石井镇东三里村安西组

地理数据： GPS 数据（海拔：310m，经度：E 111°58'28.1"，纬度：N35°03'08.8"）

样本类型： 果实、枝条、叶

生境信息

来源于当地，生长于农户庭院中；当地为坡地，坡度54°，坡向北，土壤质地为黏土；现保存1株，树龄20年，'大红袍'石榴实生繁殖后代。伴生物种主要为玉米、沙梨、柿树等。

植物学信息

1. 植株情况

树势强健，树姿开张，树形自然圆头形；树条密集，多干，最大干周40cm。

2. 植物学特征

1年生枝条挺直、紫红色，多年生成熟枝条暗褐色，枝条粗0.6cm；幼叶绿色，成龄叶深绿色，叶片平均长3.5cm、宽1.2cm，叶尖渐尖，叶基圆形，叶柄平均长1.2cm，表被茸毛，浅紫红色；花单瓣，红色，花瓣数5~6片，雌蕊1枚，雄蕊约230枚，花径3.3cm；完全花比例48.6%，自然坐果率62%。

3. 果实性状

近圆形或扁圆形，大型果，平均纵径8.5cm、横径9.6cm，果形指数0.94，平均单果重510g，最大单果重850g，果皮红色，果面光洁，果底平圆，萼筒圆柱形，高0.5~0.7cm，直径0.6~1.2cm，萼片5~6片，直立；籽粒浓红色，种仁硬，成熟时有放射状"针芒"，可食率64.5%，风味酸甜适口，可溶性固形物含量17%左右；采前不裂果，耐贮运。

4. 生物学习性

生长势较强，萌芽力中等，成枝力较强；在河南省洛阳市新安县，3月下旬萌芽，初花期在5月上旬，盛花期在5月中旬至6月中旬，9月下旬果实成熟，11月10日左右落叶。

品种评价

品质优，丰产，抗寒，耐干旱、瘠薄，适应性强；适宜加工和鲜食。

生境　　植株　　结果枝组　　果实

巴比石榴 1 号

Punica granatum L.'Babishiliu 1'

调查编号：CAOSYYPL013

所属树种：石榴 *Punica granatum* L.

提 供 人：次仁卓玛
电 话：13798952984
住 址：西藏自治区昌都市左贡县
　　　　绕金乡扎玉村

调 查 人：曹尚银、袁平丽、赵弟广、
　　　　马和平
电 话：13674951625
单 位：中国农业科学院郑州果树
　　　　研究所

调查地点：西藏自治区昌都市左贡县
　　　　绕金乡扎玉村热巴

地理数据：GPS 数据（海拔：2591m，
经度：E97°58'19.9"，纬度：N29°13'52.2"）

样本类型：果实、枝条

生境信息

来源于当地，生长于当地河谷上坡地，高原气候；当地标志树种为核桃、苹果、梨等；地形为河谷地带的坡地，坡度 15°，坡向向阳；土壤质地为砂土，土壤 pH7.2；树龄超过 200 年，现存若干株；通过石榴的种子实生繁殖后代。

植物学信息

1. 植株情况

树势强健，树姿开张，树体高大，树形乱头形；露地越冬，乔木或小灌木，多干，树高5.8m，冠幅东西6.0m、南北7.1m，最大干周1.2m，枝条较密。

2. 植物学特征

1年生枝条挺直，绿色，叶边有紫红色条纹，多年生枝条褐色，平均节间长2.6cm，平均粗0.51cm；叶平均长5.4cm、宽3.1cm，叶柄平均长0.34cm，叶椭圆形，叶渐尖，叶基圆形，叶面平滑、有光泽，叶背无茸毛，叶边无锯齿，叶姿两侧向内微折；花单瓣，红色，柱头高于雄蕊，萼筒开张，萼筒长，开花在叶发育后，花期当地5月下旬至7月中旬。

3. 果实性状

小型果，果实纵径6.4cm、横径7.4cm，平均果重176g，最大果重195g，果皮底色绿黄色，成熟果深红色，果面光滑、有光泽，果皮厚0.6~0.8cm；籽粒红色，透明，百粒重26g，种仁硬，果肉汁液少，可溶性固形物含量11.9%。

4. 生物学习性

生长势强，萌芽力中等，成枝力弱，全树成熟期不一致，单株平均产量15kg；在西藏自治区昌都市，萌芽期4月中下旬，始花期5月下旬，果实成熟期10月下旬。

品种评价

抗病，抗旱，耐贫瘠。

植株

花

花

枝条及叶片

树干

巴比石榴 2 号

Punica granatum L.'Babishiliu 2'

○ 调查编号：CAOSYYPL014

○ 所属树种：石榴 *Punica granatum* L.

○ 提 供 人：次仁卓玛
　　电　话：13798952984
　　住　址：西藏自治区昌都市左贡县
　　　　　绕金乡扎玉村

○ 调 查 人：曹尚银、袁平丽、赵弟广、
　　　　　马和平
　　电　话：13674951625
　　单　位：中国农业科学院郑州果树
　　　　　研究所

○ 调查地点：西藏自治区昌都市左贡县
　　　　　绕金乡扎玉村热巴

○ 地理数据：GPS 数据（海拔：2580m，
　　　　　经度：E97°58'19"，纬度：N29°13'58.4"）

○ 样本类型：果实、枝条

生境信息

来源于当地，生长于当地农户庭院中；高原生态气候；当地标志树种为核桃、苹果、梨；地形为河谷地带的坡地，坡度10°，坡向阳坡，土壤质地砂壤土，土壤 pH7.5；树龄超过 750 年，现存若干株；通过石榴种子实生繁殖后代。

植物学信息

1. 植株情况

树势强，树姿开张，树形自然圆头形；乔木，多干，树高6.2m，干高1.6m，最大干周2.4m，冠幅东西6.0m、南北6.5m。

2. 植物学特征

1年生枝条挺直、绿色；叶边有紫红色条纹，多年生枝条褐色，节间平均长2.3cm，平均粗0.53cm；叶平均长5.1cm、宽3.0cm，叶柄平均长0.32cm，叶椭圆形，叶尖渐尖，叶基圆形，叶面平滑，叶片肥厚、有光泽，叶背无茸毛，叶边无锯齿，叶姿两侧向内微折，无波状；花单瓣，花瓣数5~7片，花径长3.4cm，花瓣红色，椭圆形，花蕾红色，花药黄色，花粉多，雌蕊数1个，柱头比雄蕊高，子房下位，萼筒开张，开花在叶发育后。

3. 果实性状

扁圆形，纵径4.4cm、横径5.6cm，平均单果重75g，最大单果重125g，果皮厚0.6~0.7cm，幼果绿色，成熟果红色，条纹长短相间、连续、宽，果面光滑有光泽；籽粒粉红色，透明，百粒重16g，种仁硬，汁液少，风味微酸，味淡，可溶性固形物含量11.0%以上，可食率32%左右。

4. 生物学习性

生长势强，萌芽力中等，成枝力中等；大小年结果明显，有裂果现象，单株平均产量12kg；在西藏自治区昌都市，萌芽期4月中下旬，始花期5月中旬，果实成熟期10月上、中旬。

品种评价

抗病，抗旱，耐贫瘠，适应性广。

植株

树干

花

花

枝叶

果实

扎玉村石榴

Punica granatum L.'Zayucunshiliu'

🆔 调查编号：CAOSYYPL015

🌲 所属树种：石榴 *Punica granatum* L.

📄 提 供 人：次仁卓玛
　　电　话：13798952984
　　住　址：西藏自治区昌都市左贡县
　　　　　　绕金乡扎玉村

📋 调 查 人：曹尚银、袁平丽、赵弟广、
　　　　　　马和平
　　电　话：13674951625
　　单　位：中国农业科学院郑州果树
　　　　　　研究所

📍 调查地点：西藏自治区昌都市左贡县
　　　　　　绕金乡扎玉村热巴

🌐 地理数据：GPS 数据（海拔：2580m，
　　　　　　经度：E97°58'19"，纬度：N29°13'58.4"）

🖼 样本类型：果实、枝条

📋 生境信息

　　来源于当地，生长于当地农户庭院中；高原生态气候；当地标志树种为核桃、梨、蔷薇；地形为河谷地带的坡地，坡度9°，坡向向阳，土壤质地为砂壤土，土壤pH7.2；树龄超过750年，现存若干株。

📋 植物学信息

1. 植株情况

　　树势强，树姿开张，树形半圆形；树体高大，树高6.8m，露地越冬，多干，干高1.5m，最大干周1.6m，冠幅东西6.2m、南北6.5m。

2. 植物学特征

　　1年生枝条挺直、绿色，叶边有紫红色条纹；多年生枝条褐色，节间2.4cm，粗中等，平均0.43cm；叶长5.5cm、叶宽2.2cm，叶柄平均长0.26cm，叶渐尖，叶基圆形，叶面平滑，叶片肥厚有光泽，叶背无茸毛，叶边无锯齿，叶姿两侧向内微折，无波状，无茸毛；花单瓣，花瓣数5～8片，花径长3.7cm，花瓣红色，椭圆形，花蕾红色，花药黄色，花粉多，雌蕊数1个，柱头比雄蕊高，子房下位，萼筒形状开张，萼筒长，开花在叶发育后。

3. 果实性状

　　扁圆形，果实纵径5.5cm、横径6.4cm，平均单果重136g，最大单果重221g，果皮厚0.5～0.6cm，幼果绿色，成熟果红色，条纹长短相间、连续、宽，果面光滑有光泽；籽粒粉红色，透明，百粒重18g，种仁硬，汁液少，风味微酸，味淡，可溶性固形物含量10.0%左右，可食率34%左右。

4. 生物学习性

　　生长势强，萌芽力中等，成枝力中等，单株平均产量20kg；在西藏自治区昌都市，萌芽期4月中旬，始花期5月中旬，果实成熟期9月下旬，落叶期11上旬。

📋 品种评价

　　抗病，抗旱，耐贫瘠，适应性广。

枝条

花

花

白花单瓣酸

Punica granatum L.'Baihuadanbansuan'

调查编号： CAOSYHZX001

所属树种： 石榴 *Punica granatum* L.

提 供 人： 郝兆祥
电　　话： 18866326761
住　　址： 山东省枣庄市峄城区果树中心

调 查 人： 李好先
电　　话： 13903834781
单　　位： 中国农业科学院郑州果树研究所

调查地点： 山东省枣庄市峄城区榴园镇贾泉村

地理数据： GPS 数据（海拔：78m，经度：E117°28'15.50"，纬度：N34°46'8.86"）

样本类型： 果实、枝条

生境信息

来源于山东省枣庄市，生长在山东省枣庄市峄城区石榴资源圃中；温带季风气候；当地标志树种为杨树、桃、核桃、大枣等；地形为丘陵坡地，坡度16°，阳坡，土壤为褐土，质地为砂壤土，土壤 pH7.2；树龄 5 年，现存 6 株。

植物学信息

1. 植株情况

树势强健，树姿半开张，树形圆头形；株型中等大小，树高1.8m，冠幅东西1.9m、南北2.1m，干高0.6m，干周21cm，主干灰色。

2. 植物学特征

1年生枝绿白色，节间平均长2.6cm、粗0.24cm，嫩梢上无茸毛，多年生枝灰褐色；叶柄平均长0.7cm，黄绿色，叶片平均长5.4cm、宽2.7cm，新叶绿色，成熟叶浓绿色，叶尖渐尖，叶基圆形，叶面平滑、有光泽，叶背无茸毛；花单瓣，花瓣数5～8片，花径长3.3cm，花瓣白色，近圆形，花药黄色，花粉多，雌蕊数1个，柱头比雄蕊高，子房下位，萼筒形状开张，萼筒长，开花在叶发育后，花期5月上旬至7月初。

3. 果实性状

近圆形，纵径7.7cm、横径8.3cm，平均单果重323g，最大单果重531g，果皮平均厚0.8cm，成熟果黄白色，果面光滑、有光泽，具点状锈斑；籽粒白色，透明，百粒重28g，种仁硬，硬度6.887kg/cm²，汁液多，风味酸，可溶性固形物含量16.2%。

4. 生物学习性

萌芽力强，发枝力中等，生长势强；在山东省枣庄市峄城区，4月上旬萌芽，4月中旬展叶，5月下旬至6月上旬盛花，9月中、下旬果实成熟，11月中旬落叶。

品种评价

抗病，抗旱，耐贫瘠，适应性广；适宜加工。

植株

花

花

结果状

双果

果实

果实

白马寺重瓣白

Punica granatum L.'Baimasichongbanbai'

调查编号：　CAOSYHZX002

所属树种：　石榴 *Punica granatum* L.

提 供 人：　郝兆祥
电　　话：　18866326761
住　　址：　山东省枣庄市峄城区果树
　　　　　　中心

调 查 人：　李好先
电　　话：　13903834781
单　　位：　中国农业科学院郑州果树
　　　　　　研究所

调查地点：　山东省枣庄市峄城区榴园
　　　　　　镇贾泉村

地理数据：　GPS 数据（海拔：78m，
　　　　　　经度：E117°28'15.50"，纬度：N34°468.86"）

样本类型：　果实、枝条

生境信息

来源于河南省洛阳市，生长在山东省枣庄市峄城区石榴资源圃中；温带季风气候；当地标志树种为杨树、桃、核桃、大枣等；地形为丘陵坡地，坡度16°，阳坡，土壤为褐土，质地为砂壤土，土壤pH7.2；树龄3年，现存6株。

植物学信息

1. 植株情况

树势较旺，生长势强，树形自然圆头形；扦插苗栽植，株行距均3m，小乔木，树体较小，单干，干高0.7m，最大干周16cm，树高1.6m，冠幅东西1.4m、南北1.5m。

2. 植物学特征

1年生枝黄褐色，皮孔较多，新梢较细弱，针刺枝较小；叶柄浅绿色，平均长0.9cm，叶片长7.6cm、宽2.3cm，枝条先端叶较窄，叶片较薄，浅绿色，披针形，叶尖急尖，叶基渐尖；萼筒短小、闭合、白色，花白色，清洁淡雅，雌蕊退化消失或稍留痕迹，雄蕊退化成花瓣，使花瓣重叠量大，基数50枚，花大，花萼肥厚，部分雌蕊发育完全，可受精坐果。

3. 果实性状

近圆形，果皮平均厚0.3cm，黄白色；萼筒膨大呈喇叭形，萼片6片，闭合，平均单果重180g，最大单果重250g；子房11室，单果籽粒300粒左右，籽粒白色，百粒重31.6g，可溶性固形物含量12.4%。

4. 生物学习性

新梢平均生长量较小，萌芽力强，成枝力强；全树成熟期一致；在山东省枣庄市峄城区，3月底4月初萌芽，5月下旬至6月上旬盛花，9月中、下旬果实成熟，11月上旬开始落叶。

品种评价

抗寒性、抗病虫能力强，较耐干旱、瘠薄，适应性广；园林绿化观赏品种。

植株

花

花蕾

苍山红皮

Punica granatum L.'Cangshanhongpi'

⊙ 调查编号：CAOSYHZX003

所属树种：石榴 *Punica granatum* L.

提 供 人：郝兆祥
电　　话：18866326761
住　　址：山东省枣庄市峄城区果树
中心

调 查 人：李好先
电　　话：13903834781
单　　位：中国农业科学院郑州果树
研究所

调查地点：山东省枣庄市峄城区榴园
镇贾泉村

地理数据：GPS 数据（海拔：78m，
经度：E117°28'15.50"，纬度：N34°46'8.86"）

样本类型：果实、枝条

生境信息

来源于山东省临沂市，生长在山东省枣庄市峄城区石榴资源圃中；温带季风气候；当地标志树种为杨树、桃、核桃、大枣等；地形为丘陵坡地，坡度16°，阳坡，土壤为褐土，质地为砂壤土，土壤pH7.2；树龄6年，现存6株。

植物学信息

1. 植株情况

树势较强，生长势强，树形自然圆头形；扦插苗栽植，株行距均3m，小乔木，树体较小，单干，干高0.8m，最大干周22cm，树高2.5m，冠幅东西1.9m、南北2.2m。

2. 植物学特征

1年生枝黄褐色，皮孔较多，新梢较细弱；叶柄青红色，平均长0.65cm；叶平均长6.6cm、宽2.8cm，枝条先端叶较窄，叶片较薄，浅绿色，披针形，叶尖急尖，叶基渐尖；萼筒短小、闭合，花单瓣，红色，花瓣数5~7片，单轮着生，花径2.5cm。

3. 果实性状

近圆形，纵径9.0cm、横径10.2cm，果形指数0.88，果皮平均厚0.6cm，红色，洁净无锈斑，有棱肋，果萼半开张，中长，萼裂6~7裂，萼宽2.2cm，平均单果重414.2g，最大单果重850g；子房9室，单果籽粒500粒左右，籽粒马牙状，百粒重49.3g，粉红色，味甜，可溶性固形物含量14.5%。

4. 生物学习性

新梢平均生长量较大，萌芽力强，成枝力强，生长势强；全树成熟期一致，成熟前不落果，但采前遇雨有裂果，不耐贮藏，丰产、早产、稳产；在山东省枣庄市峄城区，3月底萌芽，5月下旬至6月上旬盛花，9月上、中旬果实成熟，10月下旬开始落叶。

品种评价

根系发达，长势旺盛，年生长量大，抗旱、耐瘠薄，早产、丰产、稳产，在降水充沛地区，果实真菌病害较重，不抗裂果，不耐贮藏。

植株

花

花蕾

果实

幼果

果实

果实及籽粒

大满天红甜

Punica granatum L.‘Damantianhongtian’

调查编号：CAOSYHZX004

所属树种：石榴 *Punica granatum* L.

提 供 人：郝兆祥
电　　话：18866326761
住　　址：山东省枣庄市峄城区果树中心

调 查 人：李好先
电　　话：13903834781
单　　位：中国农业科学院郑州果树研究所

调查地点：山东省枣庄市峄城区榴园镇贾泉村

地理数据：GPS 数据（海拔：78m，经度：E117°28'15.50"，纬度：N34°46'8.86"）

样本类型：果实、枝条

生境信息

来源于河北省石家庄市，生长在山东省枣庄市峄城区石榴资源圃中；温带季风气候；当地标志树种为杨树、桃、核桃、大枣等；地形为丘陵坡地，坡度16°，阳坡，土壤为褐土，质地为砂壤土，土壤pH7.2；树龄4年，现存6株。

植物学信息

1. 植株情况

树势中庸，枝条粗壮，茎刺少，萌芽率、成枝力均强，树形自然圆头形；扦插苗栽植，株行距均3m，小乔木，树体较小，单干，干高0.7m，最大干周19cm，树高1.8m，冠幅东西1.5m、南北1.7m。

2. 植物学特征

当年生枝浅灰色、短、粗，易形成刺状二次枝，新梢浅红色，一年萌发多次，粗放管理树形易紊乱；叶片中等大小，浓绿色、较厚，倒披针形，叶尖渐尖；萼筒大，花单瓣，红色，花瓣数5~7片，单轮着生，花径2.4cm；花量大，完全花比率高，坐果率较高，疏花疏果任务较大。

3. 果实性状

扁圆球形，中型果，平均单果重245g，最大单果重730g，果面底色黄白，阳面浓红，有明显的纵棱5~6条，萼筒开张或闭合；籽粒浓红色，百粒籽重38g，出汁率78.2%，可溶性固形物含量为16%，风味酸甜适口，品质优；采前遇雨有裂果现象；果实生长期120天左右，成熟期9月底，常温下可贮藏60天左右。

4. 生物学习性

生长势中等，副梢结实力强，花量大，需要疏花疏果；全树成熟期一致，有二次结果习性，丰产性强；在山东省枣庄市峄城区，3月底4月初萌芽，5月下旬至6月上旬盛花，9月下旬果实开始成熟，11月上旬开始落叶。

品种评价

易丰产，品质优，成熟期易裂果；较耐瘠薄，抗旱、抗寒性强；中熟品种。

植株

花

花蕾

花

幼果

大叶满天红

Punica granatum L.'Dayemantianhong'

调查编号：CAOSYHZX005

所属树种：石榴 *Punica granatum* L.

提供人：郝兆祥
电　话：18866326761
住　址：山东省枣庄市峄城区果树中心

调查人：李好先
电　话：13903834781
单　位：中国农业科学院郑州果树研究所

调查地点：山东省枣庄市峄城区榴园镇贾泉村

地理数据：GPS 数据（海拔：78m，经度：E117°28'15.50"，纬度：N34°46'8.86"）

样本类型：果实、枝条

生境信息

来源于河北省石家庄市，生长在山东省枣庄市峄城区石榴资源圃中；温带季风气候；当地标志树种为杨树、桃、核桃、大枣等；地形为丘陵坡地，坡度16°，阳坡，土壤为褐土，质地为砂壤土，土壤pH7.2；树龄4年，现存6株。

植物学信息

1. 植株情况

树势中庸，枝条粗壮，茎刺少，萌芽率、成枝力均强，树形自然圆头形；扦插苗栽植，株行距均3m，小乔木，树体较小，单干，干高0.6m，最大干周18cm，树高1.7m，冠幅东西1.5m、南北1.6m。

2. 植物学特征

新梢一年萌发多次，粗放管理树形易紊乱；叶片色泽浓绿，中等大小，倒披针形；萼筒开张或闭合，花单瓣，红色，花瓣数5～7片，单轮着生；花量大，完全花比率高，坐果率较高。

3. 果实性状

扁圆球形，中型果，平均单果重250g，最大单果重750g，果面底色黄白，阳面浓红，有明显的纵棱5～6条，果肩有不规则褐斑，但套袋可避免且色泽鲜红；籽粒浓红，百粒籽重40g，出汁率79.5%，可溶性固形物含量16%～17%，风味酸甜适口，品质优；采前遇雨有裂果现象；果实生长期120天左右，成熟期9月底，常温下可贮藏60天左右。

4. 生物学习性

生长势中等；全树成熟期一致，一般年份花量大，坐果率较高，疏花疏果任务较大，丰产、稳产，盛果期亩产在1500kg左右；在山东省枣庄市峄城区，3月底4月初萌芽，5月下旬至6月上旬盛花，9月下旬果实成熟，11月上旬开始落叶。

品种评价

易丰产，品质优，成熟期易裂果，较耐瘠薄，抗旱、抗寒性强；中熟品种。

植株

花

花

花

花及花蕾

幼果结果状

岗榴

Punica granatum L.‘Gangliu’

○ 调查编号：CAOSYHZX006

○ 所属树种：石榴 *Punica granatum* L.

○ 提 供 人：郝兆祥
电　　话：18866326761
住　　址：山东省枣庄市峄城区果树
中心

○ 调 查 人：李好先
电　　话：13903834781
单　　位：中国农业科学院郑州果树
研究所

○ 调查地点：山东省枣庄市峄城区榴园
镇贾泉村

○ 地理数据： GPS 数据（海拔：78m，
经度：E117°28'15.50"，纬度：N34°46'8.86"）

○ 样本类型：果实、枝条

生境信息

来源于山东省枣庄市，生长在山东省枣庄市峄城区石榴资源圃中； 温带季风气候；当地标志树种为杨树、桃、核桃、大枣等；地形为丘陵坡地，坡度16°，阳坡，土壤为褐土，质地为砂壤土，土壤pH7.2；树龄6年，现存6株。

植物学信息

1. 植株情况

树势较强，生长势强，树姿半开张，树形自然圆头形，干性强；扦插苗栽植，株行距均3m，小乔木，树体较小，单干，干高0.8m，最大干周23cm，树高2.6m，冠幅东西2.1m、南北2.3m。

2. 植物学特征

1年生枝红褐色，节间平均长2.1cm、粗0.22cm，嫩梢上无茸毛，多年生枝灰褐色；新叶浅紫红色，成叶绿色，叶平均长6.2cm，叶宽2.1cm，长椭圆形至披针形，叶尖钝尖；花单瓣，花瓣数5～7片，花径平均长2.5cm，花瓣红色，卵形，花蕾红色，花药黄色，花粉多，雌蕊数1个，柱头比雄蕊高，子房下位，萼筒较短，萼片半开张至开张；开花在叶发育后。

3. 果实性状

中型果，圆球形，果型指数0.95，果肩陡，果面光滑，有5～6条明显果棱，果面黄绿色，阳面着红晕，萼筒半开张、中长，萼裂6裂，萼宽2.5cm，梗洼稍鼓，萼洼平，平均单果重350g，最大单果重820g，果皮平均厚0.6cm；心室8～10个，每果有籽538～985粒，百粒重43g，籽粒粉红色或红色，汁液多、味纯甜，可溶性固形含量16%以上，品质上等。

4. 生物学习性

新梢平均生长量大，萌芽力强，成枝力强，生长势强；全树成熟期一致，早产、丰产、稳产，成熟前不落果，较抗裂果，较耐贮藏，晚熟品种；在山东省枣庄市峄城区，3月底4月初萌芽，5月下旬至6月上旬盛花，10月上、中旬果实成熟，11月上旬开始落叶。

品种评价

系山东省枣庄市峄城区地方品种、优良品种、主栽品种之一，主要分布在枣庄市的峄城、薛城、市中等区；抗旱，抗旱，耐瘠薄，丰产，质优，抗裂果。

植株

花蕾

花

幼果结果状

果实

寒艳

Punica granatum L.'Hanyan'

◎ 调查编号：CAOSYHZX007

🗊 所属树种：石榴 *Punica granatum* L.

📄 提 供 人：郝兆祥
电　　话：18866326761
住　　址：山东省枣庄市峄城区果树
　　　　　中心

🗒 调 查 人：李好先
电　　话：13903834781
单　　位：中国农业科学院郑州果树
　　　　　研究所

📍 调查地点：山东省枣庄市峄城区榴园
　　　　　镇贾泉村

🌐 地理数据：GPS 数据（海拔：78m，
经度：E117°28'15.50"，纬度：N34°46'8.86"）

🖼 样本类型：果实、枝条

📋 生境信息

　　来源于山东省枣庄市，生长在山东省枣庄市峄城区石榴资源圃中；温带季风气候；当地标志树种为杨树、桃、核桃、大枣等；地形为丘陵坡地，坡度16°，阳坡，土壤为褐土，质地为砂壤土，土壤 pH7.2；树龄6年，最大树龄12年，现存6株。

📰 植物学信息

1.植株情况

　　树势较强，生长势强，树姿开张，树形自然圆头形；扦插苗栽植，株行距均3m，小乔木，树体较小，单干，干高0.5m，最大干周35cm，树高2.8m，冠幅东西2.6m、南北2.5m。

2.植物学特征

　　多年生枝灰色，1年生枝浅灰色；叶柄平均长0.4cm，基部弯曲，叶片中等大小，叶平均长5.5cm、宽2cm，质厚，深绿色，倒卵形，叶尖具短尖，叶基楔形；花单瓣，花瓣数5~7片，花径平均长2.3cm，红色，卵形，花蕾红色，花药黄色，花粉多，雌蕊数1个，柱头比雄蕊高，子房下位。

3.果实性状

　　大型果，近圆形，果肩较陡，果面光洁，有光泽，黄绿色，向阳面着红晕，梗洼处稍凸，萼洼略鼓，果型指数0.91，平均单果重528g，最大800g，果皮厚0.5~0.6cm；心室11个，每果有籽898~1040粒，最多可达1189粒，百粒重35.5g，籽粒粉红色红色，种仁硬，有黄褐色凹陷斑点，可溶性固形物含量15%左右；晚熟优良品种。

4.生物学习性

　　在山东省枣庄市峄城区，4月初萌芽，4月中旬展叶，4月中旬新梢开始生长，4月下旬新梢进入速生期，5月下旬新梢停止生长，7月底新梢开始第二次生长，5月中旬始花，6月中旬盛花，6月下旬末花，10月上、中旬果实成熟，11月上旬开始落叶。

📖 品种评价

　　果个大，外观美，品质优，丰产、稳产，晚熟，耐贮运，抗病虫、抗干旱、抗裂果，耐干旱、瘠薄。

植株

花

花及花蕾

果实

果实籽粒

河南粉红牡丹

Punica granatum L.'Henanfenhongmudan'

调查编号： CAOSYHZX008

所属树种： 石榴 *Punica granatum* L.

提 供 人： 郝兆祥
电　　话： 18866326761
住　　址： 山东省枣庄市峄城区果树
中心

调 查 人： 李好先
电　　话： 13903834781
单　　位： 中国农业科学院郑州果树
研究所

调查地点： 山东省枣庄市峄城区榴园
镇贾泉村

地理数据： GPS 数据（海拔：78m，
经度：E117°28'15.50"，纬度：N34°46'8.86"）

样本类型： 果实、枝条

生境信息

来源于河南省郑州市，生长在山东省枣庄市峄城区石榴资源圃中；温带季风气候；当地标志树种为杨树、桃、核桃、大枣等；地形为丘陵坡地，坡度16°，阳坡，土壤为褐土，质地为砂壤土，土壤pH7.2；树龄5年，现存6株。

植物学信息

1. 植株情况

树势旺盛，树姿半开张，树形自然圆头形；扦插苗栽植，株行距均3m，小乔木，树体较小，单干，干高0.8m，最大干周20cm，树高2.0m，冠幅东西1.7m、南北1.8m。

2. 植物学特征

嫩梢红色，针刺枝较少且较软，幼嫩枝条浅褐色，多年生枝条深褐色，无刺枝及针刺；幼叶浅红色，成叶深绿色，线形，嫩枝叶片多两两对生，旺长枝有两组各3片叶对生现象，每组的3片叶包围一个芽，3片叶中间大两侧叶小；花冠粉红色，花径5~6cm，花瓣80~170片，粉红色，萼片5~7片反卷易碎裂，多6片，成熟花药金黄色。

3. 果实性状

果实圆球形，纵径6.9cm、横径7.5cm，平均单果重230g，果面黄白色，果皮厚0.5cm左右；籽粒白色，百粒重33g，味酸甜，可溶性固形物含量13%~14%。

4. 生物学习性

在山东省枣庄市峄城区，3月底4月初萌芽，5月下旬至6月上旬盛花，9月中、下旬果实开始成熟，11月上旬开始落叶。

品种评价

抗病虫能力强，较耐干旱、瘠薄；观赏园林绿化品种。

植株

幼果结果状

花

果实

果实及籽粒

河阴薄皮

Punica granatum L.'Heyinbopi'

调查编号： CAOSYHZX009

所属树种： 石榴 *Punica granatum* L.

提 供 人： 郝兆祥
电　　话： 18866326761
住　　址： 山东省枣庄市峄城区果树
中心

调 查 人： 李好先
电　　话： 13903834781
单　　位： 中国农业科学院郑州果树
研究所

调查地点： 山东省枣庄市峄城区榴园
镇贾泉村

地理数据： GPS 数据（海拔：78m，
经度：E117°28′15.50″，纬度：N34°468.86″）

样本类型： 果实、枝条

生境信息

来源于河南省郑州市，生长在山东省枣庄市峄城区石榴资源圃中；温带季风气候；当地标志树种为杨树、桃、核桃、大枣等；地形为丘陵坡地，坡度16°，阳坡，土壤为褐土，质地为砂壤土，土壤pH7.2；树龄5年，现存6株。

植物学信息

1. 植株情况

冠内枝条密集，萌芽力、成枝力均一般，生长势中庸，树姿半开张，树形自然圆头形；扦插苗栽植，株行距均3m，小乔木，树体较小，单干，干高0.7m，最大干周20cm，树高2.1m，冠幅东西1.8m、南北1.9.m。

2. 植物学特征

嫩梢红色，1年生枝绿色，节间平均长3.2cm，2年生枝灰绿色，平均长28cm，节间平均长2.9cm，树干和老枝灰色纵裂；幼叶红色，成叶浓绿色，宽大，平均长7.7cm、宽2.0cm，叶尖微尖，叶基锲形，叶柄红色，刺枝坚韧，量中等；花梗红色，花萼红色，5～7裂，花冠红色，花瓣数6～7片，多为6片；总花量大，完全花率34.9%，完全花自然坐果率62%左右；以中长结果枝结果为主，短结果枝上着生1～3个花蕾，中长结果枝上着生1～9个花蕾，长结果枝上着生1～5个花蕾，长、中、短果枝均以顶生花蕾坐果为主。

3. 果实性状

果实圆球形，果皮致密，底色青黄色，向阳面着红晕，果锈大块状呈黑褐色，外观一般，果皮平均厚0.4cm，纵径8.5cm、横径8.2cm，平均单果重270g，最大426g，萼筒底部略喇叭形，萼片闭合，4～7裂；子房8～9室，籽粒红色，百粒重41.1g，籽粒出汁率90.2%，可食率59.8%，可溶性固形物含量14.0%，味甜，种仁硬。

4. 生物学习性

在山东省枣庄市峄城区，3月30日萌芽，4月5日展叶，5月5日现蕾，5月17日初花期，5月25日至6月5日盛花期，7月20日进入末花期，花期长达63天左右，9月22日头批果实成熟，11月8日前后落叶，进入休眠期。

品种评价

系河南省地方品种，在郑州市、开封市及周边地区分布较多；丰产性一般，皮薄易裂果，适生范围较广，抗旱，耐瘠薄，抗虫能力中等。

植株

幼果结果状

果实

花

果实及籽粒

河南红皮酸

Punica granatum L.'Henanhongpisuan'

调查编号： CAOSYHZX010

所属树种： 石榴 *Punica granatum* L.

提 供 人： 郝兆祥
电　　话： 18866326761
住　　址： 山东省枣庄市峄城区果树中心

调 查 人： 李好先
电　　话： 13903834781
单　　位： 中国农业科学院郑州果树研究所

调查地点： 山东省枣庄市峄城区榴园镇贾泉村

地理数据： GPS 数据（海拔：78m，经度：E117°28'15.50"，纬度：N34°468.86"）

样本类型： 果实、枝条

生境信息

来源于河南省郑州市，生长在山东省枣庄市峄城区石榴资源圃中；温带季风气候；当地标志树种为杨树、桃、核桃、大枣等；地形为丘陵坡地，坡度16°，阳坡，土壤为褐土，质地为砂壤土，土壤pH7.2；树龄5年，现存6株。

植物学信息

1. 植株情况

萌芽力强，成枝力强，生长势强，树形自然圆头形；扦插苗栽植，株行距均3m，小乔木，树体较小，单干，干高0.7m，最大干周23cm，树高2.4m，冠幅东西2.1m、南北2.2m。

2. 植物学特征

嫩梢紫红色，1年生枝绿色，节间平均长3.3cm，2年生枝灰绿色，平均长29cm，节间平均长2.9cm，树干和老枝浅灰色纵裂；叶柄红色，幼叶紫红色，成叶浓绿色，平均长7.6cm、宽1.9cm，叶尖微尖，叶基锲形，刺枝坚韧、量中等；花梗紫红色，花萼红色，5～7裂，萼筒膨大呈喇叭形，萼片6片，闭合，花冠深红色，花瓣数6～7片，多为6片；总花量少，完全花率32.9%。

3. 果实性状

果实近圆形，纵径7.5cm、横径8.5cm，果形指数0.88；果皮平均厚0.5cm，红色，洁净无锈斑，有棱肋，平均单果重336g，最大单果重456g，果萼直立开张，中长，萼裂6裂，萼宽2.4cm；单果有籽500粒左右，籽粒红色，百粒重32.6g，味酸，种仁硬，可溶性固形物含量16%。

4. 生物学习性

在山东省枣庄市峄城区，3月底萌芽，4月初展叶，4月下旬现蕾，5月中旬初花期，5月下旬至6上旬盛花期，7月中旬进入末花期，花期60天左右，9月下旬果实开始成熟，果实生长发育期120天左右，11月上旬开始落叶，进入休眠期。

品种评价

丰产性较强，适生范围较广，抗寒、抗旱、抗病、耐瘠；果实涩酸，可作为加工、药用和育种材料。

植株

结果状

果实

结果状

果实及籽粒

河南铜皮

Punica granatum L.'Henantongpi'

调查编号： CAOSYHZX011

所属树种： 石榴 *Punica granatum* L.

提 供 人： 郝兆祥
电　　话： 18866326761
住　　址： 山东省枣庄市峄城区果树中心

调 查 人： 李好先
电　　话： 13903834781
单　　位： 中国农业科学院郑州果树研究所

调查地点： 山东省枣庄市峄城区榴园镇贾泉村

地理数据： GPS 数据（海拔：78m，经度：E117°28'15.50"，纬度：N34°46'8.86"）

样本类型： 果实、枝条

生境信息

来源于河南省郑州市，生长在山东省枣庄市峄城区石榴资源圃中；温带季风气候；当地标志树种为杨树、桃、核桃、大枣等；地形为丘陵坡地，坡度16°，阳坡，土壤为褐土，质地为砂壤土，土壤pH7.2；树龄5年，现存6株。

植物学信息

1. 植株情况

萌芽力强，成枝力强，生长势中庸，树形自然圆头形；扦插苗栽植，株行距均3m，小乔木，树体较小，单干，干高0.7m，最大干周21cm，树高2.2m，冠幅东西2.0m、南北2.1m。

2. 植物学特征

嫩梢紫红色，1年生枝绿色，节间平均长1.9cm，2年生枝绿色，平均长33cm，节间平均长2.8cm，树干和老枝灰褐色纵裂；叶柄紫红色，幼叶紫红色，成叶绿色，平均长6.4cm、宽2.2cm，叶尖微尖，叶基锲形，刺枝坚韧、量大；花梗紫红色，花萼红色，5~8裂，萼筒无或较低，萼5~8片开张，花冠红色，花瓣数5~8片，多为6片；总花量较大，完全花率39%，完全花自然坐果率72%。

3. 果实性状

近圆形，纵径8.5cm、横径9cm，果形指数0.94，果皮平均厚0.5cm，底色黄绿色，向阳面着红晕，无棱肋，平均单果重350g，最大单果重425g，果萼直立、短，萼裂6裂，萼宽1.2m；子房9~11室，单果籽粒500粒左右，籽粒近方形，百粒重30g，红色，味甜酸可口，种仁硬，可溶性固形物含量15%；品质上等。

4. 生物学习性

萌芽力强，成枝力强，生长势中庸；在山东省枣庄市峄城区，3月底萌芽，4月初左右展叶，5月3日前后现蕾，5月15日前后初花期，5月25日至6月5日前后盛花期，7月22日前后进入末花期，9月21日前后头批果实成熟，11月10日前后落叶，进入休眠期。

品种评价

为河南省优良品种；丰产性好，适生范围较广，抗寒，抗旱，抗病，抗虫能力较强，耐瘠薄，耐贮运，在黄土丘陵区生长良好。

植株

果实

果实

结果状

果实及籽粒

果实

豫石榴3号

Punica granatum L.'Yushiliu 3'

调查编号： CAOSYHZX012

所属树种： 石榴 *Punica granatum* L.

提 供 人： 郝兆祥
电　　话： 18866326761
住　　址： 山东省枣庄市峄城区果树中心

调 查 人： 李好先
电　　话： 13903834781
单　　位： 中国农业科学院郑州果树研究所

调查地点： 山东省枣庄市峄城区榴园镇贾泉村

地理数据： GPS 数据（海拔：78m，经度：E117°28'15.50"，纬度：N34°46'8.86"）

样本类型： 果实、枝条

生境信息

来源于河南省郑州市，生长在山东省枣庄市峄城区石榴资源圃中；温带季风气候；当地标志树种为杨树、桃、核桃、大枣等；地形为丘陵坡地，坡度16°，阳坡，土壤为褐土，质地为砂壤土，土壤pH7.2；树龄5年，现存6株。

植物学信息

1. 植株情况

树势弱，生长势中等，树姿开张，树形自然圆头形；扦插苗栽植，株行距均3m，小乔木，树体较小，单干，干高0.8m，最大干周23cm，树高2.1m，冠幅东西2.0m、南北2.0m。

2. 植物学特征

幼枝紫红色，老枝深褐色，1年生枝黄褐色，皮孔较多，新梢较细弱，刺枝绵韧，量中等；叶柄浅绿色，平均长0.9cm，幼叶紫红色，成叶宽大，平均长7.6cm、宽2.3cm，深绿色，披针形，枝条先端叶较窄，叶片较薄，叶尖急尖，叶基渐尖，萼筒基部膨大，萼6~7片；花单瓣，红色。

3. 果实性状

近圆形，纵径7.9cm、横径8.3cm，果形指数0.95，果皮平均厚0.3cm，红色，果面光洁，有棱肋，平均单果重335g，最大单果重980g，果萼反卷，中长，萼裂6裂，萼宽1.1m；子房8~11室，单果有籽500粒左右，百粒重33.6g，出汁率88.5%，红色，味甜酸可口，种仁硬，可溶性固形物含量14.2%。

4. 生物学习性

在山东省枣庄市峄城区，3月底萌芽，5月下旬至6月上旬盛花，9月下旬果实成熟，11月上旬开始落叶。

品种评价

抗寒，抗旱，抗病，耐瘠薄，耐贮藏，抗虫能力中等；适生范围广，在绝对最低气温高于-17℃，≥10℃的年积温超过3000℃，年日照时数超过2400小时，无霜期200天以上的地区，均可种植。

植株

花

果实

幼果结果状

果实及籽粒

果实

豫石榴 5 号

Punica granatum L.'Yushiliu 5'

调查编号： CAOSYHZX013

所属树种： 石榴 *Punica granatum* L.

提 供 人： 郝兆祥
电　　话： 18866326761
住　　址： 山东省枣庄市峄城区果树中心

调 查 人： 李好先
电　　话： 13903834781
单　　位： 中国农业科学院郑州果树研究所

调查地点： 山东省枣庄市峄城区榴园镇贾泉村

地理数据： GPS 数据（海拔：78m，经度：E117°28'15.50"，纬度：N34°468.86"）

样本类型： 果实、枝条

生境信息

来源于河南省郑州市，生长在山东省枣庄市峄城区石榴资源圃中；温带季风气候；当地标志树种为杨树、桃、核桃、大枣等；地形为丘陵坡地，坡度16°，阳坡，土壤为褐土，质地为砂壤土，土壤pH7.2；最小树龄3年，最大树龄5年，现存6株。

植物学信息

1. 植株情况

树势较强，生长势强，树形自然圆头形；扦插苗栽植，株行距均3m，小乔木，树体较小，单干，干高0.8m，最大干周21cm，树高2.3m，冠幅东西1.9m、南北2.0m。

2. 植物学特征

树形开张，枝条密集，成枝力较强；幼枝紫红色，老枝深褐色；幼叶紫红色，成叶浓绿色、宽大，刺枝坚硬，量大；花瓣单轮着生，花瓣红色，花瓣数5~8片，萼片5~8片，花柱黄色；总花量大。

3. 果实性状

近圆形，纵径6.7cm、横径8.2cm，果形指数0.82，平均单果重344g，最大单果重730g，果皮平均厚1.0cm，红色，光滑洁亮，无锈斑、无棱肋，果萼直立或闭合，中长，萼裂6裂；子房11~15室，籽粒红色，百粒重42.3g，种仁硬，可溶性固形物含量15.1%，风味微酸，鲜食、加工兼用。

4. 生物学习性

易成花，易坐果，完全花率42.4%，自然坐果率65.8%，以短果枝结果为主，丰产，早产、稳产；在山东省枣庄市峄城区，3月底4月初萌芽，5月下旬至6月上旬盛花，8月中旬果实开始着色，9月中、下旬果实成熟，11月上旬开始落叶。

品种评价

适生范围广，抗寒，抗旱，抗病，耐瘠薄，耐贮藏，抗虫能力中等。

植株

幼果结果状

果实及籽粒

花

果实

红绣球

Punica granatum L.'Hongxiuqiu'

调查编号：CAOSYHZX014

所属树种：石榴 *Punica granatum* L.

提供人：郝兆祥
电　话：18866326761
住　址：山东省枣庄市峄城区果树中心

调查人：李好先
电　话：13903834781
单　位：中国农业科学院郑州果树研究所

调查地点：山东省枣庄市峄城区榴园镇贾泉村

地理数据：GPS 数据（海拔：78m，经度：E117°28'15.50"，纬度：N34°46'8.86"）

样本类型：果实、枝条

生境信息

来源于山东省枣庄市，生长在山东省枣庄市峄城区石榴资源圃中；温带季风气候；当地标志树种为杨树、桃、核桃、大枣等；地形为丘陵坡地，坡度16°，阳坡，土壤为褐土，质地为砂壤土，土壤 pH7.2；树龄6年，现存6株。

植物学信息

1. 植株情况

树势较强，生长势强，树形自然圆头形；扦插苗栽植，株行距均3m，小乔木，树体较小，单干，干高0.8m，最大干周24cm，树高2.4m，冠幅东西2.0m、南北2.2m。

2. 植物学特征

树体中等大小，干性强，萌芽力、成枝力均强；主干和多年生枝扭曲，有较小的瘤状突起，皮呈深灰色，老翘皮呈片状脱落，脱落后干呈灰白色，皮孔比较明显，多年生枝深灰色，当年生枝直立、硬且脆，易形成针刺状二次枝，新梢停长后顶端转化为针状；叶片薄，绿色，平均长7.4cm、宽2.6cm，长椭圆形，叶尖钝，叶基楔形，叶柄1.1cm左右，淡红色，有弧形弯，枝条先端叶片呈披针形；花单瓣，花瓣数6片，卵形，红色。

3. 果实性状

大型果，扁圆形，果型指数0.94，平均单果重525g，最大果重1262g，果皮鲜红色，果面光洁，梗洼稍突，有明显的五棱，萼洼较平，萼筒处颜色较浓；心室8～10个，单果有籽510～860粒，百粒重49.6g，籽粒红色，可溶性固形物含量15.4%，味甜多汁，品质佳。

4. 生物学习性

在山东省枣庄市峄城区，3月29日前后萌芽，4月8日左右展叶，5月5日前后现蕾，5月15日前后初花期，5月23日至6月8日前后盛花期，7月18日前后进入末花期，9月中下旬果实成熟，11月5日前后落叶，进入休眠期。

品种评价

果个大，外观美，品质优，丰产性好，抗旱，抗寒，耐瘠薄，广适性强，抗病虫能力中等。

植株　新梢　叶片　果实　果实及籽粒　果实

白玉石籽

Punica granatum L.'Baiyushizi'

調 查 编 号：　CAOSYHZX015

所属树种：　石榴 *Punica granatum* L.

提 供 人：　郝兆祥
电　　话：　18866326761
住　　址：　山东省枣庄市峄城区果树
　　　　　　中心

调 查 人：　李好先
电　　话：　13903834781
单　　位：　中国农业科学院郑州果树
　　　　　　研究所

调查地点：　山东省枣庄市峄城区榴园
　　　　　　镇贾泉村

地理数据：　GPS 数据（海拔：78m，
　　　　　　经度：E117°28'15.50"，纬度：N34°46'8.86"）

样本类型：　果实、枝条

生境信息

来源于安徽省蚌埠市，生长在山东省枣庄市峄城区石榴资源圃中；温带季风气候；当地标志树种为杨树、桃、核桃、大枣等；地形为丘陵坡地，坡度16°，阳坡，土壤为褐土，质地为砂壤土，土壤 pH7.2；树龄 5 年，现存 6 株。

植物学信息

1. 植株情况

树势较强，生长势强，树姿开张，树形自然圆头形；扦插苗栽植，株行距均3m，小乔木，树体较小，单干，干高0.8m，最大干周19cm，树高2.0m，冠幅东西1.5m、南北1.9m。

2. 植物学特征

新梢黄绿色，较细弱，1年生枝灰白色，皮孔较多，较软，茎刺稀少；叶柄黄绿色，平均长0.9cm，幼叶黄绿色，成叶较大，平均长7.6cm、宽2.3cm，叶色深绿，披针形，枝条先端叶较窄，叶片较薄，浅绿色，叶尖微尖，叶基渐尖；两性花，1～4朵着生于当年新梢顶端或叶腋处，花单瓣，白色，花萼4～6片。

3. 果实性状

大型果，近圆形，纵径8.8cm、横径10.3cm，平均单果重469g，果皮黄白色，果面光洁，果棱不明显，萼片直立；百粒重84.4g，最大单粒重1.02g，籽粒多呈马齿状，白色，内有少量"针芒状"放射线，籽粒出汁率81%，种仁硬，可溶性固形物含量16.4%，糖12.6%，酸0.315%，维生素C含量14.97mg/100g果肉，味甜，品质上等。

4. 生物学习性

在山东省枣庄枣庄市峄城区，3月底4月初萌芽，4月上旬初展叶，4月下旬现蕾，5月中旬初花，5月下旬至6月上旬盛花，9月下旬10月上旬果实成熟，11月上中旬开始落叶。

品种评价

果个大，籽粒大，品质优良，丰产、稳产，适应性较广，果实抗病能力一般；自花结实率较高，注意疏花疏果；降水量较大的地区，注意及时排涝，并加强对早期落叶病、干腐病的防治。

植株

花

花蕾

花蕾

幼果结果状

薄皮糙

Punica granatum L.'Bopicao'

调查编号： CAOSYHZX016

所属树种： 石榴 *Punica granatum* L.

提 供 人： 郝兆祥
电　　话： 18866326761
住　　址： 山东省枣庄市峄城区果树
　　　　　中心

调 查 人： 李好先
电　　话： 13903834781
单　　位： 中国农业科学院郑州果树
　　　　　研究所

调查地点： 山东省枣庄市峄城区榴园
　　　　　镇贾泉村

地理数据： GPS 数据（海拔：78m，
　　　　　经度：E117°28'15.50"，纬度：N34°46'8.86"）

样本类型： 果实、枝条

生境信息

来源于安徽省蚌埠市，生长在山东省枣庄市峄城区石榴资源圃中；温带季风气候；当地标志树种为杨树、桃、核桃、大枣等；地形为丘陵坡地，坡度16°，阳坡，土壤为褐土，质地为砂壤土，土壤pH7.2；树龄5年，现存6株。

植物学信息

1. 植株情况

树势较强，生长势强，树形自然圆头形；扦插苗栽植，株行距均3m，小乔木，树体较小，单干，干高0.8m，最大干周21cm，树高2.4m，冠幅东西1.9m、南北2.1m。

2. 植物学特征

主干和多年生枝灰褐色，当年生枝木浅灰色，新梢嫩枝淡红色；叶柄平均长0.3cm，淡紫红色，新叶淡红色，成叶深绿色，叶面微内折，多为披针形，基部楔形，叶缘波状，全缘，网脉不明显；花梗下垂，短，平均长0.3cm，黄绿色，花萼筒状，6裂，较短，淡红色，张开反卷，花单瓣，6枚，红色，花冠内扣，花径4.5cm，雄蕊150枚左右。

3. 果实性状

中型果，圆球形，果型指数0.95，平均单果重240g，最大单果重360g，果皮薄，平均0.2cm，青黄色，向阳面着红色，果面光洁，梗洼稍凸，萼洼平，成熟时萼筒短，大多数直立或张开；心室8～12个，籽粒马耳形，汁液多，味甜，种仁硬，百粒重42.5g，可溶性固形物15.8%，含糖14.34%，有机酸含量0.27%。

4. 生物学习性

在山东省枣庄市峄城区，3月底4月初萌芽，5月下旬至6月上旬盛花，9月中、下旬果实成熟，11月上旬开始落叶。

品种评价

无特殊优良性状，唯果皮薄是其可取之处，但因皮薄，雨后裂果亦多。

果实及籽粒

植株

花

结果状

果实

果实及籽粒

果实

蚌埠大青皮甜

Punica granatum L.'Bengbudaqingpitian'

调查编号： CAOSYHZX017

所属树种： 石榴 *Punica granatum* L.

提 供 人： 郝兆祥
电　　话： 18866326761
住　　址： 山东省枣庄市峄城区果树中心

调 查 人： 李好先
电　　话： 13903834781
单　　位： 中国农业科学院郑州果树研究所

调查地点： 山东省枣庄市峄城区榴园镇贾泉村

地理数据： GPS 数据（海拔：78m，经度：E117°28'15.50"，纬度：N34°468.86"）

样本类型： 果实、枝条

生境信息

来源于安徽省蚌埠市，生长在山东省枣庄市峄城区石榴资源圃中；温带季风气候；当地标志树种为杨树、桃、核桃、大枣等；地形为丘陵坡地，坡度16°，阳坡，土壤为褐土，质地为砂壤土，土壤 pH7.2；树龄6年，现存6株。

植物学信息

1. 植株情况

树势较强，生长势强，树形自然圆头形，发枝力、根萌蘖力均强，刺状枝多；扦插苗栽植，株行距均3m，小乔木，树体较小，单干，干高0.8m，最大干周22cm，树高2.4m，冠幅东西2.0m、南北2.1m。

2. 植物学特征

嫩梢红色，针刺枝较少且较软，1年生枝黄褐色，皮孔较多，新梢较细弱；叶柄浅绿色，平均长0.9cm，叶长椭圆形，稠密，平均长7.6cm、宽2.3cm，枝条先端叶较窄，叶片较薄，浅绿色，叶尖急尖，叶基渐尖；花单瓣，红色，单轮着生，花柱黄色。

3. 果实性状

近圆形，纵径7.1cm、横径7.4cm，果形指数0.96，平均单果重253g，最大单果重450g，果皮平均厚0.3cm，底色黄绿，阳面着红晕，洁净无锈斑，有棱肋，果萼开张，中长，萼裂6裂，萼宽1.1cm；子房11室，籽粒红色，百粒重27.5g，味甜，种仁硬，可溶性固形物含量13%。

4. 生物学习性

在山东省枣庄市峄城区，3月底4月初萌芽，5月下旬至6月上旬盛花，9月下旬果实成熟，11月上旬开始落叶。

品种评价

早产、丰产、稳产，抗病虫能力强，较耐干旱、瘠薄。

植株

花蕾

结果状

果实

果实及籽粒

二笨籽

Punica granatum L.'Erbenzi'

调查编号： CAOSYHZX018

所属树种： 石榴 *Punica granatum* L.

提 供 人： 郝兆祥
电　　话： 18866326761
住　　址： 山东省枣庄市峄城区果树
中心

调 查 人： 李好先
电　　话： 13903834781
单　　位： 中国农业科学院郑州果树
研究所

调查地点： 山东省枣庄市峄城区榴园
镇贾泉村

地理数据： GPS 数据（海拔：78m，
经度：E117°28'15.50"，纬度：N34°46'8.86"）

样本类型： 果实、枝条

生境信息

来源于安徽省蚌埠市，生长在山东省枣庄市峄城区石榴资源圃中；温带季风气候；当地标志树种为杨树、桃、核桃、大枣等；地形为丘陵坡地，坡度16°，阳坡，土壤为褐土，质地为砂壤土，土壤pH7.2；树龄4年，现存6株。

植物学信息

1. 植株情况

树势较强，生长势强，树姿开张，树形自然圆头形；扦插苗栽植，株行距均3m，小乔木，树体较小，单干，干高0.8m，最大干周18cm，树高1.9m，冠幅东西1.6m、南北1.7m。

2. 植物学特征

当年生枝红褐色，新梢嫩枝紫红色，节间平均长3cm，2年生枝褐色，平均长20cm，节间平均长2.8cm，茎刺少；叶柄平均长0.3cm，内侧紫红色，外侧绿色，新叶淡紫红色，中上部叶多披针形，长3.6～7.8cm，宽1.0～2.4cm，平均长5.5cm、宽1.8cm，叶面平，绿色，基部楔形，叶缘波状，全缘，侧脉5～11对，平均8对，网脉不明显；整株开花量大，着花繁密；花梗下垂，短，平均长0.2cm，紫红色；花萼筒状，6裂，较短，橙红色，张开并反卷明显；花单瓣，6枚，椭圆形，红色，长2.0cm、宽1.0cm，花冠内扣，花径5cm。

3. 果实性状

中型果，扁圆球形，果型指数0.86，平均单果重410g，最大单果重750g，果皮平均厚0.4cm，青绿色，果面光滑，锈斑少，棱肋明显，梗洼平，萼洼平，成熟时萼筒短，多直立或张开；心室6～8个，籽粒粉红色，百粒重40g，近核处"针芒"少，风味甜，可溶性固形物含量13.1%，含糖量12.65%，有机酸含量0.45%，种仁硬度3.35kg/cm²，品质中等；不耐贮藏，易裂果。

4. 生物学习性

在安徽省蚌埠市怀远县，3月底萌芽，5月中旬盛花，9月上旬果实开始成熟，11月上旬开始落叶。

品种评价

系安徽省蚌埠市怀远县地方品种；抗病虫能力强，较耐干旱、瘠薄，早产、丰产、稳产。

幼果结果状

植株

结果状

花

果实

果实及籽粒

粉皮石榴

Punica granatum L.'Fenpishiliu'

调查编号： CAOSYHZX020

所属树种： 石榴 *Punica granatum* L.

提 供 人： 郝兆祥
电　　话： 18866326761
住　　址： 山东省枣庄市峄城区果树中心

调 查 人： 李好先
电　　话： 13903834781
单　　位： 中国农业科学院郑州果树研究所

调查地点： 山东省枣庄市峄城区榴园镇贾泉村

地理数据： GPS 数据（海拔：78m，经度：E117°28′15.50″，纬度：N34°46′8.86″）

样本类型： 果实、枝条

生境信息

来源于安徽省蚌埠市，生长在山东省枣庄市峄城区石榴资源圃中；温带季风气候；当地标志树种为杨树、桃、核桃、大枣等；地形为丘陵坡地，坡度16°，阳坡，土壤为褐土，质地为砂壤土，土壤pH7.2；树龄5年，现存6株。

植物学信息

1. 植株情况

树势强健，生长势强，根萌蘖力强，树形自然圆头形；扦插苗栽植，株行距均3m，小乔木，树体较小，单干，干高0.7m，最大干周24cm，树高2.4m，冠幅东西2.1m、南北2.3m。

2. 植物学特征

1年生枝黄褐色，皮孔较多，新梢紫红色；叶柄平均长0.6cm，成叶叶大，平均长7.2cm、宽2.1cm，倒卵形，叶质厚，浓绿色，枝条先端叶较窄；花大，红色，单瓣，花瓣数5~7片，花径平均长4.2cm，卵形，花蕾红色，花药黄色，花粉多，雌蕊1个，柱头比雄蕊高，子房下位，萼筒形状开张，萼筒长，开花在叶发育后。

3. 果实性状

圆形，有棱肋5~6条，平均单果重145g，果皮薄，粉红色，有紫红色果锈，果皮光洁，故称粉皮石榴；籽粒中小，酸甜适口，品质中上，百粒重36.5g，可溶性固形物含量15.8%，糖12.39%，酸0.83%，维生素C含量13.6mg/100g果肉，可食部分占62%；耐贮藏，贮藏期可达3个月。

4. 生物学习性

新梢平均生长量较大，萌芽力强，成枝力强，生长势强；有二次结果习性，副梢结实力强，全树成熟期一致，丰产，早产、稳产；在安徽省蚌埠市怀远县，3月底萌芽，5月中、下旬盛花，10月上旬果实成熟，11月上旬开始落叶。

品种评价

适应性强，抗病力强，丰产稳产，裂果稍重，外观好、色彩鲜艳，产量高，商品价值高。

植株

花蕾

花

幼果

果实

果实

果实及籽粒

怀远抗裂青皮

Punica granatum L.'Huaiyuankanglieqingpi'

调查编号：CAOSYHZX021

所属树种：石榴 *Punica granatum* L.

提 供 人：郝兆祥
电　　话：18866326761
住　　址：山东省枣庄市峄城区果树中心

调 查 人：李好先
电　　话：13903834781
单　　位：中国农业科学院郑州果树研究所

调查地点：山东省枣庄市峄城区榴园镇贾泉村

地理数据： GPS 数据（海拔：78m，经度：E117°28'15.50"，纬度：N34°468.86"）

样本类型：果实、枝条

生境信息

来源于安徽省蚌埠市，生长在山东省枣庄市峄城区石榴资源圃中；温带季风气候；当地标志树种为杨树、桃、核桃、大枣等；地形为丘陵坡地，坡度16°，阳坡，土壤为褐土，质地为砂壤土，土壤pH7.2；树龄5年，现存6株。

植物学信息

1. 植株情况

树势较强，生长势强，树形自然圆头形；扦插苗栽植，株行距均3m，小乔木，树体较小，单干，干高0.8m，最大干周22cm，树高2.3m，冠幅东西2.0m、南北2.1m。

2. 植物学特征

当年生枝红褐色，新梢嫩枝淡红色，2年生枝灰褐色；上部叶长3.2～8.5cm、宽1.2～2.6cm，叶面微内折，叶片绿色，多为披针形，基部楔形，叶尖渐尖，叶波状，全缘，侧脉5～10对，网脉不明显，叶脉红色；花量大，着花中等；花梗直立，短，淡红色；花萼筒状，6裂；花单瓣，近圆形，红色，平均长1.4cm、宽1.3cm，花冠内扣，花径2.7cm。

3. 果实性状

中型果，近圆形，果型指数0.94，平均单果重250g，最大单果重460g，果皮平均厚0.4cm，底色黄绿，向阳面着红晕，梗洼稍凸，萼洼平；心室8～10个，籽粒粉红色，百粒重36g，"针芒"少，可溶性固形物含量13.4%，糖11.53%，有机酸含量0.34%，风味甜，品质中等，

4. 生物学习性

在安徽省蚌埠市怀远县，3月底萌芽，5月中、下旬盛花，9月下旬10月上旬果实成熟，11月上旬开始落叶。

品种评价

系安徽省蚌埠市怀远县地方品种；抗裂果，较耐瘠薄、干旱。

植株

果实

花

果实

幼果结果状

怀远玛瑙籽

Punica granatum L.'Huaiyuanmanaozi'

调查编号： CAOSYHZX024

所属树种： 石榴 *Punica granatum* L.

提 供 人： 郝兆祥
电　　话： 18866326761
住　　址： 山东省枣庄市峄城区果树
　　　　　中心

调 查 人： 李好先
电　　话： 13903834781
单　　位： 中国农业科学院郑州果树
　　　　　研究所

调查地点： 山东省枣庄市峄城区榴园
　　　　　镇贾泉村

地理数据： GPS 数据（海拔：78m，
　　　　　经度：E117°28'15.50"，纬度：N34°46'8.86"）

样本类型： 果实、枝条

生境信息

来源于安徽省蚌埠市，生长在山东省枣庄市峄城区石榴资源圃中；温带季风气候；当地标志树种为杨树、桃、核桃、大枣等；地形为丘陵坡地，坡度16°，阳坡，土壤为褐土，质地为砂壤土，土壤pH7.2；树龄6年，现存6株。

植物学信息

1. 植株情况

树势较强，发枝力强，生长势强，枝条粗壮，树姿较开张，树形自然圆头形；扦插苗栽植，株行距均3m，小乔木，树体较小，单干，干高0.8m，最大干周25cm，树高2.6m，冠幅东西2.2m、南北2.4m。

2. 植物学特征

新梢嫩枝淡紫红色，当年生枝红褐色，2年生枝灰褐色，平均长22cm，节间平均长3.2cm，茎刺较少；叶柄平均长0.6cm，红色，新叶淡紫红色，叶对生，叶下着生两小叶，枝中上部叶平均长6.5cm、宽2.1cm，深绿色，叶面微内折，多为披针形，基部楔形，叶尖渐尖，叶缘平直，全缘；整株开花量大，着花中等；花较小，花梗下垂，平均长0.3cm，紫红色；花萼筒状，6裂，较短，淡红色，张开不反卷；花单瓣，6枚，椭圆形，橙红色，长2.2cm、宽1.8cm。

3. 果实性状

圆球形，果型指数0.96，平均单果重340g，最大单果重760g，果梗短，果皮平均厚0.4cm，底色黄绿，向阳面红色，果皮粗糙，有少量紫褐色果锈，棱肋明显，底部稍尖；心室8～10个，籽粒特大，呈水红色，籽粒的中心有一红点，发出放射状"针芒"，具玛瑙光泽，故有玛瑙籽之称，汁多味浓甜；每果有籽450～500粒，百粒重76.8g，可溶性固形物含量17.2%，总糖13.97%，酸0.58%，维生素C含量13.4mg/100g果肉，可食部分占64%，种仁硬度3.53kg/cm²，品质上等。

4. 生物学习性

发枝力强，生长势强，副梢结实力强，全树成熟期一致，盛果期单株平均产量40kg以上；在安徽省蚌埠市怀远县，3月底萌芽，5月中、下旬盛花，9月下旬至10月上旬果实成熟，11月上旬开始落叶。

品种评价

果个大，籽粒大，品质优，丰产、稳产，成年树一般平均株产40～60kg，极耐贮藏，适应性强，对土壤要求不严，宜大力发展。

植株

果实

果实

果实及籽粒

果实

怀远玛瑙籽
1号

Punica granatum L.'Huaiyuanmanaozi 1'

📇 调查编号： CAOSYHZX025

🏷 所属树种： 石榴 *Punica granatum* L.

📄 提供人： 郝兆祥
　　电　话： 18866326761
　　住　址： 山东省枣庄市峄城区果树
　　　　　　中心

📋 调查人： 李好先
　　电　话： 13903834781
　　单　位： 中国农业科学院郑州果树
　　　　　　研究所

📍 调查地点： 山东省枣庄市峄城区榴园
　　　　　　镇贾泉村

🌐 地理数据： GPS 数据（海拔：78m，
　　　　　　经度：E117°28'15.50"，纬度：N34°46'8.86"）

🖼 样本类型： 果实、枝条

📋 生境信息

来源于安徽省蚌埠市，生长在山东省枣庄市峄城区石榴资源圃中；温带季风气候；当地标志树种为杨树、桃、核桃、大枣等；地形为丘陵坡地，坡度16°，阳坡，土壤为褐土，质地为砂壤土，土壤pH7.2；树龄6年，现存6株。

📰 植物学信息

1. 植株情况

树势中庸，生长中等，树形自然圆头形；扦插苗栽植，株行距均3m，小乔木，树体较小，单干，干高0.7m，最大干周23cm，树高2.4m，冠幅东西2.0m、南北2.3m。

2. 植物学特征

新梢嫩枝淡紫红色，当年生枝红褐色，2年生枝灰褐色，皮孔较多，新梢较细弱；叶柄浅绿色，平均长0.9cm，叶片平均长7.6cm、宽2.3cm，枝条先端叶较窄，叶片较薄，绿色，披针形，叶尖急尖，叶基渐尖；萼筒短小、闭合，花朵较小，红色，花瓣、花萼4～6片。

3. 果实性状

近圆形，平均单果重301g，最大单果重650g，果梗部稍尖突，果皮中厚，底色黄绿，阳面有红晕及红色斑点，果面常有少量褐色疤痕；百粒重65.4g，籽粒马齿状，红色，内有"针芒"状放射线，味甘甜，可溶性固形物含量17.0%，含糖14.8%，含酸0.261%，维生素C含量15.49mg/100g果肉，种仁硬度3.56kg/cm²，品质佳。

4. 生物学习性

生长势强，全树成熟期一致；丰产、稳产，耐贮运；单株平均产量40kg以上；在安徽省蚌埠市怀远县，3月底萌芽，5月中、下旬盛花，果实9月下旬10月上旬成熟，10月底开始落叶。

📋 品种评价

籽粒大，品质优，极耐贮运，适应性强，对土壤要求不严，丰产、稳产。

植株

花

花蕾

花蕾

果实及籽粒

果实

怀远玛瑙籽 2号

Punica granatum L.'Huaiyuanmanaozi 2'

调查编号： CAOSYHZX026

所属树种： 石榴 *Punica granatum* L.

提供人： 郝兆祥
电话： 18866326761
住　址： 山东省枣庄市峄城区果树中心

调查人： 李好先
电话： 13903834781
单　位： 中国农业科学院郑州果树研究所

调查地点： 山东省枣庄市峄城区榴园镇贾泉村

地理数据： GPS 数据（海拔：78m，经度：E117°28'15.50"，纬度：N34°46'8.86"）

样本类型： 果实、枝条

生境信息

来源于安徽省蚌埠市，生长在山东省枣庄市峄城区石榴资源圃中；温带季风气候；当地标志树种为杨树、桃、核桃、大枣等；地形为丘陵坡地，坡度16°，阳坡，土壤为褐土，质地为砂壤土，土壤pH7.2；树龄6年，现存6株。

植物学信息

1. 植株情况

树势较强，生长势强，树形自然圆头形；扦插苗栽植，株行距均3m，小乔木，树体较小，单干，干高0.8m，最大干周25cm，树高2.4m，冠幅东西2.2m、南北2.3m。

2. 植物学特征

新梢嫩枝淡紫红色，当年生枝红褐色，2年生枝灰褐色，皮孔较多，新梢较细弱；叶柄浅绿色，平均长0.9cm，叶片平均长7.5cm、宽2.2cm，枝条先端叶较窄，叶片较薄，绿色，披针形，叶尖急尖，叶基渐尖；萼筒短小、闭合，花朵较小，红色，花瓣、花萼4~6片。

3. 果实性状

圆形，平均单果重350g，最大单果重900g，纵径8.6cm、横径8.7cm，果形指数0.99，果皮厚，底色黄绿色，成熟时40%~50%果面着鲜红色晕，果皮有光泽；籽粒红色，百粒重49.5g，可溶性固形物含量15%，籽粒出汁率79%，甜酸适宜，品质上；裂果现象轻，果实耐贮运。

4. 生物学习性

生长势强，全树成熟期一致；在安徽省蚌埠市怀远县，正常年份3月下旬到4月初开始萌芽，5月底到7月中旬开花，9月底枝条停止生长，果实9月中旬开始着色，10月上旬开始成熟，果实发育期130天左右，11月中旬开始落叶。

品种评价

对干腐病、褐斑病等抗性比一般品种强，抗裂果，抗寒性、丰产性均较好，耐贮运。

植株

花

花蕾

幼果结果状

果实及籽粒

果实

怀远小叶甜

Punica granatum L.'Huaiyuanxiaoyetian'

调查编号： CAOSYHZX027

所属树种： 石榴 *Punica granatum* L.

提 供 人： 郝兆祥
电 话： 18866326761
住 址： 山东省枣庄市峄城区果树中心

调 查 人： 李好先
电 话： 13903834781
单 位： 中国农业科学院郑州果树研究所

调查地点： 山东省枣庄市峄城区榴园镇贾泉村

地理数据： GPS 数据（海拔：78m，经度：E117°28'15.50"，纬度：N34°46'8.86"）

样本类型： 果实、枝条

生境信息

来源于安徽省蚌埠市，生长在山东省枣庄市峄城区石榴资源圃中；温带季风气候；当地标志树种为杨树、桃、核桃、大枣等；地形为丘陵坡地，坡度16°，阳坡，土壤为褐土，质地为砂壤土，土壤pH7.2；树龄5年，现存6株。

植物学信息

1. 植株情况

树势中庸，生长势中等，树形自然圆头形；扦插苗栽植，株行距均3m，小乔木，树体较小，单干，干高0.8m，最大干周19cm，树高2.2m，冠幅东西1.8m、南北1.8m。

2. 植物学特征

1年生枝黄褐色，皮孔较多，新梢细弱；叶柄青红色，平均长0.45cm；叶片小，平均长4.7cm、宽1.1cm，枝条先端叶较窄，叶片较薄，浅绿色，披针形，叶尖急尖，叶基渐尖，叶面平滑、有光泽，叶背无茸毛；花单瓣，红色、卵形，5～7片，花径长3.5cm，花蕾红色，花药黄色，子房下位，开花在叶发育后。

3. 果实性状

近圆形，纵径8.7cm、横径8.2cm，果形指数1.06，平均单果重353.6g，最大单果重532g，果皮平均厚0.3cm，青黄色，向阳面红色，洁净无锈斑，棱肋明显，果梗极短，果萼反卷，中长，萼裂6裂，萼宽0.8cm；子房8室，籽粒粉红色，有放射状红丝，百粒重46.1g，可溶性固形物含量15.5%，种仁硬，味甜。

4. 生物学习性

新梢平均生长量较小，萌芽力强，成枝力中等，生长势中庸，全树成熟期一致；在安徽省蚌埠市怀远县，3月底萌芽，5月中旬盛花，9月下旬至10上旬果实成熟，11月上旬开始落叶。

品种评价

较耐瘠薄、干旱，抗旱，适应性广。

植株

花

花蕾

果实

果实

幼果结果状

蚌埠玉石籽

Punica granatum L.'Bengbuyushizi'

调查编号： CAOSYHZX028

所属树种： 石榴 *Punica granatum* L.

提 供 人： 郝兆祥
电　　话： 18866326761
住　　址： 山东省枣庄市峄城区果树中心

调 查 人： 李好先
电　　话： 13903834781
单　　位： 中国农业科学院郑州果树研究所

调查地点： 山东省枣庄市峄城区榴园镇贾泉村

地理数据： GPS 数据（海拔：78m，经度：E117°28'15.50"，纬度：N34°46'8.86"）

样本类型： 果实、枝条

生境信息

来源于安徽省蚌埠市，生长在山东省枣庄市峄城区石榴资源圃中；温带季风气候；当地标志树种为杨树、桃、核桃、大枣等；地形为丘陵坡地，坡度16°，阳坡，土壤为褐土，质地为砂壤土，土壤pH7.2；树龄6年，现存6株。

植物学信息

1. 植株情况

生长势中等，枝条生长较旺，顶端优势强，树姿开张，树形自然圆头形；扦插苗栽植，株行距均3m，小乔木，树体较小，单干，干高0.8m，最大干周26cm，树高2.4m，冠幅东西2.1m、南北2.2m。

2. 植物学特征

新梢嫩枝淡紫红色，当年生枝红褐色，2年生枝灰褐色；叶柄红色，平均长0.6cm，新叶淡紫红色，成叶深绿色，叶对生，平均长6.4cm、宽2.0cm，多为披针形，叶面微内折，基部楔形，叶尖渐尖，叶缘平直，全缘，网脉不明显；花较小，花梗下垂，平均长0.3cm，紫红色；花萼筒状，6裂，较短，淡红色，张开不反卷；花单瓣，6枚，椭圆形，橙红色，长2.1cm、宽1.9cm，花冠内扣，花径3.1cm。

3. 果实性状

近圆球形，果型指数0.93，平均单果重267g，最大单果重418g，果皮青绿色，向阳面红色，并常有少量斑点，棱肋明显，梗洼稍凸；心室8～12个，籽粒大，玉白色，近核处常有放射状红晕，汁多味甜，并略具香味，种仁半软，百粒重60.2g，可溶性固形物含量16.5%，总糖13.26%，有机酸含量0.34%，维生素C含量12.9mg/100g，可食部分占59%，品质上等。

4. 生物学习性

管理粗放时，大小年结果现象严重；在安徽省蚌埠市怀远县，3月底萌芽，5月中、下旬盛花，9月中、下旬果实开始成熟，10月底开始落叶。

品种评价

系安徽省蚌埠市主栽品种、优良品种；品质佳，抗裂果，适应性弱，适宜在砾质壤土的山坡地栽培。

植株

花

花蕾

幼果结果状

结果状

果实

果实及籽粒

珍珠红

Punica granatum L.'Zhenzhuhong'

调查编号： CAOSYHZX029

所属树种： 石榴 *Punica granatum* L.

提 供 人： 郝兆祥
电　　话： 18866326761
住　　址： 山东省枣庄市峄城区果树中心

调 查 人： 李好先
电　　话： 13903834781
单　　位： 中国农业科学院郑州果树研究所

调查地点： 山东省枣庄市峄城区榴园镇贾泉村

地理数据： GPS 数据（海拔：78m，经度：E117°28'15.50"，纬度：N34°46'8.86"）

样本类型： 果实、枝条

生境信息

来源于安徽省蚌埠市，生长在山东省枣庄市峄城区石榴资源圃中；温带季风气候；当地标志树种为杨树、桃、核桃、大枣等；地形为丘陵坡地，坡度16°，阳坡，土壤为褐土，质地为砂壤土，土壤pH7.2；树龄5年，现存6株。

植物学信息

1. 植株情况

树势较强，生长势强，树姿较直立，萌芽力、成枝力较强，树形自然圆头形；扦插苗栽植，株行距均3m，小乔木，树体较小，单干，干高0.8m，最大干周20cm，树高2.2m，冠幅东西1.9m、南北2.1m。

2. 植物学特征

1年生枝灰褐色，新梢青灰色；叶柄平均长0.6cm，青红色，基部有弯，叶片平均长5.8cm、宽1.9cm，披针形，叶色浓绿，表面具较厚的蜡质层，叶面平滑、有光泽，叶背无茸毛，叶基渐尖，叶缘具小波状皱纹；萼筒短圆，花单瓣，红色、卵形，5～7片，花径长3.6cm，花蕾红色，花药黄色，花粉多，雌蕊1个，柱头比雄蕊高，子房下位。

3. 果实性状

大型果，近圆形，果型指数0.91，平均单果重380g，最大单果重1335g，果皮平均厚0.5cm，底色黄绿，向阳面稍带红褐色，果面有褐色斑块，果肩稍平，梗洼较平，萼洼稍凸；心室8个，室内有籽442～914粒，百粒重52g，籽粒鲜红色或粉红色，透明，可溶性固形物含量16%，汁液多，甜味浓，种仁硬。

4. 生物学习性

在安徽省蚌埠市怀远县，3月下旬萌芽，4月上旬展叶，4月中旬新梢开始生长，4月底至5月中旬为营养生长高峰期，以后生长逐渐减慢，出现针刺，8月中旬枝梢开始第二次生长，5月中旬为始花期，5月底至6月初进入盛花期，6月20日以后为末花期，9月下旬10月上旬果实成熟，10月25日以后开始落叶，11月25日前后落叶终止。

品种评价

果实外观美丽，籽粒大，口感佳，是一个比较有发展前途的品种。

植株

花

花蕾

结果状

果实及籽粒

果实

淮北半口红皮酸

Punica granatum L.
'Huaibeibankouhongpisuan'

调查编号：CAOSYHZX030

所属树种：石榴 *Punica granatum* L.

提 供 人：郝兆祥
电　　话：18866326761
住　　址：山东省枣庄市峄城区果树
中心

调 查 人：李好先
电　　话：13903834781
单　　位：中国农业科学院郑州果树
研究所

调查地点：山东省枣庄市峄城区榴园
镇贾泉村

地理数据：GPS 数据（海拔：78m，
经度：E117°28'15.50"，纬度：N34°46'8.86"）

样本类型：果实、枝条

生境信息

来源于安徽省淮北市，生长在山东省枣庄市峄城区石榴资源圃中；温带季风气候；当地标志树种为杨树、桃、核桃、大枣等；地形为丘陵坡地，坡度16°，阳坡，土壤为褐土，质地为砂壤土，土壤pH7.2；树龄6年，现存6株。

植物学信息

1. 植株情况

树势较强，生长势强，树姿半开张，树形自然圆头形；扦插苗栽植，株行距均3m，小乔木，树体较小，单干，干高0.8m，最大干周26cm，树高2.6m，冠幅东西2.3m、南北2.3m。

2. 植物学特征

新梢青灰色，生长旺盛的植株易出现针刺状二次枝；叶柄平均长0.5cm，叶片平均长6.5cm、宽1.7cm，叶尖急尖，幼枝顶端叶较窄长，叶色浓绿，披针形，表面具有较厚的蜡质层光滑，叶质厚，叶基渐尖；花单瓣，红色、卵形，5～7片，花径长3.7cm，花蕾红色，花药黄色，花粉多，雌蕊1个，柱头比雄蕊高，子房下位。

3. 果实性状

近圆形，纵径7.8cm、横径8cm，果形指数0.91，平均单果重283.1g，最大单果重409g，果皮平均厚0.3cm，红色，洁净无锈斑，有棱肋，果萼闭合，中长，萼裂6裂，萼宽2cm；子房6室，籽粒粉红色，近方形，百粒重33.4g，可溶性固形物含量15%，味酸，种仁硬。

4. 生物学习性

生长势强，全树成熟期一致；在安徽省淮北市，3月底4月初萌芽，5月下旬至6月上旬盛花，9月中、下旬果实成熟，11月上旬开始落叶。

品种评价

抗病虫能力一般，较耐瘠薄、干旱，易落果。

植株

花

幼果结果状

结果状

果实及籽粒

果实形状

淮北大青皮酸

Punica granatum L.'Huaibeidaqingpisuan'

调查编号： CAOSYHZX031

所属树种： 石榴 *Punica granatum* L.

提 供 人： 郝兆祥
电　　话： 18866326761
住　　址： 山东省枣庄市峄城区果树中心

调 查 人： 李好先
电　　话： 13903834781
单　　位： 中国农业科学院郑州果树研究所

调查地点： 山东省枣庄市峄城区榴园镇贾泉村

地理数据： GPS 数据（海拔：78m，经度：E117°28'15.50"，纬度：N34°46'8.86"）

样本类型： 果实、枝条

生境信息

来源于安徽省淮北市，生长在山东省枣庄市峄城区石榴资源圃中；温带季风气候；当地标志树种为杨树、桃、核桃、大枣等；地形为丘陵坡地，坡度16°，阳坡，土壤为褐土，质地为砂壤土，土壤pH7.2；树龄6年，现存6株。

植物学信息

1. 植株情况

树势较强，生长势强，树姿开张，在自然生长下多呈单干或多干的自然圆头形；扦插苗栽植，株行距均3m，小乔木，树体较小，单干，干高0.8m，最大干周25cm，树高2.6m，冠幅东西2.2m、南北2.4m。

2. 植物学特征

多年生老干呈灰黑色，较为粗糙，老皮呈瓦片状剥离，脱皮后呈灰白色，皮孔明显，骨干枝扭曲较重，其上瘤状凸起较多；叶柄平均长0.7cm，叶片中等大而稠密，叶平均长6.5cm，叶色浓绿，表面具有较厚的蜡质层、光滑，叶质厚，叶尖急尖，叶缘具有小波状皱纹；花单瓣，红色，卵形，5~7片，花径3.2cm，花蕾红色，花药黄色。

3. 果实性状

近圆形，纵径7.8cm、横径8cm，果形指数0.98，平均单果重329.5g，最大单果重495g，果皮平均厚0.4cm，底色黄绿，向阳面红色，洁净无锈斑，有棱肋，果萼直立，较短，萼裂6裂，萼宽1.5cm；子房7室，籽粒红色，百粒重30.3g，可溶性固形物含量14.5%，味酸，种仁硬。

4. 生物学习性

生长势强，全树成熟期一致，产量高而稳定，无隔年结果现象；在安徽省淮北市，3月底4月初萌芽，5月下旬至6月上旬盛花，9月下旬果实成熟，11月上旬开始落叶。

品种评价

抗病虫能力强，较耐瘠薄、干旱。

植株

幼果结果状

结果状

果实

果实及籽粒

淮北二白一红

Punica granatum L.'Huaibeierbaiyihong'

调查编号： CAOSYHZX032

所属树种： 石榴 *Punica granatum* L.

提 供 人： 郝兆祥
电　　话： 18866326761
住　　址： 山东省枣庄市峄城区果树
中心

调 查 人： 李好先
电　　话： 13903834781
单　　位： 中国农业科学院郑州果树
研究所

调查地点： 山东省枣庄市峄城区榴园
镇贾泉村

地理数据： GPS 数据（海拔：78m，
经度：E117°28'15.50"，纬度：N34°46'8.86"）

样本类型： 果实、枝条

生境信息

来源于安徽省淮北市，生长在山东省枣庄市峄城区石榴资源圃中；温带季风气候；当地标志树种为杨树、桃、核桃、大枣等；地形为丘陵坡地，坡度16°，阳坡，土壤为褐土，质地为砂壤土，土壤pH7.2；树龄6年，现存6株。

植物学信息

1. 植株情况

树势较强，生长势强，树形自然圆头形；扦插苗栽植，株行距均3m，小乔木，树体较小，单干，干高0.7m，最大干周24cm，树高2.5m，冠幅东西2.2m、南北2.2m。

2. 植物学特征

当年新梢灰色或灰白色，以后变为褐色，而且界线明显，皮孔明显；叶柄浅绿色，较细，平均长约0.7cm，叶平均长6.0cm、宽1.8cm，绿色，多披针形，枝条先端叶片呈线形，叶片较薄，有亮光感，叶尖渐尖，叶基楔形；花单瓣，白色，卵形，花瓣数目6片。

3. 果实性状

圆球形，纵径8cm、横径8cm，果形指数1.0，平均单果重348.5g，最大单果重576g，果皮平均厚0.8cm，黄白色，表面光滑，洁净无锈斑，有棱肋，果萼闭合，中长，萼裂6裂，萼宽3.5cm；心室7～9个，籽粒淡红，方形，百粒重48.8g，可溶性固形物含量15%，味甜，种仁硬。

4. 生物学习性

生长势强，全树成熟期一致；在安徽省淮北市，3月底4月初萌芽，5月下旬至6月上旬盛花，9月中、下旬果实成熟，11月上旬开始落叶。

品种评价

抗病虫能力一般，耐瘠薄干旱，适应性广，丰产、稳产。

植株

花

结果状

果实

果实及籽粒

结果状

淮北丰产青皮

Punica granatum L.'Huaibeifengchanqingpi'

调查编号： CAOSYHZX033

所属树种： 石榴 *Punica granatum* L.

提 供 人： 郝兆祥
电　　话： 18866326761
住　　址： 山东省枣庄市峄城区果树中心

调 查 人： 李好先
电　　话： 13903834781
单　　位： 中国农业科学院郑州果树研究所

调查地点： 山东省枣庄市峄城区榴园镇贾泉村

地理数据： GPS 数据（海拔：78m，经度：E117°28'15.50"，纬度：N34°46'8.86"）

样本类型： 果实、枝条

生境信息

来源于安徽省淮北市，生长在山东省枣庄市峄城区石榴资源圃中；温带季风气候；当地标志树种为杨树、桃、核桃、大枣等；地形为丘陵坡地，坡度16°，阳坡，土壤为褐土，质地为砂壤土，土壤pH7.2；树龄6年，现存6株。

植物学信息

1. 植株情况

树势较强，生长势强，树姿开张，树形自然圆头形；扦插苗栽植，株行距均3m，小乔木，树体较小，单干，干高0.8m，最大干周25cm，树高2.6m，冠幅东西2.0m、南北2.3m。

2. 植物学特征

新梢嫩枝淡紫红色，无茸毛，1年生枝浅灰色，2年生枝褐色，多年生枝深灰色，茎刺多；叶柄平均长0.5cm，淡红色，新叶浅紫红色，成熟叶浓绿色，叶平均长7.2cm、宽1.5cm，枝条先端叶片呈披针形，叶缘向正面纵卷，叶尖弯曲，叶尖渐尖，叶基圆形，叶面平滑、有光泽，叶背无茸毛；花单瓣，红色，近圆形，花瓣数5～6片，花蕾红色，花药黄色，花粉多。

3. 果实性状

近圆形，纵径8.0cm、横径8.3cm，果形指数0.96，平均单果重296g，最大单果重665g，果皮平均厚0.3cm，底色黄绿，向阳面红色，光滑有光泽、有棱肋，果萼直立或闭合，中长，萼裂6裂，萼宽2cm；子房8室，籽粒红色，方形，百粒重40.0g，可溶性固形物含量14.5%，味甜，种仁硬。

4. 生物学习性

萌芽力强，发枝力强，生长势强，坐果部位全树，坐果力强，采前遇雨裂果，大小年不显著，单株平均产量（盛果期）50kg；在安徽省淮北市，3月底4月初萌芽，4月中旬展叶，5月下旬至6月上旬盛花，9月下旬至10月上旬果实成熟，11月上旬开始落叶。

品种评价

耐干旱瘠薄，抗病虫性强，品质佳，丰产性强，果实成熟遇雨易裂果，耐贮运。

花俯视图

花纵切图

植株

结果状

果实

果实及籽粒

淮北红花红边

Punica granatum L.
'Huaibeihonghuahongbian'

调查编号： CAOSYHZX034

所属树种： 石榴 *Punica granatum* L.

提 供 人： 郝兆祥
电 话： 18866326761
住 址： 山东省枣庄市峄城区果树
中心

调 查 人： 李好先
电 话： 13903834781
单 位： 中国农业科学院郑州果树
研究所

调查地点： 山东省枣庄市峄城区榴园
镇贾泉村

地理数据： GPS 数据（海拔：78m，
经度：E117°28'15.50"，纬度：N34°46'8.86"）

样本类型： 果实、枝条

生境信息

来源于安徽省淮北市，生长在山东省枣庄市峄城区石榴资源圃中；温带季风气候；当地标志树种为杨树、桃、核桃、大枣等；地形为丘陵坡地，坡度16°，阳坡，土壤为褐土，质地为砂壤土，土壤pH7.2；树龄6年，现存6株。

植物学信息

1. 植株情况

树势较强，生长势强，树形自然圆头形，主干灰色，树皮块状裂，枝条密度较密；扦插苗栽植，株行距均3m，小乔木，树体较小，单干，干高0.8m，最大干周25cm，树高2.4m，冠幅东西2.1m、南北2.1m。

2. 植物学特征

新梢嫩枝淡紫红色，嫩梢上无茸毛，1年生枝浅绿色，2年生枝褐色，多年生枝青灰色；叶柄绿色，平均长0.5cm，新叶浅紫红色，成熟叶浓绿色，叶片平均长6.9cm、宽1.7cm，枝条先端叶片呈披针形，叶缘向正面纵卷，叶尖弯曲，叶尖渐尖，叶基圆形，叶面平滑、有光泽，叶背无茸毛；花单瓣，红色，近圆形，花瓣数5～6片，花蕾红色，花药黄色。

3. 果实性状

近圆形，纵径9.7cm、横径10.3cm，果形指数0.94，平均单果重523g，最大单果重1050g，果皮平均厚0.4cm，黄白色，带条带状红色，有棱肋，果萼闭合，中长，萼裂7裂，萼宽2.8cm；子房9室，籽粒红色，方形，百粒重50.4g，可溶性固形物含量15%，味甜，种仁硬，品质优。

4. 生物学习性

萌芽力强，发枝力强，生长势强，中下部位坐果，坐果力中等，丰产，大小年不显著；在安徽省淮北市，萌芽期3月底4月初，盛花期5月下旬至6月上旬，果实采收期9月下旬至10月上旬，落叶期11月中旬。

品种评价

果个大，品质优，耐贮运，抗寒，抗旱，抗盐碱性能力强，耐瘠薄。

植株

花

花

结果状

果实

果实及籽粒

淮北红皮软籽

Punica granatum L.'Huaibeihongpiruanzi'

◎ 调查编号：CAOSYHZX035

▣ 所属树种：石榴 *Punica granatum* L.

▤ 提供人：郝兆祥
　　电　话：18866326761
　　住　址：山东省枣庄市峄城区果树中心

▣ 调查人：李好先
　　电　话：13903834781
　　单　位：中国农业科学院郑州果树研究所

◉ 调查地点：山东省枣庄市峄城区榴园镇贾泉村

🌐 地理数据：GPS 数据（海拔：78m，经度：E117°28'15.50"，纬度：N34°46'8.86"）

🖼 样本类型：果实、枝条

🗂 生境信息

来源于安徽省淮北市，生长在山东省枣庄市峄城区石榴资源圃中；温带季风气候；当地标志树种为杨树、桃、核桃、大枣等；地形为丘陵坡地，坡度16°，阳坡，土壤为褐土，质地为砂壤土，土壤pH7.2；树龄6年，现存6株。

🖹 植物学信息

1. 植株情况

树势中庸，生长势中等，树姿半开张，树形自然圆头形；扦插苗栽植，株行距均3m，小乔木，树体较小，单干，干高0.8m，最大干周21cm，树高2.2m，冠幅东西1.8m、南北1.8m。

2. 植物学特征

新梢嫩枝淡紫红色，嫩梢上无茸毛，1年生枝浅绿色，2年生枝褐色，多年生枝青灰色，节间平均长3.2cm；叶柄绿色，平均长0.3cm；新叶浅紫红色，成熟叶浓绿色，叶片小，平均长4.2cm、宽1.3cm，叶缘向正面纵卷，叶尖弯曲，叶尖渐尖，叶基圆形，叶面平滑、有光泽，叶背无茸毛；花单瓣，红色，花瓣数5~6片，花蕾红色，花药黄色。

3. 果实性状

近圆形，纵径8.3cm、横径8.9cm，果形指数0.93，平均单果重360g，最大单果重1250g，果皮平均厚0.6cm，红色，果面平滑、有光泽，有点状锈斑，果萼半开张，中长，萼裂6裂，萼宽1.5cm；子房5室，籽粒粉红色，近圆形，百粒重46.8g，可溶性固形物含量15.5%，味甜，初成熟时有涩味，存放几天后涩味消失，种仁半软。

4. 生物学习性

萌芽力中等，发枝力一般，生长势中庸，坐果力中等，抗寒性强，产量一般，大小年不显著；在安徽省淮北市，萌芽期3月底4月初，盛花期5月下旬至6月上旬，9月中旬果实开始成熟，落叶期11月上旬。

🗒 品种评价

果实外观艳丽，品质优，但抗病虫害能力弱，果实成熟遇雨易裂果，不耐贮运，可适当发展。

植株

花

花

果实

结果状

果实

果实及籽粒

淮北红皮酸

Punica granatum L.'Huaibeihongpiruanzi'

调查编号：CAOSYHZX036

所属树种：石榴 *Punica granatum* L.

提 供 人：郝兆祥
电　话：18866326761
住　址：山东省枣庄市峄城区果树中心

调 查 人：李好先
电　话：13903834781
单　位：中国农业科学院郑州果树研究所

调查地点：山东省枣庄市峄城区榴园镇贾泉村

地理数据：GPS 数据（海拔：78m，经度：E117°28'15.50"，纬度：N34°468.86"）

样本类型：果实、枝条

生境信息

来源于安徽省淮北市，生长在山东省枣庄市峄城区石榴资源圃中；温带季风气候；当地标志树种为杨树、桃、核桃、大枣等；地形为丘陵坡地，坡度16°，阳坡，土壤为褐土，质地为砂壤土，土壤pH7.2；树龄6年，现存6株。

植物学信息

1. 植株情况

树势较强，生长势强，树姿半开张，树形自然圆头形；扦插苗栽植，株行距均3m，小乔木，树体较小，单干，干高0.8m，最大干周24cm，树高2.5m，冠幅东西2.1m、南北2.3m。

2. 植物学特征

新梢嫩枝淡紫红色，嫩梢上无茸毛，1年生枝浅绿色，直立而硬，易形成针刺状二次枝，停止生长后顶端转化为针刺，2年生枝褐色，节间平均长2.8cm，多年生枝青灰色；叶柄紫红色，平均长0.6cm，新叶浅紫红色，成熟叶浓绿色，叶平均长6.5cm、宽1.7cm，叶尖渐尖，叶基圆形，叶面平滑、有光泽，叶背无茸毛；花单瓣，红色，近圆形，花瓣数5～6片，花蕾红色，花药黄色，花粉多，子房下位。

3. 果实性状

近圆形，纵径8.3cm、横径9.1cm，果形指数0.91，平均单果重384g，最大单果重627g，幼果青绿色，有红晕，成熟果红色，果皮平均厚0.8cm，果面光滑、有光泽，果萼闭合，中长，萼裂6裂，萼宽2cm；子房6室，籽粒红色，方形，透明，百粒重34.2g，可溶性固形物含量16.5%，味酸，种仁硬。

4. 生物学习性

在安徽省淮北市，萌芽期3月底4月初，展叶期4月中旬，盛花期5月下旬至6月上旬，9月中旬果实开始成熟，落叶期11月上旬。

品种评价

品质中等，抗病虫害能力弱，果实成熟遇雨易裂果，可适当发展，用于加工、育种材料等。

植株

花

幼果结果状

幼果结果状

花俯视图

果实

果实及籽粒

红皮甜

Punica granatum L.'Hongpitian'

调查编号： CAOSYHZX037

所属树种： 石榴 *Punica granatum* L.

提 供 人： 郝兆祥
电　　话： 18866326761
住　　址： 山东省枣庄市峄城区果树
中心

调 查 人： 李好先
电　　话： 13903834781
单　　位： 中国农业科学院郑州果树
研究所

调查地点： 山东省枣庄市峄城区榴园
镇贾泉村

地理数据： GPS 数据（海拔：78m，
经度：E117°28'15.50"，纬度：N34°46'8.86"）

样本类型： 果实、枝条

生境信息

来源于安徽省淮北市，生长在山东省枣庄市峄城区石榴资源圃中；温带季风气候；当地标志树种为杨树、桃、核桃、大枣等；地形为丘陵坡地，坡度16°，阳坡，土壤为褐土，质地为砂壤土，土壤pH7.2；树龄6年，现存6株。

植物学信息

1. 植株情况

树势较强，生长势强，树姿半开张，树形自然圆头形，主干灰色，树皮块状裂；扦插苗栽植，株行距均3m，小乔木，树体较小，单干，干高0.7m，最大干周23cm，树高2.3m，冠幅东西1.9m、南北2.1m。

2. 植物学特征

新梢嫩枝淡紫红色，嫩梢上无茸毛，1年生枝浅绿色，直立而硬，易形成针刺状二次枝，停止生长后顶端转化为针刺，2年生枝褐色，节间平均长3.1cm，多年生枝青灰色；叶柄绿色，稍带红色，平均长0.45cm，新叶浅紫红色，成熟叶浓绿色，叶平均长6.7cm、宽1.3cm，叶尖渐尖，叶基圆形，叶面平滑、有光泽，叶背无茸毛；花单瓣，红色，近圆形，花瓣数5～6片，花蕾红色，花药黄色，子房下位。

3. 果实性状

近圆形，纵径7.4cm、横径7.9cm，果形指数0.94，平均单果重384g，最大单果重634g，幼果青绿色，有红晕，成熟果红色，果皮平均厚0.6cm，果面光滑、有光泽，果萼直立或半反卷，中长，萼裂6裂，萼宽2.4cm；子房9室，籽粒红色，近方形，透明，百粒重45.8g，可溶性固形物含量15.3%，味酸，种仁硬。

4. 生物学习性

在安徽省淮北市，萌芽期3月底4月初，4月中旬展叶，盛花期5月下旬至6月上旬，9月中旬果实开始成熟，落叶期11月上旬。

品种评价

外观美丽，品质优，抗病虫害能力弱，果实成熟遇雨易裂果，可适当发展。

植株

花纵切图

花

幼果结果状

结果状

果实

果实及籽粒

淮北抗裂青皮

Punica granatum L.'Huaibeikanglieqingpi'

调查编号：CAOSYHZX038

所属树种：石榴 *Punica granatum* L.

提 供 人：郝兆祥
电　　话：18866326761
住　　址：山东省枣庄市峄城区果树中心

调 查 人：李好先
电　　话：13903834781
单　　位：中国农业科学院郑州果树研究所

调查地点：山东省枣庄市峄城区榴园镇贾泉村

地理数据：GPS 数据（海拔：78m，经度：E117°28'15.50"，纬度：N34°46'8.86"）

样本类型：果实、枝条

生境信息

来源于安徽省淮北市，生长在山东省枣庄市峄城区石榴资源圃中；温带季风气候；当地标志树种为杨树、桃、核桃、大枣等；地形为丘陵坡地，坡度16°，阳坡，土壤为褐土，质地为砂壤土，土壤pH7.2；树龄6年，现存6株。

植物学信息

1. 植株情况

树势较强，生长势强，树形自然圆头形；扦插苗栽植，株行距均3m，小乔木，树体较小，单干，干高0.6m，最大干周24cm，树高2.4m，冠幅东西1.8m、南北1.9m。

2. 植物学特征

新梢嫩枝淡紫红色，嫩梢上无茸毛，1年生枝浅灰色，2年生枝褐色，多年生枝青灰色；叶柄青红色，平均长0.5cm，新叶浅紫红色，成熟叶浓绿色，叶平均长7.9cm、宽2.0cm，叶缘向正面纵卷，叶尖弯曲，叶尖渐尖，叶基圆形，叶面平滑、有光泽，叶背无茸毛；花单瓣，红色，花瓣数5~6片，花蕾红色，花药黄色，花粉多，子房下位。

3. 果实性状

圆形，纵径8.7cm、横径8.7cm，果形指数1.00，平均单果重435g，最大单果重960g，幼果青绿色，有红晕，成熟果实底色黄绿，阳面有红晕，果皮平均厚0.5cm，洁净无锈斑，棱肋不明显，果萼闭合，较短，萼裂6裂，萼宽2.5cm；子房8室，籽粒粉红色，近方形，百粒重40g，可溶性固形物含量14.8%，味甜，种仁硬。

4. 生物学习性

萌芽力强，发枝力强，生长势强，坐果部位全树，坐果力中等，抗寒性强，丰产，大小年不显著，抗裂果；在安徽省淮北市，萌芽期3月底4月初，4月中旬展叶，盛花期5月下旬至6月上旬，果实采收期9月下旬至10月上旬，落叶期11月上旬。

品种评价

抗病虫，抗寒，抗裂果，耐盐碱，耐干旱、瘠薄，耐贮运。

花纵切图

可育及不可育花

结果状

植株

果实

果实及籽粒

淮北玛瑙籽

Punica granatum L.'Huaibeimanaozi'

调查编号：CAOSYHZX039

所属树种：石榴 *Punica granatum* L.

提供人：郝兆祥
电　话：18866326761
住　址：山东省枣庄市峄城区果树中心

调查人：李好先
电　话：13903834781
单　位：中国农业科学院郑州果树研究所

调查地点：山东省枣庄市峄城区榴园镇贾泉村

地理数据：GPS 数据（海拔：78m，经度：E117°28'15.50"，纬度：N34°46'8.86"）

样本类型：果实、枝条

生境信息

来源于安徽省淮北市，生长在山东省枣庄市峄城区石榴资源圃中；温带季风气候；当地标志树种为杨树、桃、核桃、大枣等；地形为丘陵坡地，坡度16°，阳坡，土壤为褐土，质地为砂壤土，土壤pH7.2；树龄6年，现存6株。

植物学信息

1. 植株情况

树势较强，生长势强，树姿直立，树形自然圆头形，主干灰色，树皮块状裂，枝条较密，枝干茎刺稀疏；扦插苗栽植，株行距均3m，小乔木，树体较小，单干，干高0.8m，最大干周25cm，树高2.5m，冠幅东西1.9m、南北2.3m。

2. 植物学特征

1年生枝浅灰色，向阳面带红晕，较直立而硬脆，新梢嫩枝呈淡紫红色，无茸毛，2年生枝褐色，多年生枝青灰色；叶柄浅红色，平均长0.6cm，新叶浅紫红色，成熟叶浓绿色，叶平均长7.3cm、宽2.4cm，叶尖渐尖，叶基圆形，叶面平滑、有光泽，叶背无茸毛；花单瓣，红色，近圆形，花瓣数5~6片，花蕾红色，花药黄色，花粉多，子房下位。

3. 果实性状

近圆形，平均单果重498.5g，最大单果重541g，果皮平均厚0.5cm，幼果青绿色，有红晕，成熟果黄绿色，阳面有红晕，平滑有光泽，有点状锈斑；籽粒淡粉红色，圆锥形，透明，百粒重68g，甜酸适口，可溶性固形物含量13.5%，含糖12.7%，糖酸比48.7：1，维生素C含量15.49mg/100g果肉，出籽率51%，出汁率87.7%。

4. 生物学习性

萌芽力强，发枝力强，生长势强，坐果部位全树，坐果力中等，生理落果少，采前落果少，抗寒性强，丰产期单株产量50kg，大小年不显著，耐贮藏；在安徽省淮北市，萌芽期3月底4月初，4月中旬展叶，盛花期5月下旬至6月上旬，果实采收期9月下旬至10月上旬，落叶期11月上旬。

品种评价

色艳味美，品质佳，丰产、稳产。

植株

花

花及花蕾

幼果结果状

结果状

果实

果实及籽粒

青皮甜

Punica granatum L.'Qingpitian'

调查编号： CAOSYHZX041

所属树种： 石榴 *Punica granatum* L.

提 供 人： 郝兆祥
电　　话： 18866326761
住　　址： 山东省枣庄市峄城区果树中心

调 查 人： 李好先
电　　话： 13903834781
单　　位： 中国农业科学院郑州果树研究所

调查地点： 山东省枣庄市峄城区榴园镇贾泉村

地理数据： GPS 数据（海拔：78m，经度：E117°28'15.50"，纬度：N34°46'8.86"）

样本类型： 果实、枝条

生境信息

来源于安徽省淮北市，生长在山东省枣庄市峄城区石榴资源圃中；温带季风气候；当地标志树种为杨树、桃、核桃、大枣等；地形为丘陵坡地，坡度16°，阳坡，土壤为褐土，质地为砂壤土，土壤pH7.2；树龄6年，现存6株。

植物学信息

1. 植株情况

树势中庸，生长势一般，树形自然圆头形，主干灰色，树皮块状裂，枝条较密；扦插苗栽植，株行距均3m，小乔木，树体较小，单干，干高0.8m，最大干周21cm，树高2.3m，冠幅东西1.9m、南北1.9m。

2. 植物学特征

新梢嫩枝淡紫红色，嫩梢上无茸毛，1年生枝浅灰色，向阳面带红晕，较直立而硬脆，2年生枝褐色，多年生枝青灰色，节间平均长3.1cm；叶柄青色，稍带红色，平均长0.5cm，新叶浅紫红色，成熟叶浓绿色，叶平均长5.9cm、宽2.1cm，叶尖渐尖，叶基圆形，叶面平滑、有光泽，叶背无茸毛；花单瓣，红色，花瓣数5~6片，花蕾红色，花药黄色，花粉多，子房下位。

3. 果实性状

扁球形或近球形，果形指数0.87，平均单果重420g，最大单果重1300g，果皮平均厚0.4cm，底色黄绿色，阳面红色，光洁亮丽，较美观；籽粒大，红色，百粒重40~55g，种仁半软，可食率56.1%，出汁率89.6%，可溶性固形物含量15%~17%，含酸0.246%，浓甜微酸，品质佳。

4. 生物学习性

萌芽力中等，成枝力强，生长势中等，全树成熟期一致；落果、裂果少，耐贮藏；在安徽省淮北市，3月底4月初萌芽，5月上旬始花，5月下旬至6月上旬盛花，9月中、下旬果实开始成熟，11月上旬开始落叶。

品种评价

系安徽省淮北市主栽品种、品质优良，抗病性强，抗寒性强，适应性广；自花结实，丰产稳产，栽后3年结果、6年进入丰产期。

植株

花

花

花蕾

幼果结果状

果实

果实及籽粒

软籽2号

Punica granatum L.'Ruanzi 2'

调查编号： CAOSYHZX042

所属树种： 石榴 *Punica granatum* L.

提 供 人： 郝兆祥
电　　话： 18866326761
住　　址： 山东省枣庄市峄城区果树中心

调 查 人： 李好先
电　　话： 13903834781
单　　位： 中国农业科学院郑州果树研究所

调查地点： 山东省枣庄市峄城区榴园镇贾泉村

地理数据： GPS数据（海拔：78m，经度：E117°28′15.50″，纬度：N34°46′8.86″）

样本类型： 果实、枝条

生境信息

来源于安徽省淮北市，生长在山东省枣庄市峄城区石榴资源圃中；温带季风气候；当地标志树种为杨树、桃、核桃、大枣等；地形为丘陵坡地，坡度16°，阳坡，土壤为褐土，质地为砂壤土，土壤pH7.2；树龄6年，现存6株。

植物学信息

1. 植株情况

树势中庸，生长势中等，树冠较开张，干性较强，树形自然圆头形；扦插苗栽植，株行距均3m，小乔木，树体较小，单干，干高0.7m，最大干周20cm，树高2.2m，冠幅东西1.7m、南北1.9m。

2. 植物学特征

新梢嫩枝淡紫红色，节间平均长2.5cm，2年生枝灰褐色，节间平均长3cm，茎刺多；叶柄平均长0.4crn，叶柄青色，稍微带淡红色，新叶淡红色，成叶绿色，叶平均长6.8cm、宽为1.7cm，基部楔形，叶缘波状，全缘；花梗直立，平均长0.2cm；花萼筒状，5~7裂，较短，深红色，张开反卷；花单瓣，6枚，稍皱缩，椭圆形，红色，长2.5cm、宽1.8cm，雄蕊约155枚。

3. 果实性状

圆形，纵径7.3cm、横径7.3cm，果形指数1.0，平均单果重294g，最大单果重610g，果皮平均厚0.5cm，底色黄绿色，向阳面着红晕，果皮光洁、无锈斑，有棱肋，果萼直立或者半反卷，较短，萼裂6裂，萼宽1.3cm；子房7室，籽粒红色或粉红色，透明，"针状"晶体明显，百粒重43.5g，可溶性固形物含量18.5%，味甜，种仁半软，品质上等。

4. 生物学习性

早产、丰产、稳产，耐贮运；在安徽省淮北市，3月底4月初萌芽，5月上旬至6月下旬开花，9月下旬果实成熟，11月初开始落叶。

品种评价

品质优良，早产、丰产、稳产，耐贮运，耐干旱，耐瘠薄，抗病虫害，适应性强。

植株

花

花

花

结果状

果实

果实及籽粒

软籽 3 号

Punica granatum L.'Ruanzi 3'

调查编号：CAOSYHZX043

所属树种：石榴 *Punica granatum* L.

提 供 人：郝兆祥
电　　话：18866326761
住　　址：山东省枣庄市峄城区果树中心

调 查 人：李好先
电　　话：13903834781
单　　位：中国农业科学院郑州果树研究所

调查地点：山东省枣庄市峄城区榴园镇贾泉村

地理数据：GPS 数据（海拔：78m，经度：E117°28'15.50"，纬度：N34°46'8.86"）

样本类型：果实、枝条

生境信息

来源于安徽省淮北市，生长在山东省枣庄市峄城区石榴资源圃中；温带季风气候；当地标志树种为杨树、桃、核桃、大枣等；地形为丘陵坡地，坡度16°，阳坡，土壤为褐土，质地为砂壤土，土壤pH7.2；树龄6年，现存6株。

植物学信息

1. 植株情况

树势较强，生长势强，树冠半开张，树形自然圆头形；扦插苗栽植，株行距均3m，小乔木，树体较小，单干，干高0.8m，最大干周22cm，树高2.5m，冠幅东西1.9m、南北2.2m。

2. 植物学特征

新梢嫩枝淡紫红色，节间平均长2.4cm，当年生枝红褐色，2年生枝灰褐色，平均长16cm，节间平均长2.9cm；叶柄平均长0.4cm，绿色，稍带淡红色，新叶淡红色，成叶绿色，叶平均长5.3cm、宽1.3cm，叶面平，基部楔形，叶缘波状，全缘；花梗直立，平均长0.2cm，红色；花萼筒状，5～6裂，较短，深红色；花单瓣，6枚，稍皱缩，圆形，红色，长2.1cm、宽2.1cm；花冠外展，花径大，3.5cm，雄蕊约105枚。

3. 果实性状

近圆形，平均单果重267.2g，最大单果重557g，果皮平均厚0.7cm，果面红色，有块状锈斑，梗洼凹，萼洼平，果萼直立或半反卷，少数反卷，萼片5～6裂；心室8～12个，粒粉红色，百粒重45.0g，种仁半软。

4. 生物学习性

生长势强，全树成熟期一致；在安徽省淮北市，3月底萌芽，5月中、下旬盛花，9月中、下旬果实成熟，10月底开始落叶。

品种评价

品质优，抗寒，耐旱，耐瘠薄，适生范围广。

植株

花

幼果结果状

果实

果实及籽粒

果实

淮北软籽 5 号

Punica granatum L.'Huaibeiruanzi 5'

⊙ 调查编号：CAOSYHZX044

所属树种：石榴 *Punica granatum* L.

提 供 人：郝兆祥
电　　话：18866326761
住　　址：山东省枣庄市峄城区果树
　　　　　中心

调 查 人：李好先
电　　话：13903834781
单　　位：中国农业科学院郑州果树
　　　　　研究所

调查地点：山东省枣庄市峄城区榴园
　　　　　镇贾泉村

地理数据：GPS 数据（海拔：78m，
　　　　　经度：E117°28'15.50"，纬度：N34°46'8.86"）

样本类型：果实、枝条

🗒 生境信息

来源于安徽省淮北市，生长在山东省枣庄市峄城区石榴资源圃中；温带季风气候；当地标志树种为杨树、桃、核桃、大枣等；地形为丘陵坡地，坡度16°，阳坡，土壤为褐土，质地为砂壤土，土壤pH7.2；树龄6年，现存6株。

📄 植物学信息

1. 植株情况

树势中庸，生长势强，树姿半开张，干性强；树形自然圆头形；扦插苗栽植，株行距均3m，小乔木，树体较小，单干，干高0.8m，最大干周23cm，树高2.4m，冠幅东西1.9m、南北2.0m。

2. 植物学特征

新梢嫩枝淡紫红色，节间平均长2.4cm，2年生枝灰褐色，节间平均长2.8cm，茎刺多；叶柄平均长0.3cm，青色，稍微带淡红色，新叶淡红色，成叶绿色，叶平均长4.8cm、宽1.3cm，叶面平，基部楔形，叶尖钝圆，叶缘波状，全缘；花梗直立，平均长0.3cm；花萼筒状，5~7裂，较短，深红色，张开反卷；花单瓣，6枚，稍皱缩，椭圆形，红色，长2.4cm、宽1.7cm，雄蕊多数。

3. 果实性状

圆形，纵径8cm、横径8cm，果形指数1.0，平均单果重320g，最大单果重740g，果皮平均厚0.4cm，底色黄绿，阳面着红晕，洁净无锈斑，有棱肋，果萼半开张，较短，萼裂6裂，萼宽1.3cm；子房7室，籽粒红色，马牙状，百粒重53.2g，味甜，种仁半软，可溶性固形物含量14.8%，品质佳。

4. 生物学习性

生长势强，全树成熟期一致；在安徽省淮北市，3月底4月初萌芽，5月中、下旬盛花，9月下旬果实成熟，11月初开始落叶。

📄 品种评价

品质优良，早产、丰产、稳产，耐贮运，耐干旱、瘠薄，抗病虫害，适应性广。

植株

花

花

果实

果实及籽粒

结果状

淮北软籽 6 号

Punica granatum L.'Huaibeiruanzi 6'

调查编号： CAOSYHZX045

所属树种： 石榴 *Punica granatum* L.

提 供 人： 郝兆祥
电 话： 18866326761
住 址： 山东省枣庄市峄城区果树
中心

调 查 人： 李好先
电 话： 13903834781
单 位： 中国农业科学院郑州果树
研究所

调查地点： 山东省枣庄市峄城区榴园
镇贾泉村

地理数据： GPS 数据（海拔：78m，
经度：E117°28'15.50"，纬度：N34°46'8.86"）

样本类型： 果实、枝条

生境信息

来源于安徽省淮北市，生长在山东省枣庄市峄城区石榴资源圃中；温带季风气候；当地标志树种为杨树、桃、核桃、大枣等；地形为丘陵坡地，坡度16°，阳坡，土壤为褐土，质地为砂壤土，土壤pH7.2；树龄5年，现存6株。

植物学信息

1. 植株情况

树势中庸，生长势中等，萌芽力中等，树姿半开张，树形自然圆头形；扦插苗栽植，株行距均3m，小乔木，树体较小，单干，干高0.8m，最大干周19cm，树高2.0m，冠幅东西1.6m、南北1.8m。

2. 植物学特征

新梢嫩枝淡紫红色，节间平均长2.3cm，2年生枝灰褐色，节间平均长2.7cm；叶柄平均长0.45crn，青色，稍微带淡红色，新叶淡红色，成叶绿色，叶平均长5.5cm、宽1.2cm，叶面平，基部楔形，叶缘波状，全缘；花梗直立，平均长0.2cm；花萼筒状，5~7裂，较短，深红色，张开反卷；花单瓣，6枚，稍皱缩，椭圆形，红色，平均长2.4cm、宽1.8cm，雄蕊多数。

3. 果实性状

近圆形，纵径7.6cm、横径6.9cm，果形指数1.1，平均单果重236.3g，最大单果重520g，果皮平均厚0.3cm，黄绿色，阳面红色，洁净无锈斑，有棱肋，果萼半反卷，较短，萼裂7裂，萼宽1.0cm；子房8室，籽粒淡粉红色，马牙状，百粒重67.6g，味甜，种仁半软，可溶性固形物含量14.2%。

4. 生物学习性

生长势中等，萌芽力中等，干性强，全树成熟期一致，丰产，稳产；在安徽省淮北市，3月底4月初萌芽，5月中下旬盛花，9月下旬至10月上旬果实成熟，11月上旬开始落叶。

品种评价

籽粒大，品质优，易丰产，连续结果能力强，抗裂果，抗寒，抗病虫能力强，较耐干旱、瘠薄。

植株

花

花蕾

幼果结果状

果实及籽粒

果实

三白

Punica granatum L.'Sanbai'

調查編號： CAOSYHZX037

所屬樹種： 石榴 *Punica granatum* L.

提 供 人： 郝兆祥
电　　话： 18866326761
住　　址： 山东省枣庄市峄城区果树中心

调 查 人： 李好先
电　　话： 13903834781
单　　位： 中国农业科学院郑州果树研究所

调查地点： 山东省枣庄市峄城区榴园镇贾泉村

地理数据： GPS 数据（海拔：78m，经度：E117°28'15.50"，纬度：N34°46'8.86"）

样本类型： 果实、枝条

生境信息

来源于安徽省淮北市，生长在山东省枣庄市峄城区石榴资源圃中；温带季风气候；当地标志树种为杨树、桃、核桃、大枣等；地形为丘陵坡地，坡度16°，阳坡，土壤为褐土，质地为砂壤土，土壤pH7.2；树龄6年，现存6株。

植物学信息

1. 植株情况

树势较强，生长势强，树形自然圆头形；扦插苗栽植，株行距均3m，小乔木，树体较小，单干，干高0.8m，最大干周22cm，树高2.3m，冠幅东西2.0m、南北2.1m。

2. 植物学特征

当年新梢灰色或灰白色，以后变为褐色，而且界线明显，皮孔明显，多年生枝干灰色，干皮粗糙，老皮呈片状龟裂剥离，脱皮较轻，片大，脱皮后干较光滑，呈白色，瘤状物较少，而且较小；叶柄浅绿色，较细，平均长0.5cm，叶平均长7.2cm、宽1.6cm，多为披针形，叶尖渐尖，叶基楔形；萼筒较小，萼片6枚；花单瓣，花瓣数6片，呈瓦状存于萼筒内，白色。

3. 果实性状

中型果，圆形，纵径9cm、横径8.8cm，果形指数1.02，平均单果重380.9g，最大单果重870g，果皮平均厚0.4cm，白色，表面光滑，洁净无锈斑，有棱肋，果萼开张，中长，萼裂6裂，萼宽2cm；子房7~9室，籽粒白色，百粒重41.7g，味甜，种仁硬，可溶性固形物含量14%。

4. 生物学习性

在安徽省淮北市，3月下旬萌芽；4月上旬展叶，5月中旬始花，5月下旬至6月上旬盛花，9月上旬果实成熟，10月下旬开始落叶。

品种评价

早熟品种，品质优，耐瘠薄、干旱。

植株

花

花蕾

果实

果实及籽粒

果实

淮北小青皮酸

Punica granatum L.'Huaibeixiaoqingpisuan'

◎ 调查编号： CAOSYHZX049

▤ 所属树种： 石榴 *Punica granatum* L.

▤ 提 供 人： 郝兆祥
电　　话： 18866326761
住　　址： 山东省枣庄市峄城区果树
中心

▥ 调 查 人： 李好先
电　　话： 13903834781
单　　位： 中国农业科学院郑州果树
研究所

◉ 调查地点： 山东省枣庄市峄城区榴园
镇贾泉村

🌐 地理数据： GPS 数据（海拔：78m，
经度：E117°28'15.50"，纬度：N34°46'8.86"）

🖼 样本类型： 果实、枝条

📋 生境信息

　　来源于安徽省淮北市，生长在山东省枣庄市峄城区石榴资源圃中；温带季风气候；当地标志树种为杨树、桃、核桃、大枣等；地形为丘陵坡地，坡度16°，阳坡，土壤为褐土，质地为砂壤土，土壤pH7.2；树龄6年，现存6株。

📋 植物学信息

1. 植株情况

　　树势较强，生长势强，树形自然圆头形；扦插苗栽植，株行距均3m，小乔木，树体较小，单干，干高0.8m，最大干周25cm，树高2.6m，冠幅东西2.1m、南北2.2m。

2. 植物学特征

　　嫩梢紫红色，1年生枝青绿色，2年生枝绿色，平均长30.2cm，节间平均长2.1cm，树干和老枝褐色纵裂；叶柄紫红色，幼叶紫红色，成叶深绿色，叶平均长5.8cm、宽2.2cm；叶尖钝圆，叶基锲形；花梗紫红色，花萼红色，5~8裂，花冠红色，花瓣数5~8片，多为6片；总花量小，完全花率32.8%，完全花坐果率65%左右。

3. 果实性状

　　近圆形，纵径8cm、横径8.5cm，果形指数0.94，平均单果重354g，最大单果重567g，果皮平均厚0.6cm，底色黄绿，向阳面红色，果面光洁、有棱肋，果萼直立，较短，萼裂6裂，萼宽2.3cm；子房9室，百粒重33g，红色，味酸，种仁硬，可溶性固形物含量13.5%。

4. 生物学习性

　　萌芽力强，成枝力强，生长势强，全树成熟期一致；在安徽省淮北市，3月29日左右萌芽，4月6日左右展叶，5月6日前后现蕾，5月18日前后初花，5月25日至6月10日盛花，7月20日前后末花，9月25日前后头批果实成熟，10月30日前后开始落叶。

📋 品种评价

　　丰产性一般，抗寒、抗旱、抗病虫，耐瘠薄，适生范围广。

花

植株

花纵切图

果实

果实及籽粒

果实

淮北一串铃

Punica granatum L.'Huaibeiyichuanling'

调查编号： CAOSYHZX050

所属树种： 石榴 *Punica granatum* L.

提 供 人： 郝兆祥
电　　话： 18866326761
住　　址： 山东省枣庄市峄城区果树中心

调 查 人： 李好先
电　　话： 13903834781
单　　位： 中国农业科学院郑州果树研究所

调查地点： 山东省枣庄市峄城区榴园镇贾泉村

地理数据： GPS 数据（海拔：78m，经度：E117°28'15.50"，纬度：N34°46'8.86"）

样本类型： 果实、枝条

生境信息

来源于安徽省淮北市，生长在山东省枣庄市峄城区石榴资源圃中；温带季风气候；当地标志树种为杨树、桃、核桃、大枣等；地形为丘陵坡地，坡度16°，阳坡，土壤为褐土，质地为砂壤土，土壤pH7.2；树龄6年，现存6株。

植物学信息

1. 植株情况

树势中庸，生长势中等，树姿开张，树形自然圆头形；扦插苗栽植，株行距均3m，小乔木，树体较小，单干，干高0.7m，最大干周21cm，树高2.0m，冠幅东西1.9m、南北2.1m。

2. 植物学特征

新梢嫩枝淡紫红色，当年生枝红褐色，2年生枝褐色，节间平均长2.6cm，主干和多年生枝褐色；叶柄平均长0.45cm，绿色，稍带红色，新叶淡紫红色，成叶绿色，叶平均长5.2cm、宽1.6cm，叶面微内折，基部楔形，叶尖渐尖，叶缘波状，全缘；花梗直立，短，平均长0.2cm，紫红色；花萼筒状，6裂，较短，橙红色，张开略反卷；花单瓣，数目6枚，圆形，红色，平均长1.8cm、宽1.6cm；花冠内扣，花径3.1cm，雄蕊300枚左右。

3. 果实性状

圆形，纵径7.6cm、横径7.2cm，果形指数1.06，平均单果重228.4g，最大单果重850g，果皮平均厚0.3cm，底色黄绿色，向阳面红色，光滑无果锈，有棱肋，梗洼凸，萼洼平，果萼多直立，较短，萼裂6裂，萼宽1.4cm；子房12室，籽粒粉红色，百粒重35.7g，味酸甜，种仁硬，可溶性固形物含量13.4%。

4. 生物学习性

生长势中等，全树成熟期一致，结实能力强，丰产性好，大小年不显著；在安徽省淮北市，3月下旬4月上旬萌芽，5月下旬至6月上旬盛花，9月下旬果实开始成熟，11月上旬开始落叶。

品种评价

抗病虫能力强，较耐瘠薄干旱，丰产、稳产。

植株

花

花

幼果结果状

结果状

果实

果实及籽粒

淮北硬籽青皮

Punica granatum L.'Huaibeiyingziqingpi'

调查编号: CAOSYHZX051

所属树种: 石榴 *Punica granatum* L.

提 供 人: 郝兆祥
电　　话: 18866326761
住　　址: 山东省枣庄市峄城区果树中心

调 查 人: 李好先
电　　话: 13903834781
单　　位: 中国农业科学院郑州果树研究所

调查地点: 山东省枣庄市峄城区榴园镇贾泉村

地理数据: GPS 数据（海拔: 78m，经度: E117°28'15.50"，纬度: N34°46'8.86"）

样本类型: 果实、枝条

生境信息

来源于安徽省淮北市，生长在山东省枣庄市峄城区石榴资源圃中；温带季风气候；当地标志树种为杨树、桃、核桃、大枣等；地形为丘陵坡地，坡度16°，阳坡，土壤为褐土，质地为砂壤土，土壤pH7.2；树龄6年，现存6株。

植物学信息

1. 植株情况

树势中庸，生长势中等，树形自然圆头形；扦插苗栽植，株行距均3m，小乔木，树体较小，单干，干高0.8m，最大干周21cm，树高2.3m，冠幅东西2.1m、南北2.2m。

2. 植物学特征

新梢嫩枝淡红色，当年生枝红褐色，2年生枝灰褐色，平均长11cm，节间平均长2.0cm；叶柄平均长0.4cm，绿色，新叶淡紫红色，成叶绿色，叶平均长5.4cm、宽1.8cm，叶面微内折，基部楔形，叶尖渐尖，叶波状，全缘；梗直立，短，长0.3cm，淡红色；花萼筒状，6裂，较短，橙红色，不反卷；花单瓣，近圆形，红色，平均长1.4cm，宽1.3cm，花冠内扣，花径2.8cm，雄蕊220枚左右。

3. 果实性状

圆形，纵径8.5cm、横径8cm，果形指数1.06，平均单果重366.4g，最大单果重549g，果皮平均厚0.4cm，底色黄绿色，向阳面红色，洁净无锈斑，有棱肋，果萼直立，较短，萼裂6裂，萼宽1.5cm；子房9室，籽粒红色，百粒重38.8g，味酸，种仁硬，可溶性固形物含量14%。

4. 生物学习性

生长势中等；全树成熟期一致，丰产、稳产；在安徽省淮北市，3月底4月初萌芽，5月下旬至6月上旬盛花期，9月下旬至10月上旬为果实成熟期，11月上旬开始落叶。

品种评价

较耐瘠薄、干旱，适应性广，丰产、稳产。

植株

花

花

花纵切图

结果状

果实

果实及籽粒

淮北玉石籽

Punica granatum L.'Huaibeiyushizi'

调查编号：CAOSYHZX052

所属树种：石榴 *Punica granatum* L.

提 供 人：郝兆祥
电　　话：18866326761
住　　址：山东省枣庄市峄城区果树中心

调 查 人：李好先
电　　话：13903834781
单　　位：中国农业科学院郑州果树研究所

调查地点：山东省枣庄市峄城区榴园镇贾泉村

地理数据：GPS 数据（海拔：78m，经度：E117°28'15.50"，纬度：N34°46'8.86"）

样本类型：果实、枝条

生境信息

来源于安徽省淮北市，生长在山东省枣庄市峄城区石榴资源圃中；温带季风气候；当地标志树种为杨树、桃、核桃、大枣等；地形为丘陵坡地，坡度16°，阳坡，土壤为褐土，质地为砂壤土，土壤pH7.2；树龄6年，现存6株。

植物学信息

1. 植株情况

树势较强，生长势强，成枝力强枝条柔韧密集，树形自然圆头形；扦插苗栽植，株行距均3m，小乔木，树体较小，单干，干高0.8m，最大干周22cm，树高2.5m，冠幅东西1.9m、南北2.2m。

2. 植物学特征

幼枝红褐色，老枝浅褐色，刺枝绵韧，1年生枝节间平均长2.3cm，2年生枝节间平均长2.2cm，未形成刺枝的枝梢冬季抗寒性稍差；幼叶浓红色，成叶窄长，深绿色，平均长7.9cm、宽1.7cm；花瓣红色，花瓣数5～7片；总花量大，完全花率42%左右，完全花坐果率60%左右；多花簇生现象较多，也极易多果簇生，坐果率较高。

3. 果实性状

近圆形，纵径8cm、横径8.5cm，果形指数0.94，平均单果重334g，最大单果重420g，果皮平均厚0.4cm，底色青绿色，洁净无锈斑，有棱肋，果萼直立，较短，萼裂6裂，萼宽1.9cm；子房7室，百粒重45g，粉红色，种仁硬，可溶性固形物含量15%，甜酸爽口，品质佳。

4. 生物学习性

生长势强，全树成熟期一致；在安徽省淮北市，3月30日前后萌芽，4月5日左右展叶，5月5日前后现蕾，5月15日前后初花期，5月25日至6月5日前后盛花期，7月15日前后进入末花期，9月25日前后头批果实成熟，11月1日前后落叶，进入休眠期。

品种评价

品质优良，丰产潜力大，抗寒、抗旱、抗病，耐贮藏，适生范围广。

植株

花

花

幼果结果状

果实

黄金榴

Punica granatum L.'Huangjinliu'

调查编号： CAOSYHZX053

所属树种： 石榴 *Punica granatum* L.

提 供 人： 郝兆祥
电　　话： 18866326761
住　　址： 山东省枣庄市峄城区果树中心

调 查 人： 李好先
电　　话： 13903834781
单　　位： 中国农业科学院郑州果树研究所

调查地点： 山东省枣庄市峄城区榴园镇贾泉村

地理数据： GPS 数据（海拔：78m，经度：E117°28'15.50"，纬度：N34°46'8.86"）

样本类型： 果实、枝条

生境信息

来源于山东省枣庄市，生长在山东省枣庄市峄城区石榴资源圃中；温带季风气候；当地标志树种为杨树、桃、核桃、大枣等；地形为丘陵坡地，坡度16°，阳坡，土壤为褐土，质地为砂壤土，土壤pH7.2；树龄3年，现存6株。

植物学信息

1. 植株情况

树势中庸，生长势一般，树形自然圆头形；扦插苗栽植，株行距均3m，小乔木，树体较小，单干，干高0.6m，最大干周11cm，树高1.5m，冠幅东西0.9m、南北1.0m。

2. 植物学特征

新梢浅绿色，1年生枝条灰白色，老枝褐色，茎刺稀疏，枝条较细；叶柄较短，幼叶浅绿色，成叶浓绿色，长椭圆形，先端较钝，平均长4.8cm、宽1.8cm，叶片单叶对生或簇生，质厚有光泽，全缘，叶脉网状，叶面光滑无茸毛；花为两性花，单生或数朵着生于叶腋或新梢先端呈束状，花白色，单瓣，花瓣数5～6片。

3. 果实性状

圆形，纵径7.6cm、横径7.6cm，果形指数1.0，平均单果重270g，最大单果重420g，果皮平均厚0.3cm，黄白色，洁净无锈斑，果萼反卷，中长，萼裂6裂，萼宽2.8cm；子房8室，籽粒粉红色，百粒重23.9g，味甜，种仁硬，可溶性固形物含量12.5%。

4. 生物学习性

生长势中等，全树成熟期一致；在山东省枣庄市峄城区，3月底4月初萌芽，5月上旬始花，5月底至6月初盛花，9月上旬果实开始成熟，11月上旬落叶。

品种评价

著名的观赏、鲜食兼用品种；零星分布在山东省枣庄市峄城区石榴盆景、盆栽爱好者家中。

植株

花

花

花俯视图

幼果结果状

果实

果实及籽粒

黄里红皮 2 号

Punica granatum L.'Huanglihongpi 2'

调查编号：CAOSYHZX055

所属树种：石榴 *Punica granatum* L.

提 供 人：郝兆祥
电　　话：18866326761
住　　址：山东省枣庄市峄城区果树
　　　　　中心

调 查 人：李好先
电　　话：13903834781
单　　位：中国农业科学院郑州果树
　　　　　研究所

调查地点：山东省枣庄市峄城区榴园
　　　　　镇贾泉村

地理数据：GPS 数据（海拔：78m，
　　　　　经度：E117°28'15.50"，纬度：N34°46'8.86"）

样本类型：果实、枝条

生境信息

来源于安徽省淮北市，生长在山东省枣庄市峄城区石榴资源圃中；温带季风气候；当地标志树种为杨树、桃、核桃、大枣等；地形为丘陵坡地，坡度16°，阳坡，土壤为褐土，质地为砂壤土，土壤pH7.2；树龄4年，现存6株。

植物学信息

1. 植株情况

树势较强，生长势强，树形自然圆头形；扦插苗栽植，株行距均3m，小乔木，树体较小，单干，干高0.8m，最大干周16cm，树高2.0m，冠幅东西1.6m、南北1.7m。

2. 植物学特征

新梢嫩枝淡紫红色，嫩梢上无茸毛，1年生枝浅绿色，直立而硬，易形成针刺状二次枝，停止生长后顶端转化为针刺，2年生枝褐色，节间平均长3.0cm，多年生枝青灰色；叶柄红色，平均长0.45cm，新叶浅紫红色，成熟叶浓绿色，叶平均长4.7cm，宽1.3cm，叶尖渐尖，叶基圆形，叶面平滑、有光泽，叶背无茸毛；花红色，单瓣，近圆形，花瓣数5~6片，花蕾红色，花药黄色，花粉多，子房下位。

3. 果实性状

圆球形，平均单果重390g，最大单果重850g，果面红色，阳面着红色彩霞，果面光洁、有光泽，外形美观，萼筒半开张；籽粒红色，百粒重50g，可溶性固形物15.6%，风味甜，种仁硬。

4. 生物学习性

萌芽力及成枝力均强，小枝呈水平生长，幼树生长势旺，树冠成型快；二年生以上结果母枝坐果能力强，可连续结果，较稳产，早果性较好；在山东省枣庄市峄城区，3月底萌芽，5月下旬至6月上旬盛花，9月中旬果实开始成熟，11月上旬开始落叶。

品种评价

果实外观美丽，籽粒大，品质优，丰产、稳产，较耐瘠薄、干旱。

花

幼果结果状

植株

果实

果实及籽粒

果实

黄里红皮 3 号

Punica granatum L.'Huanglihongpi 3'

调查编号： CAOSYHZX056

所属树种： 石榴 *Punica granatum* L.

提 供 人： 郝兆祥
电　　话： 18866326761
住　　址： 山东省枣庄市峄城区果树
　　　　　中心

调 查 人： 李好先
电　　话： 13903834781
单　　位： 中国农业科学院郑州果树
　　　　　研究所

调查地点： 山东省枣庄市峄城区榴园
　　　　　镇贾泉村

地理数据： GPS 数据（海拔：78m，
　　　　　经度：E117°28'15.50"，纬度：N34°46'8.86"）

样本类型： 果实、枝条

生境信息

来源于安徽省淮北市，生长在山东省枣庄市峄城区石榴资源圃中；温带季风气候；当地标志树种为杨树、桃、核桃、大枣等；地形为丘陵坡地，坡度16°，阳坡，土壤为褐土，质地为砂壤土，土壤pH7.2；树龄4年，现存6株。

植物学信息

1. 植株情况

树势较强，生长势强，树形自然圆头形；扦插苗栽植，株行距均3m，小乔木，树体较小，单干，干高0.8m，最大干周15cm，树高1.9m，冠幅东西1.6m、南北1.6m。

2. 植物学特征

新梢嫩枝淡紫红色，嫩梢上无茸毛，1年生枝浅绿色，直立而硬，易形成针刺状二次枝，停止生长后顶端转化为针刺，2年生枝褐色，节间平均长3.2cm，多年生枝青灰色；叶柄红色，平均长0.5cm，新叶浅紫红色，成熟叶浓绿，叶平均长5.0cm、宽1.4cm，叶尖渐尖，叶基圆形，叶面平滑、有光泽，叶背无茸毛；花红色，单瓣，近圆形，花瓣数5~6片，花蕾红色，花药黄色，花粉多，子房下位。

3. 果实性状

圆球形，平均单果重424g，最大单果重662g，果肩齐，表面光亮，全面着鲜红色，向阳面呈艳红色，萼筒较短，半开张；籽粒粉红色，透明，种仁硬，味甜，百粒重51.9g，可溶性固形物含量15.5%。

4. 生物学习性

萌芽力及成枝力均强，幼树生长势旺，树冠成型快；二年生以上结果母枝坐果能力强，可连续结果，较稳产，早果性较好；在山东省枣庄市峄城区，3月底萌芽，5月下旬盛花，9月中旬果实开始成熟，11月上旬开始落叶。

品种评价

外观美，籽粒大，品质优，丰产、稳产，较耐瘠薄、干旱。

植株

花

花及花蕾

花

花纵切图

果实

果实及籽粒

黄里青皮 1 号

Punica granatum L.'Huangliqingpi 1'

⊙ 调查编号：CAOSYHZX057

▤ 所属树种：石榴 *Punica granatum* L.

▤ 提 供 人：郝兆祥
　电　　话：18866326761
　住　　址：山东省枣庄市峄城区果树
　　　　　　中心

▤ 调 查 人：李好先
　电　　话：13903834781
　单　　位：中国农业科学院郑州果树
　　　　　　研究所

◉ 调查地点：山东省枣庄市峄城区榴园
　　　　　　镇贾泉村

🌐 地理数据： GPS 数据（海拔：78m，
　　　　　　经度：E117°28'15.50"，纬度：N34°46'8.86"）

🖼 样本类型：果实、枝条

🔖 生境信息

　来源于安徽省淮北市，生长在山东省枣庄市峄城区石榴资源圃中；温带季风气候；当地标志树种为杨树、桃、核桃、大枣等；地形为丘陵坡地，坡度16°，阳坡，土壤为褐土，质地为砂壤土，土壤pH7.2；树龄4年，现存6株。

📰 植物学信息

1. 植株情况

　树势强，生长势强，树形自然圆头形；扦插苗栽植，株行距均3m，小乔木，树体较小，单干，干高0.8m，最大干周16cm，树高2.0m，冠幅东西1.4m、南北1.5m。

2. 植物学特征

　1年生枝红褐色，节间平均长2.0cm、粗0.20cm，嫩梢上无茸毛，多年生枝灰褐色；叶柄平均长0.9cm，黄绿色，新叶浅紫红色，成熟叶浓绿色，叶平均长3.5cm、宽1.7cm，叶尖渐尖，叶基圆形，叶面平滑、有光泽，叶背无茸毛；花红色，单瓣，卵形，花瓣数5~7片，花径2.6cm，花蕾红色，花药黄色，花粉多，子房下位。

3. 果实性状

　近圆形，纵径8.1cm、横径8.7cm，果形指数0.93，平均单果重330g，最大单果重526g，果皮平均厚0.5cm，底色黄绿，向阳面红色，果萼直立，短，萼裂6裂，萼宽1.5cm；子房8室，单果籽粒500粒左右，籽粒红色，马牙状，味甜，种仁半软，百粒重50.5g，可溶性固形物含量16%。

4. 生物学习性

　生长势强，全树成熟期一致；在山东省枣庄市峄城区，3月底4月初萌芽，5月下旬至6月上旬盛花，9月下旬至10月上旬果实成熟，11月上旬开始落叶。

📋 品种评价

　品质优良，耐贮藏，早产、丰产、稳产，抗病虫能力强，较耐瘠薄、干旱，适应性广。

植株

花

花及花蕾

可育及不可育花

花纵切图

果实

果实及籽粒

黄里青皮 2 号

Punica granatum L.'Huangliqingpi 2'

調查编号： CAOSYHZX058

所属树种： 石榴 *Punica granatum* L.

提 供 人： 郝兆祥
电　　话： 18866326761
住　　址： 山东省枣庄市峄城区果树中心

调 查 人： 李好先
电　　话： 13903834781
单　　位： 中国农业科学院郑州果树研究所

调查地点： 山东省枣庄市峄城区榴园镇贾泉村

地理数据： GPS 数据（海拔：78m，经度：E117°28'15.50"，纬度：N34°46'8.86"）

样本类型： 果实、枝条

生境信息

来源于安徽省淮北市，生长在山东省枣庄市峄城区石榴资源圃中；温带季风气候；当地标志树种为杨树、桃、核桃、大枣等；地形为丘陵坡地，坡度16°，阳坡，土壤为褐土，质地为砂壤土，土壤pH7.2；树龄4年，现存6株。

植物学信息

1. 植株情况

树势中庸，生长势中等，干性强，树形自然圆头形；扦插苗栽植，株行距均3m，小乔木，树体较小，单干，干高0.8m，最大干周14cm，树高1.8m，冠幅东西1.1m、南北1.2m。

2. 植物学特征

1年生枝红褐色，节间平均长2.2cm，嫩梢上无茸毛，多年生枝灰褐色；叶柄平均长0.5cm，青红色，新叶浅紫红色，成熟叶浓绿色，叶平均长6.3cm、宽1.6cm，叶边无锯齿，叶尖渐尖，叶基圆形，叶面平滑、有光泽，叶背无茸毛；花红色，单瓣，卵形，花瓣数5~6片，花径2.7cm，花蕾红色，花药黄色，花粉多，子房下位。

3. 果实性状

近圆形，纵径8.2cm、横径8.6cm，果形指数0.95，平均单果重315.6g，最大单果重670g，果皮平均厚0.4cm，底色黄绿，向阳面红色，果萼半开张或直立，中长，萼裂6裂，萼宽1.4cm；子房8室，籽粒红色，马牙状，味甜，种仁硬，百粒重47.4g，可溶性固形物含量16.8%。

4. 生物学习性

生长势中等，全树成熟期一致；在山东省枣庄市峄城区，3月底4月初萌芽，5月下旬至6月上旬盛花，9月下旬至10月上旬果实成熟，11月上旬开始落叶。

品种评价

品质优良，早产、丰产、稳产、耐贮藏，抗病虫能力强，较耐瘠薄、干旱，适应性广。

植株

花

幼果结果状

果实

果实及籽粒

结果状

黄里青皮大籽

Punica granatum L.'Huangliqingpidazi'

调查编号：	CAOSYHZX058
所属树种：	石榴 *Punica granatum* L.
提 供 人：	郝兆祥
电　　话：	18866326761
住　　址：	山东省枣庄市峄城区果树中心
调 查 人：	李好先
电　　话：	13903834781
单　　位：	中国农业科学院郑州果树研究所
调查地点：	山东省枣庄市峄城区榴园镇贾泉村
地理数据：	GPS 数据（海拔：78m，经度：E117°28'15.50"，纬度：N34°468.86"）
样本类型：	果实、枝条

生境信息

来源于安徽省淮北市，生长在山东省枣庄市峄城区石榴资源圃中；温带季风气候；当地标志树种为杨树、桃、核桃、大枣等；地形为丘陵坡地，坡度16°，阳坡，土壤为褐土，质地为砂壤土，土壤pH7.2；树龄4年，现存6株。

植物学信息

1. 植株情况

树势较强，生长势强，树形自然圆头形；扦插苗栽植，株行距均3m，小乔木，树体较小，单干，干高0.8m，最大干周22cm，树高2.5m，冠幅东西1.9m、南北2.2m。

2. 植物学特征

1年生枝红褐色，节间平均长2.3cm，嫩梢上无茸毛，多年生枝灰褐色；叶柄青色，微带红色，平均长0.4cm，新叶浅紫红色，成熟叶浓绿色，叶平均长4.5cm、宽1.5cm，叶尖渐尖，叶基圆形，叶面平滑、有光泽，叶背无茸毛；花红色，单瓣，卵形，花瓣5～6片，花径2.8cm，花蕾红色，花药黄色，花粉多，子房下位。

3. 果实性状

近圆形，平均单果重380g，果皮底色黄绿，向阳面红色，果皮中厚，裂果少；籽粒较大、红色，味甜，百粒重58.3g，含可溶性固形物含量15.6%，耐贮藏。

4. 生物学习性

生长势强，全树成熟期一致；在山东省枣庄市峄城区，3月底4月初萌芽，5月下旬至6月上旬盛花，9月下旬至10月上旬果实成熟，11月上旬开始落叶。

品种评价

品质优良，耐贮藏，早产、丰产、稳产，抗病虫能力强，较耐瘠薄、干旱，适应性广。

植株

花蕾

花

花

幼果结果状

红玛瑙

Punica granatum L.'Hongmanao'

调查编号： CAOSYHZX060

所属树种： 石榴 *Punica granatum* L.

提 供 人： 郝兆祥
电 话： 18866326761
住 址： 山东省枣庄市峄城区果树中心

调 查 人： 李好先
电 话： 13903834781
单 位： 中国农业科学院郑州果树研究所

调查地点： 山东省枣庄市峄城区榴园镇贾泉村

地理数据： GPS 数据（海拔：78m，经度：E117°28'15.50"，纬度：N34°468.86"）

样本类型： 果实、枝条

生境信息

来源于云南省红河哈尼族彝族自治州，生长在山东省枣庄市峄城区石榴资源圃中；温带季风气候；当地标志树种为杨树、桃、核桃、大枣等；地形为丘陵坡地，坡度16°，阳坡，土壤为褐土，质地为砂壤土，土壤pH7.2；树龄6年，现存6株，设施栽培。

植物学信息

1. 植株情况

树势较强，生长势强，树体较高大，树姿半开张，树形自然圆头形；扦插苗栽植，株行距均3m，小乔木，单干，干高0.8m，最大干周22cm，树高3.1m，冠幅南北2.4m、东西2.3m。

2. 植物学特征

1年生枝灰绿色，具细条纹，有棱及茎刺，节间平均长3.4cm，嫩梢上无茸毛，多年生枝灰褐色；叶柄平均长0.5cm，黄绿色，新叶淡绿色，成熟叶浓绿色，叶平均长7.5cm、宽1.7cm，叶边无锯齿，叶尖渐尖，叶基圆形，叶面平滑、有光泽，叶背无茸毛；花红色，单瓣，卵形，花瓣5～6片，花径3.4cm，花蕾红色，花药黄色，花粉多，雌蕊数1个，柱头比雄蕊高，子房下位。

3. 果实性状

近圆球形，纵径7.1cm、横径7.3cm，单果重318～572g；果面多棱，致横断面略为四方或六角形；萼直立高耸，高达3cm左右，萼片6瓣，亦有4或5瓣者，其先端闭合或微开，直立或反卷；果皮成熟时大红或大红带白，有果锈，微裂；皮平均厚0.4cm，质松而脆弱；心室4～6室，籽粒大，种仁硬，百粒重48.5～77.5g，果肉色红艳，似玛瑙，汁液多，酸甜适度，出汁率34.3%～58.3%，可食率41.7%～69.2%，可溶性固形物含量12.5%～15.5%。

4. 生物学习性

生长势强，全树成熟期一致，萌芽力中等，成枝力强；在云南省红河哈尼族彝族自治州建水县，2月上旬萌芽，3月下旬开花，8月至9月果实成熟。

品种评价

系云南省红河哈尼族彝族自治州建水县优良品种；果实酸甜适度，品质极佳，是优良的鲜食、加工兼用品种。

植株

花

花

花及花蕾

幼果结果状

结果状

果实及籽粒

红珍珠

Punica granatum L.'Hongzhenzhu'

调查编号： CAOSYHZX061

所属树种： 石榴 *Punica granatum* L.

提 供 人： 郝兆祥
电　　话： 18866326761
住　　址： 山东省枣庄市峄城区果树中心

调 查 人： 李好先
电　　话： 13903834781
单　　位： 中国农业科学院郑州果树研究所

调查地点： 山东省枣庄市峄城区榴园镇贾泉村

地理数据： GPS 数据（海拔：78m，经度：E117°28'15.50"，纬度：N34°46'8.86"）

样本类型： 果实、枝条

生境信息

来源于云南省红河哈尼族彝族自治州，生长在山东省枣庄市峄城区石榴资源圃中；温带季风气候；当地标志树种为杨树、桃、核桃、大枣等；地形为丘陵坡地，坡度16°，阳坡，土壤为褐土，质地为砂壤土，土壤pH7.2；树龄6年，现存6株，设施栽培。

植物学信息

1. 植株情况

树势较强，生长势强，丛生、直立，树形自然圆头形；扦插苗栽植，株行距均3m，小乔木，单干，干高0.8m，最大干周22cm，树高2.9m，冠幅东西2.3m、南北2.4m。

2. 植物学特征

1年生枝灰绿色，具细条纹，有棱及茎刺，节间平均长3.2cm；嫩梢上无茸毛，多年生枝灰褐色；叶柄平均长0.5cm，黄绿色，叶片平均长7.8cm、宽1.6cm，新叶淡绿色，成熟叶色浓绿，长披针形，叶边无锯齿，叶尖渐尖，叶基圆形，叶面平滑、有光泽，叶背无茸毛；花红色，单瓣，卵形，花瓣5～6片，花径3.3cm，花蕾红色，花药黄色，花粉多，雌蕊数1个，柱头比雄蕊高，子房下位。

3. 果实性状

近球形，平均纵径7.4cm、横径8.4cm，单果重326～574g；萼筒中高，萼片6，亦有4或5瓣者，其先端闭合、直立；果皮红色或微红带白，果锈较少；果皮平均厚0.6cm；种仁半软，百粒重41.7～68.2g，果肉红色至玫瑰色，出汁率36.1%～55.7%，可食率43.4%～64.9%，可溶性固形物含量14%～16%，完全成熟时风味浓，味酸甜，品质佳。

4. 生物学习性

生长势强，全树成熟期一致，萌芽力中等，成枝力强；在云南省红河哈尼族彝族自治州建水县，2月上旬萌芽，3月下旬开花，8月至9月果实成熟。

品种评价

系在云南省红河哈尼族彝族自治州建水县地方品种、优良品种，品质佳，是优良的鲜食、加工兼用品种。

植株

花

可育及不可育花

幼果结果状

花蕾

红珍珠

果实

果实及籽粒

晶榴

Punica granatum L.'Jingliu'

调查编号： CAOSYHZX062

所属树种： 石榴 *Punica granatum* L.

提 供 人： 郝兆祥
电　　话： 18866326761
住　　址： 山东省枣庄市峄城区果树
中心

调 查 人： 李好先
电　　话： 13903834781
单　　位： 中国农业科学院郑州果树
研究所

调查地点： 山东省枣庄市峄城区榴园
镇贾泉村

地理数据： GPS 数据（海拔：78m，
经度：E117°28'15.50"，纬度：N34°468.86"）

样本类型： 果实、枝条

生境信息

来源于山东省枣庄市，生长在山东省枣庄市峄城区石榴资源圃中；温带季风气候；当地标志树种为杨树、桃、核桃、大枣等；地形为丘陵坡地，坡度16°，阳坡，土壤为褐土，质地为砂壤土，土壤pH7.2；树龄4年，现存6株。

植物学信息

1. 植株情况

树势中庸，生长势中等，萌芽力中等，树姿开张，树形自然圆头形；扦插苗栽植，株行距均3m，小乔木，树体较小，单干，干高0.5m，最大干周17cm，树高1.8m，冠幅东西1.6m、南北1.7m。

2. 植物学特征

枝条软，较开张，枝皮灰白色，茎刺稀少；叶柄浅绿色，平均长0.9cm；叶片长披针形，浓绿色，较大，叶片平均长7.8cm、宽2.4cm；叶尖微尖，幼叶和叶柄及幼茎黄绿色；两性花，1～4朵着生于当年新梢的顶端或叶腋处；花单瓣，白色，互生，花萼4～6片，子房下位，萼片黄白色，肉质厚硬，与子房连生，宿存。

3. 果实性状

近圆形，纵横8.8cm、横径10.3cm，平均单果重455g，最大单果重820g，果皮黄白色，果面光洁，有果棱，萼片直立或半反卷；籽粒大，白色，马牙状，内有少量"针芒"状放射线，种仁硬，百粒重78.3g，可溶性固形物含量15.1%，总糖12.45%，总酸0.56%，维生素C含量7.15mg/100g果肉，糖酸比22：1，汁液多，风味甜，品质优良。

4. 生物学习性

生长势中庸，全树成熟期一致，早产、丰产、稳产，盛果期单株平均产量35kg以上；在山东省枣庄市峄城区，3月下旬萌芽，4月初新梢生长，4月下旬现蕾，5月下旬至6月上旬盛花，9月下旬果实开始成熟，11月上旬开始落叶。

品种评价

果个大、品质优，早产、丰产、稳产，抗裂果、抗旱，适应范围广，抗病虫能力稍弱。

花

花

植株

结果状

果实

果实及籽粒

桔艳

Punica granatum L.'Juyan'

调查编号： CAOSYHZX063

所属树种： 石榴 *Punica granatum* L.

提 供 人： 郝兆祥
电　　话： 18866326761
住　　址： 山东省枣庄市峄城区果树
中心

调 查 人： 李好先
电　　话： 13903834781
单　　位： 中国农业科学院郑州果树
研究所

调查地点： 山东省枣庄市峄城区榴园
镇贾泉村

地理数据： GPS 数据（海拔：78m，
经度：E117°28'15.50"，纬度：N34°46'8.86"）

样本类型： 果实、枝条

生境信息

来源于山东省枣庄市，生长在山东省枣庄市峄城区石榴资源圃中；温带季风气候；当地标志树种为杨树、桃、核桃、大枣等；地形为丘陵坡地，坡度16°，阳坡，土壤为褐土，质地为砂壤土，土壤pH7.2；树龄4年，现存6株。

植物学信息

1. 植株情况

树势较强，生长势强，树形自然圆头形；扦插苗栽植，株行距均3m，小乔木，树体较小，单干，干高0.8m，最大干周24cm，树高2.5m，冠幅东西2.0m、南北2.2m。

2. 植物学特征

1年生枝红褐色，节间平均长2.1cm，嫩梢上无茸毛，多年生枝灰褐色，针刺少；叶柄平均长0.6cm，黄绿色，新叶浅紫红色，成熟叶浓绿色，叶平均长6.5cm、叶宽2.8cm，叶边无锯齿，叶尖急尖，叶基渐尖，叶面平滑、有光泽，叶背无茸毛；花单瓣，红色，卵形，花瓣数5~6片，花径长2.7cm，花蕾红色，花药黄色，花粉多，雌蕊数1个，柱头比雄蕊高，子房下位。

3. 果实性状

扁圆球形，平均单果重420g，最大单果重660g，果个均匀，果皮橘红色，果棱不明显，果面光洁，外观美丽，筒萼钟形，先端分裂成三角形萼片，萼片反卷，6~7裂；籽粒红色，味甜，百粒重52g，种仁硬，可溶性固形物含量14.7%，总酸含量0.162%，鲜果出汁率46.6%，品质优。

4. 生物学习性

幼树生长势旺，树冠扩展快；5年生树平均株产18.7kg，早实特性强，连续结果能力强；在山东省枣庄市峄城区，3月底萌芽，4月初展叶，5月中旬始花期，5月下旬至6月初盛花，6月中旬末花，9月下旬果实开始成熟，11月上、中旬落叶。

品种评价

果实外观美，品质佳，抗裂果，出汁率高，早产、丰产、稳产，适应性广，综合品质优良；鲜食、加工兼用品种。

植株

花

花

幼果结果状

结果状

果实

果实及籽粒

开封青皮

Punica granatum L.'Kaifengqingpi'

调查编号： CAOSYHZX064

所属树种： 石榴 *Punica granatum* L.

提 供 人： 郝兆祥
电　　话： 18866326761
住　　址： 山东省枣庄市峄城区果树
　　　　　中心

调 查 人： 李好先
电　　话： 13903834781
单　　位： 中国农业科学院郑州果树
　　　　　研究所

调查地点： 山东省枣庄市峄城区榴园
　　　　　镇贾泉村

地理数据： GPS 数据（海拔：78m，
　　　　　经度：E117°28'15.50"，纬度：N34°46'8.86"）

样本类型： 果实、枝条

生境信息

来源于河南省开封市，生长在山东省枣庄市峄城区石榴资源圃中；温带季风气候；当地标志树种为杨树、桃、核桃、大枣等；地形为丘陵坡地，坡度16°，阳坡，土壤为褐土，质地为砂壤土，土壤pH7.2；树龄5年，现存6株。

植物学信息

1. 植株情况

生长势中庸，萌芽力强，成枝力强，树形半开张，冠内枝条密集；树形自然圆头形；扦插苗栽植，株行距均3m，小乔木，树体较小，单干，干高0.8m，最大干周18cm，树高1.8m，冠幅东西1.5m、南北1.4m。

2. 植物学特征

嫩梢紫红色，1年生枝青绿色，节间平均长3.2cm，2年生枝灰绿色，节间平均长2.8cm，树干和老枝灰褐色纵裂；叶柄红色，幼叶紫红色，成叶浓绿，叶平均长7.2cm、宽1.6cm，叶尖微尖，叶基锲形；花梗紫红色，花萼红色，5～7裂，花冠红色，花瓣数5～7片，多为6片；总花量少，完全花率32.9%，完全花自然坐果率69.5%左右。

3. 果实性状

近圆形，纵径7.5cm、横径6.7cm，平均单果重234g，最大单果重449g，果皮底色黄绿，大部分着红色，有点状果锈，萼筒高圆柱状，半反卷或反卷，萼6～7片；子房7～9室，籽粒红色，百粒重37.7g，籽粒出汁率89.6%，可食率62%，可溶性固形物含量12.2%，味甜，种仁硬。

4. 生物学习性

在山东省枣庄市峄城区，3月底萌芽，4月初展叶，5月中旬始花期，5月下旬至6月初盛花，6月中旬末花期，9月下旬果实成熟，11月上、中旬落叶。

品种评价

抗旱、抗病、抗虫能力较强，耐瘠薄，适生范围较广。

植株

花蕾

花

花纵切图

果实

果实及籽粒

抗寒砧木 2 号

Punica granatum L.'Kanghanzhenmu 2'

🔲 调查编号： CAOSYHZX065

🔲 所属树种： 石榴 *Punica granatum* L.

🔲 提供人： 郝兆祥
电　话： 18866326761
住　址： 山东省枣庄市峄城区果树
中心

🔲 调查人： 李好先
电　话： 13903834781
单　位： 中国农业科学院郑州果树
研究所

🔲 调查地点： 山东省枣庄市峄城区榴园
镇贾泉村

🔲 地理数据： GPS 数据（海拔：78m，
经度：E117°28'15.50"，纬度：N34°46'8.86"）

🔲 样本类型： 果实、枝条

🔲 生境信息

来源于山东省枣庄市，生长在山东省枣庄市峄城区石榴资源圃中；温带季风气候；当地标志树种为杨树、桃、核桃、大枣等；地形为丘陵坡地，坡度16°，阳坡，土壤为褐土，质地为砂壤土，土壤pH7.2；树龄6年，现存6株。

🔲 植物学信息

1. 植株情况

树势较强，生长势强，树形自然圆头形；扦插苗栽植，株行距均3m，小乔木，树体较小，单干，干高0.8m，最大干周21cm，树高2.4m，冠幅东西1.9m、南北2.0m。

2. 植物学特征

1年生枝红褐色，节间平均长3.4cm，嫩梢上无茸毛，多年生枝灰褐色；新叶浅紫红色，成熟叶浓绿色，叶平均长6.4cm、宽1.7cm，叶边无锯齿，叶尖渐尖，叶基圆形，叶面平滑、有光泽，叶背无茸毛；花红色，单瓣，卵形，花瓣数5～7片，花径3.5cm，花蕾红色，花药黄色，花粉多，子房下位。

3. 果实性状

近圆形，平均单果重230g，果皮中厚，红色；籽粒红色，味酸，百粒重32.3g，可溶性固形物含量12.6%。

4. 生物学习性

生长势强，萌芽力中等，成枝力强，抗寒，全树成熟期一致；在山东省枣庄市峄城区，3月底至4月初萌芽，5月下旬至6月上旬盛花，9月中旬果实成熟，10月下旬开始落叶。

🔲 品种评价

耐瘠薄、干旱，抗寒性、耐阴性、抗盐碱性能力强；适用于园林绿化。

植株

花蕾

花

枝

幼果结果

果实

果实及籽粒

抗裂玉石籽

Punica granatum L.'Kanglieyushizi'

调查编号： CAOSYHZX066

所属树种： 石榴 *Punica granatum* L.

提 供 人： 郝兆祥
电　　话： 18866326761
住　　址： 山东省枣庄市峄城区果树中心

调 查 人： 李好先
电　　话： 13903834781
单　　位： 中国农业科学院郑州果树研究所

调查地点： 山东省枣庄市峄城区榴园镇贾泉村

地理数据： GPS 数据（海拔：78m，经度：E117°28'15.50"，纬度：N34°46'8.86"）

样本类型： 果实、枝条

生境信息

来源于安徽省淮北市，生长在山东省枣庄市峄城区石榴资源圃中；温带季风气候；当地标志树种为杨树、桃、核桃、大枣等；地形为丘陵坡地，坡度16°，阳坡，土壤为褐土，质地为砂壤土，土壤pH7.2；树龄6年，现存6株。

植物学信息

1. 植株情况

生长势中等，枝条生长较旺，顶端优势强，树姿开张，树形自然圆头形；扦插苗栽植，株行距均3m，小乔木，树体较小，单干，干高0.7m，最大干周23cm，树高2.5m，冠幅东西2.0m、南北2.2m。

2. 植物学特征

当年生枝红褐色，新梢嫩枝呈淡紫红色，2年生枝灰褐色，茎刺较少；叶柄平均长约0.6cm，红色，新叶淡紫红色，成叶深绿色，叶对生，叶下着生两小叶，叶腋间有对生的针状枝，针刺细软，枝中上部叶平均长6.4cm、宽2.0cm，叶面微内折，基部楔形，叶尖渐尖，叶缘平直，全缘；花较小，花梗下垂，紫红色；花萼筒状，6裂，较短，淡红色，张开不反卷；花单瓣，6枚，椭圆形，橙红色。

3. 果实性状

近圆球形，中型果，果型指数0.92，平均单果重242g，最大单果重405g；果皮青绿色，向阳面有红晕，有少量斑点，有明显的五棱，梗洼稍凸；心室8～12个，籽粒大，玉白色，近核处常有放射状红晕，汁多味甜，并略具香味，种子软，品质上等，百粒重58.5g，可溶性固形物含量16.2%。

4. 生物学习性

管理粗放时，大小年结果现象严重；肥水要求高，产量中等；在安徽省淮北市，3月底萌芽，5月中、下旬盛花，9月中、下旬果实成熟，10月底开始落叶。

品种评价

品质佳，抗裂果，不耐贮藏，应适时采收上市，适应性弱，适宜在砾质壤土的山坡地栽培。

植株

果实

果实及籽粒

结果状

礼泉重瓣红花青皮酸

Punica granatum L.
'Liquanchongbanhonghuaqingpisuan'

调查编号： CAOSYHZX067

所属树种： 石榴 *Punica granatum* L.

提 供 人： 郝兆祥
电　　话： 18866326761
住　　址： 山东省枣庄市峄城区果树中心

调 查 人： 李好先
电　　话： 13903834781
单　　位： 中国农业科学院郑州果树研究所

调查地点： 山东省枣庄市峄城区榴园镇贾泉村

地理数据： GPS 数据（海拔：78m，经度：E117°28'15.50"，纬度：N34°468.86"）

样本类型： 果实、枝条

生境信息

来源于陕西省咸阳市礼泉县，生长在山东省枣庄市峄城区石榴资源圃中；温带季风气候；当地标志树种为杨树、桃、核桃、大枣等；地形为丘陵坡地，坡度16°，阳坡，土壤为褐土，质地为砂壤土，土壤pH7.2；树龄4年，现存6株。

植物学信息

1. 植株情况

树势中庸，生长势中等，树形自然圆头形，枝干无针刺；扦插苗栽植，株行距均3m，小乔木，树体较小，单干，干高0.8m，最大干周22cm，树高2.5m，冠幅南北2.2m、东西1.9m。

2. 植物学特征

新梢青灰色；叶柄平均长0.7cm，老叶呈浓绿色，叶平均长6.0cm、宽3.1cm，长卵圆形，叶尖钝尖，表面具有较厚的蜡质层光滑，叶质厚，叶缘具有小波状皱纹；萼片6枚较小，萼筒短；花重瓣，花瓣大红色，5月上旬始花。

3. 果实性状

近圆形，纵径8.3cm、横径8.5cm，果形指数0.98，平均单果重363g，最大单果重560g，果皮平均厚0.6cm，青绿色，阳面着红晕，果萼直立，短，萼裂6裂，萼宽2.5cm；子房7室，籽粒红色，百粒重43.6g，味酸，种仁硬，可溶性固形物含量14%。

4. 生物学习性

在山东省枣庄市峄城区，3月底萌芽，5月上旬至7月上旬盛花，9月下旬果实成熟，11月上旬开始落叶。

品种评价

花红、重瓣、较大，观赏价值较高，抗病虫能力强，适合多种立地条件栽培，可栽植庭院、街道、公园、小区等地，用于绿化观赏。

植株

花

花俯视图

幼果结果状

结果状

果实

果实及籽粒

临潼红皮甜

Punica granatum L.'Lintonghongpitian'

🔘 调查编号：CAOSYHZX068

🔖 所属树种：石榴 *Punica granatum* L.

📋 提 供 人：郝兆祥
　　电　话：18866326761
　　住　址：山东省枣庄市峄城区果树
　　　　　　中心

📑 调 查 人：李好先
　　电　话：13903834781
　　单　位：中国农业科学院郑州果树
　　　　　　研究所

📍 调查地点：山东省枣庄市峄城区榴园
　　　　　　镇贾泉村

🌐 地理数据：GPS 数据（海拔：78m，
　　　　　　经度：E117°28'15.50"，纬度：N34°46'8.86"）

🖼 样本类型：果实、枝条

🔖 生境信息

来源于陕西省西安市临潼区，生长在山东省枣庄市峄城区石榴资源圃中；温带季风气候；当地标志树种为杨树、桃、核桃、大枣等；地形为丘陵坡地，坡度16°，阳坡，土壤为褐土，质地为砂壤土，土壤pH7.2；树龄4年，现存6株。

📋 植物学信息

1. 植株情况

树势较强，生长势强，树形自然圆头形；扦插苗栽植，株行距均3m，小乔木，树体较小，单干，干高0.8m，最大干周18cm，树高2.1m，冠幅东西1.6m、南北1.6m。

2. 植物学特征

1年生枝红褐色，节间平均长3.4cm，嫩梢上无茸毛，多年生枝灰褐色，茎刺少；叶柄平均长0.6cm，黄绿色，新叶浅紫红色，成熟叶浓绿色，叶平均长7.5cm、宽2.3cm，长椭圆形或阔卵形，叶边无锯齿，叶尖渐尖，叶基圆形，叶面平滑、有光泽，叶背无茸毛；花红色，单瓣，卵形，花瓣数5～6片，花径3.6cm，花蕾红色，花药黄色。

3. 果实性状

圆球状，平均单果重390g，最大单果重620g，果皮较厚，果面光洁，底色黄白，色彩浓红，外形极美观，萼片6～7裂，直立、开张或抱合；籽粒鲜红色或浓红色，近核处"针芒"极多，味甜，微酸，种仁硬，百粒重44g，可溶性固形物含量15.5%，品质优。

4. 生物学习性

萌芽力中等，成枝力强，生长势强，全树成熟期一致；在山东省枣庄市峄城区，3月下旬萌芽，5月上旬至7月上旬开花，5月中、下旬盛花，9月中旬果实成熟，11月上旬落叶。

📰 品种评价

系陕西省西安市临潼区地方品种，主要分布在临潼区境内；抗寒、抗旱、抗病，较耐瘠薄干旱，适应性广。

植株

花蕾

花

花

幼果结果状

临潼青皮甜

Punica granatum L.'Lintongqingpitian'

调查编号： CAOSYHZX069

所属树种： 石榴 *Punica granatum* L.

提 供 人： 郝兆祥
电 话： 18866326761
住 址： 山东省枣庄市峄城区果树中心

调 查 人： 李好先
电 话： 13903834781
单 位： 中国农业科学院郑州果树研究所

调查地点： 山东省枣庄市峄城区榴园镇贾泉村

地理数据： GPS 数据（海拔：78m，经度：E117°28'15.50"，纬度：N34°46'8.86"）

样本类型： 果实、枝条

生境信息

来源于陕西省西安市临潼区，生长在山东省枣庄市峄城区石榴资源圃中；温带季风气候；当地标志树种为杨树、桃、核桃、大枣等；地形为丘陵坡地，坡度16°，阳坡，土壤为褐土，质地为砂壤土，土壤pH7.2；树龄6年，现存6株。

植物学信息

1. 植株情况

树势较强，生长势强，树形自然圆头形，枝条细长，节间长；扦插苗栽植，株行距均3m，小乔木，树体较小，单干，干高0.8m，最大干周19cm，树高2.1cm，冠幅东西1.6m、南北1.7m。

2. 植物学特征

1年生枝红褐色，节间平均长3.0cm，嫩梢上无茸毛，多年生枝灰褐色；叶柄青色，微带红色，平均长0.7cm，新叶浅紫红色，成熟叶浓绿色，叶平均长7.3cm、宽2.7cm，叶边无锯齿，叶尖渐尖，叶基圆形，叶面平滑、有光泽，叶背无茸毛；花红色，单瓣，卵形，花瓣数5～6片，花径2.9cm，花蕾红色，花药黄色，花粉多，子房下位。

3. 果实性状

近圆形，平均单果重350g，最大单果重900g，果皮底色黄绿，向阳面着红晕，果面光洁，外形美观，萼片6～7裂，萼筒闭合；籽粒红色，味甜，种仁硬，百粒重42g，可溶性固形物含量16%。

4. 生物学习性

果实抗裂果、耐贮藏；在山东省枣庄市峄城区，3月下旬到4月上旬萌芽，5月下旬至6月上旬盛花，9月下旬到10月上旬果实成熟。

品种评价

系陕西省西安市临潼区地方品种；果实耐贮藏，一般条件下可贮藏至春节前后，抗病虫能力强，较耐瘠薄、干旱，适应性强。

植株

花

结果状

果实

果实及籽粒

临选2号

Punica granatum L.'Linxuan 2'

调查编号： CAOSYHZX070

所属树种： 石榴 *Punica granatum* L.

提 供 人： 郝兆祥
电 话： 18866326761
住 址： 山东省枣庄市峄城区果树
中心

调 查 人： 李好先
电 话： 13903834781
单 位： 中国农业科学院郑州果树
研究所

调查地点： 山东省枣庄市峄城区榴园
镇贾泉村

地理数据： GPS 数据（海拔：78m，
经度：E117°28'15.50"，纬度：N34°46'8.86"）

样本类型： 果实、枝条

生境信息

来源于陕西省西安市临潼区，生长在山东省枣庄市峄城区石榴资源圃中；温带季风气候；当地标志树种为杨树、桃、核桃、大枣等；地形为丘陵坡地，坡度16°，阳坡，土壤为褐土，质地为砂壤土，土壤pH7.2；树龄3年，现存6株。

植物学信息

1. 植株情况

树势中庸，生长势中等，树姿开张，树形自然圆头形，枝干粗壮，茎刺少，节间长；扦插苗栽植，株行距均3m，小乔木，树体较小，单干，干高0.7m，最大干周15cm，树高1.7m，冠幅东西1.3m、南北1.4m。

2. 植物学特征

1年生枝红褐色，节间平均长3.4cm，嫩梢上无茸毛，多年生枝灰褐色，茎刺少；叶柄平均长0.5cm，黄绿色，新叶浅紫红色，成熟叶浓绿色，叶平均长7.3cm、宽2.8cm，长椭圆形或阔卵形，叶边无锯齿，叶尖渐尖，叶基圆形，叶面平滑、有光泽，叶背无茸毛；花红色，单瓣，卵形，花瓣数5~6片，花蕾红色，花药黄色。

3. 果实性状

圆球形，平均单果重306g，最大单果重650g，果皮较薄，底色黄白，果面鲜红，有条纹，较为粗糙，外观不光洁，萼筒直立或闭合；籽粒浅红至红色，种仁软，百粒重46.2g，可溶性固形物含量14.5%，汁液多，味甜，品质优。

4. 生物学习性

树势中庸偏弱，萌芽力中等，生长势中等，全树成熟期一致；在山东省枣庄市峄城区，3月底萌芽，5月下旬至6月上旬盛花，9月下旬果实成熟，10月底开始落叶。

品种评价

品质优，耐贮运，抗病虫能力强，较耐瘠薄、干旱，采收期遇雨易裂果。

植株

花

花蕾

可育及不可育花

花纵切图

果实

幼果结果状

临选 7 号

Punica granatum L.'Linxuan 7'

调查编号： CAOSYHZX071

所属树种： 石榴 *Punica granatum* L.

提 供 人： 郝兆祥
电　　话： 18866326761
住　　址： 山东省枣庄市峄城区果树中心

调 查 人： 李好先
电　　话： 13903834781
单　　位： 中国农业科学院郑州果树研究所

调查地点： 山东省枣庄市峄城区榴园镇贾泉村

地理数据： GPS 数据（海拔：78m，经度：E117°28'15.50"，纬度：N34°468.86"）

样本类型： 果实、枝条

生境信息

来源于陕西省西安市临潼区，生长在山东省枣庄市峄城区石榴资源圃中；温带季风气候；当地标志树种为杨树、桃、核桃、大枣等；地形为丘陵坡地，坡度16°，阳坡，土壤为褐土，质地为砂壤土，土壤pH7.2；树龄3年，现存6株。

植物学信息

1. 植株情况

树势较强，生长势强，树形自然圆头形；扦插苗栽植，株行距均3m，小乔木，树体较小，单干，干高0.8m，最大干周15cm，树高1.8m，冠幅东西1.3m、南北1.5m。

2. 植物学特征

1年生枝红褐色，节间平均长3.4cm，嫩梢上无茸毛，多年生枝灰褐色；叶柄平均长0.7cm，黄绿色，新叶浅紫红色，成熟叶浓绿色，叶平均长7.4cm、宽2.7cm，长椭圆形或阔卵形，叶边无锯齿，叶尖渐尖，叶基圆形，叶面平滑、有光泽，叶背无茸毛；花红色，单瓣，卵形，花瓣数5~6片，花蕾红色，花药黄色。

3. 果实性状

圆球形，平均单果重330g，最大单果重620g，果皮中厚，果面光洁，黄白色，萼片6~7裂，萼筒直立、开张或稍抱合；籽粒大，清白色，百粒重50g，汁液多，味清甜爽口且有香味，可溶性固形物含量15%~16%，种仁半软可食，品质上等。

4. 生物学习性

成熟期遇雨裂果轻，较耐贮藏；在山东省枣庄市峄城区，3月底萌芽，5月下旬至6月初盛花，9月下旬果实成熟，10月底开始落叶。

品种评价

品质优，耐贮运，抗病虫能力强，较耐瘠薄、干旱。

植株

花

结果状

蒙阳红开张

Punica granatum L.'Mengyanghongkaizhang'

调查编号：CAOSYHZX072

所属树种：石榴 *Punica granatum* L.

提 供 人：郝兆祥
电　　话：18866326761
住　　址：山东省枣庄市峄城区果树中心

调 查 人：李好先
电　　话：13903834781
单　　位：中国农业科学院郑州果树研究所

调查地点：山东省枣庄市峄城区榴园镇贾泉村

地理数据：GPS 数据（海拔：78m，经度：E117°28'15.50"，纬度：N34°46'8.86"）

样本类型：果实、枝条

生境信息

来源于山东省临沂市，生长在山东省枣庄市峄城区石榴资源圃中；温带季风气候；当地标志树种为杨树、桃、核桃、大枣等；地形为丘陵坡地，坡度16°，阳坡，土壤为褐土，质地为砂壤土，土壤pH7.2；树龄6年，现存6株。

植物学信息

1. 植株情况

树势较强，生长势强，树姿开张，树形自然圆头形；扦插苗栽植，株行距均3m，小乔木，树体较小，单干，干高0.8m，最大干周27cm，树高2.7m，冠幅东西2.2m、南北2.4m。

2. 植物学特征

新梢嫩枝淡紫红色，嫩梢上无茸毛，1年生枝浅绿色，2年生枝褐色，节间平均长2.8cm，多年生枝青灰色；叶柄紫红色，新叶浅紫红色，成熟叶浓绿色，叶平均长7.5cm、宽2.1cm，叶尖渐尖，叶基圆形，叶面平滑、有光泽，叶背无茸毛；花红色，单瓣，近圆形，花瓣数5～6片，花蕾红色，花药黄色，花粉多，子房下位。

3. 果实性状

近圆形，纵径6.8cm、横径7.6cm，果形指数0.89，平均单果重267.6g，最大单果重680g，果皮平均厚0.7cm，果面红色，果萼半反卷，中长，萼裂6裂，萼宽1.7cm；子房9室，籽粒红色，方形，透明，味甜，种仁硬，百粒重45.9g，可溶性固形物含量15.5%。

4. 生物学习性

生长势强，全树成熟期一致；在山东省枣庄市峄城区，3月底4月初萌芽，5月下旬6月上旬盛花，9月上旬、中旬果实成熟，11月上旬开始落叶。

品种评价

根系发达，长势旺盛，年生长量大，抗旱、耐瘠薄，早熟、丰产；在雨水充沛地区，果实真菌病害较重，裂果较重，不耐贮藏；成龄树先端旺长，内堂易光秃；观赏、鲜食兼用，是社区、公园、单位、道路、庭院等绿化的良好品种。

植株

花

花俯视图

可育及不可育花

果实

果实及籽粒

蒙阳红直立

Punica granatum L.'Mengyanghongzhili'

调查编号：　CAOSYHZX073

所属树种：　石榴 *Punica granatum* L.

提 供 人：　郝兆祥
电　　话：　18866326761
住　　址：　山东省枣庄市峄城区果树
　　　　　　中心

调 查 人：　李好先
电　　话：　13903834781
单　　位：　中国农业科学院郑州果树
　　　　　　研究所

调查地点：　山东省枣庄市峄城区榴园
　　　　　　镇贾泉村

地理数据：　GPS 数据（海拔：78m，
　　　　　　经度：E117°28'15.50"，纬度：N34°46'8.86"）

样本类型：　果实、枝条

生境信息

来源于山东省临沂市，生长在山东省枣庄市峄城区石榴资源圃中；温带季风气候；当地标志树种为杨树、桃、核桃、大枣等；地形为丘陵坡地，坡度16°，阳坡，土壤为褐土，质地为砂壤土，土壤pH7.2；树龄6年，现存6株。

植物学信息

1. 植株情况

树势较强，生长势强，树姿直立，树形自然圆头形；扦插苗栽植，株行距均3m，小乔木，树体较小，单干，干高0.8m，最大干周28cm，树高2.7m，冠幅东西2.3m、南北2.4m。

2. 植物学特征

新梢嫩枝淡紫红色，嫩梢上无茸毛，1年生枝浅绿色，2年生枝褐色，节间平均长2.8cm，多年生枝青灰色；叶柄紫红色，新叶浅紫红色，成熟叶浓绿色，叶平均长7.0cm、宽2.3cm，叶尖渐尖，叶基圆形，叶面平滑、有光泽，叶背无茸毛；花红色，单瓣，花瓣数5～6片，近圆形，花蕾红色，花药黄色，花粉多，子房下位。

3. 果实性状

近圆形，纵径7.7cm、横径8.2cm，果形指数0.93，平均单果重267.6g，最大单果重667g，果皮厚0.7cm，果面红色，果萼半反卷，中长，萼裂6裂，萼宽1.8cm；子房9室，籽粒红色，方形，透明，味甜，种仁硬，百粒重42.9g，可溶性固形物含量15.2%。

4. 生物学习性

生长势强，全树成熟期一致；在山东省枣庄市峄城区，3月底4月初萌芽，5月下旬6月上旬盛花，9月上旬、中旬果实成熟，11月上旬开始落叶。

品种评价

根系发达，长势旺盛，年生长量大，抗旱、耐瘠薄，早熟、丰产；在雨水充沛地区，果实真菌病害较重，裂果较重，不耐贮藏；成龄树先端旺长，内膛易光秃；观赏、鲜食兼用，是社区、公园、单位、道路、庭院等绿化的良好品种。

花

花纵切图

果实

结果状

果实及籽粒

鲁白榴 2 号

Punica granatum L.'Lubailiu 2'

调查编号： CAOSYHZX075

所属树种： 石榴 *Punica granatum* L.

提供人： 郝兆祥
电　话： 18866326761
住　址： 山东省枣庄市峄城区果树
　　　　 中心

调查人： 李好先
电　话： 13903834781
单　位： 中国农业科学院郑州果树
　　　　 研究所

调查地点： 山东省枣庄市峄城区榴园
　　　　　 镇贾泉村

地理数据： GPS 数据（海拔：78m，
　　　　　 经度：E117°28'15.50"，纬度：N34°46'8.86"）

样本类型： 果实、枝条

生境信息

来源于山东省枣庄市，生长在山东省枣庄市峄城区石榴资源圃中；温带季风气候；当地标志树种为杨树、桃、核桃、大枣等；地形为丘陵坡地，坡度16°，阳坡，土壤为褐土，质地为砂壤土，土壤pH7.2；树龄4年，现存6株，大田栽培。

植物学信息

1. 植株情况

树势中庸，生长势中等，树形自然圆头形；扦插苗栽植，株行距均3m，小乔木，树体较小，单干，干高0.8m，最大干周15cm，树高1.7m，冠幅东西1.3m、南北14m。

2. 植物学特征

新稍淡绿色，叶片中大，多为披针形，叶平均长6.2cm、叶宽1.9cm，枝条前端叶片呈线形，黄绿色或浅绿色，叶片较薄，有亮光感，叶尖渐尖，叶基楔形；花白色，单瓣，萼片闭合至半开张。

3. 果实性状

中型果，圆球形，平均单果重425g，果肩陡，果萼半反卷，果皮薄，平均厚0.3cm，底色黄白，果面着色少或淡红色，表面光滑；心室8个，内有籽420余粒，平均百粒重48g，籽粒白色，浆汁多，味甜，可溶性固形物含量15%～16.5%，甘甜爽口、风味佳。

4. 生物学习性

全树成熟期一致，成熟遇雨易裂果；在山东省枣庄市峄城区，3月底4月初萌芽，5月下旬至6月上旬盛花，9月中旬果实成熟，11月上旬开始落叶。

品种评价

系山东省枣庄市峄城区地方品种、优良品种；早熟，口感好，品质上等，易丰产，抗病虫能力强，较耐瘠薄干旱，不耐贮运，易裂果。

植株

幼果结果状

可育及不可育花

花纵切图

果实

果实及籽粒

洛克 4 号

Punica granatum L.'Luoke 4'

调查编号：　CAOSYHZX076

所属树种：　石榴 *Punica granatum* L.

提 供 人：　郝兆祥
电　　话：　18866326761
住　　址：　山东省枣庄市峄城区果树
　　　　　　中心

调 查 人：　李好先
电　　话：　13903834781
单　　位：　中国农业科学院郑州果树
　　　　　　研究所

调查地点：　山东省枣庄市峄城区榴园
　　　　　　镇贾泉村

地理数据：　GPS 数据（海拔：78m，
　　　　　　经度：E117°28'15.50"，纬度：N34°46'8.86"）

样本类型：　果实、枝条

生境信息

来源于新疆维吾尔自治区和田地区，生长在山东省枣庄市峄城区石榴资源圃中；温带季风气候；当地标志树种为杨树、桃、核桃、大枣等；地形为丘陵坡地，坡度16°，阳坡，土壤为褐土，质地为砂壤土，土壤pH7.2；树龄5年，现存6株，大田栽培。

植物学信息

1. 植株情况

树势中庸，生长势中等，树形紧凑、自然圆头形；扦插苗栽植，株行距均3m，小乔木，树体较小，单干，干高0.8m，最大干周18cm，树高1.7m，冠幅东西1.4m、南北1.5m。

2. 植物学特征

嫩梢紫红色，1年生枝青绿色，节间平均长2.4cm，2年生枝绿色，平均长31.3cm，节间平均长2.1cm；叶柄紫红色，幼叶紫红色，成叶深绿色，叶平均长5.8cm、宽2.1cm，倒卵状椭圆形，叶尖钝圆，叶基锲形；花梗紫红色，花萼红色，5～8裂，花冠红色，花瓣数5～8片，多为6片；总花量较小，完全花率33.5%，完全花自然坐果率66%左右。

3. 果实性状

大型果，近圆形，平均单果重460g，果个均匀，果实表面有光泽，大部分着色呈紫红色，外观艳丽；籽粒大，深玫瑰红色，百粒重43g，可食率53.5%，汁多味甜，风味清凉爽口，品质佳，可溶性固形物含量高。

4. 生物学习性

生长势强，全树成熟期一致，单株平均产量27kg；在山东省枣庄市峄城区，3月底4月初萌芽，5月下旬至6月上旬盛花，9月下旬果实开始成熟，10月底开始落叶。

品种评价

鲜食、加工兼用品种；适生范围较广，抗寒、抗旱、抗病，耐干旱、瘠薄。

植株

花

花纵切图

花蕾状

果实

果实及籽粒

满天红酸

Punica granatum L.'Mantianhongsuan'

调查编号: CAOSYHZX077

所属树种: 石榴 *Punica granatum* L.

提 供 人: 郝兆祥
电 话: 18866326761
住 址: 山东省枣庄市峄城区果树
中心

调 查 人: 李好先
电 话: 13903834781
单 位: 中国农业科学院郑州果树
研究所

调查地点: 山东省枣庄市峄城区榴园
镇贾泉村

地理数据: GPS 数据（海拔: 78m,
经度: E117°28'15.50", 纬度: N34°46'8.86"）

样本类型: 果实、枝条

生境信息

来源于河北省石家庄市，生长在山东省枣庄市峄城区石榴资源圃中；温带季风气候；当地标志树种为杨树、桃、核桃、大枣等；地形为丘陵坡地，坡度16°，阳坡，土壤为褐土，质地为砂壤土，土壤pH7.2；树龄4年，现存6株，大田栽培。

植物学信息

1. 植株情况

树势强，生长势强，萌芽率、成枝力均强，树形自然圆头形；扦插苗栽植，株行距均3m，小乔木，树体较小，单干，干高0.8m，最大干周19cm，树高1.8m，冠幅东西1.4m、南北1.5m。

2. 植物学特征

新梢嫩枝淡紫红色，当年生枝红褐色，主干和多年生枝褐色，节间平均长2.8cm，茎刺较多；新叶淡紫红色，成熟叶色泽鲜绿，倒披针形，中等大小，平均长6.2cm，平均宽1.7cm，基部楔形，叶尖渐尖，叶缘波状，全缘；整株开花量大，着花繁密；花萼筒状，6裂，较短，橙红色，张开略反卷；花红色，单瓣，6枚，圆形，花冠内扣。

3. 果实性状

圆球形，属中小果型品种，平均单果重200g，最大单果重500g，果皮平均厚0.7cm，果面红色，鲜艳光洁且有光泽；果实着色早，成熟期80%以上果可着全红；果实萼筒长，萼片闭合或直立；籽粒浓红，百粒重37g，味酸，出汁率70%，可溶性固形物含量15%以上，可滴定酸4%以上。

4. 生物学习性

生长势强，萌芽率、成枝力强，新梢一年萌发多次；花量大，坐果率中等，丰产、稳产；在河北省石家庄市元氏县，3月底4月初萌芽，5月下旬至6月上旬盛花，10月上旬果实成熟，11月上旬开始落叶。

品种评价

系河北省地方品种，加工、鲜食兼用品种，目前由于加工滞后，产品销售不畅，品种濒临灭绝；果实外观商品性状优，观赏价值高，耐贮性强，抗逆性极强，其抗旱、耐瘠薄能力优于刺槐及荆条。

植株

花蕾

花

幼果结果状

果实

果实及籽粒

果实

蒙阳红

Punica granatum L.'Mengyanghong'

调查编号：CAOSYHZX078

所属树种：石榴 *Punica granatum* L.

提 供 人：郝兆祥
电　　话：18866326761
住　　址：山东省枣庄市峄城区果树
中心

调 查 人：李好先
电　　话：13903834781
单　　位：中国农业科学院郑州果树
研究所

调查地点：山东省枣庄市峄城区榴园
镇贾泉村

地理数据：GPS 数据（海拔：78m，
经度：E117°28'15.50"，纬度：N34°468.86"）

样本类型：果实、枝条

生境信息

来源于山东省临沂市，生长在山东省枣庄市峄城区石榴资源圃中；温带季风气候；当地标志树种为杨树、桃、核桃、大枣等；地形为丘陵坡地，坡度16°，阳坡，土壤为褐土，质地为砂壤土，土壤pH7.2；树龄10年，现存30株，大田栽培。

植物学信息

1. 植株情况

树势较强，生长势强，树姿直立，树形自然圆头形；扦插苗栽植，株行距均3m，小乔木，树体较小，单干，干高0.8m，最大干周38cm，树高3.2m，冠幅东西2.5m、南北2.6m。

2. 植物学特征

新梢嫩枝淡紫红色，嫩梢上无茸毛，1年生枝浅绿色，2年生枝褐色，节间平均长2.8cm，多年生枝青灰色；叶柄紫红色，新叶浅紫红色，成熟叶浓绿色，叶平均长7.1cm、宽2.2cm，叶尖渐尖，叶基圆形，叶面平滑、有光泽，叶背无茸毛；花红色，单瓣，近圆形，花瓣数5~6片，花蕾红色，花药黄色，花粉多，子房下位。

3. 果实性状

近圆形，纵径7.9cm、横径8.4cm，果形指数0.94，平均单果重275.8g，最大单果重850g，果皮平均厚0.7cm，红色，果萼反卷，中长，萼裂6裂，萼宽1.7cm；子房9室，籽粒方形，百粒重43.6g，红色，透明，味甜，种仁硬，可溶性固形物含量15.3%。

4. 生物学习性

生长势强，全树成熟期一致；在山东省枣庄市峄城区，3月底4月初萌芽，5月下旬至6月上旬盛花，9月上、中旬果实开始成熟，11月上旬开始落叶。

品种评价

根系发达，长势旺盛，年生长量大，抗旱、耐瘠薄，早熟、丰产；在雨水充沛地区，果实真菌病害较重，裂果较重，不耐贮藏，成龄树先端旺长，内堂易光秃，是社区、公园、单位、道路、庭院等绿化的良好品种。

植株

花

花

可育及不可育花

幼果

花纵切图

果实

蒙自白花

Punica granatum L.'Mengzibaihua'

调查编号： CAOSYHZX079

所属树种： 石榴 *Punica granatum* L.

提 供 人： 郝兆祥
电　　话： 18866326761
住　　址： 山东省枣庄市峄城区果树中心

调 查 人： 李好先
电　　话： 13903834781
单　　位： 中国农业科学院郑州果树研究所

调查地点： 山东省枣庄市峄城区榴园镇贾泉村

地理数据： GPS 数据（海拔：78m，经度：E117°28'15.50"，纬度：N34°46'8.86"）

样本类型： 果实、枝条

生境信息

来源于云南省红河哈尼族彝族自治州，生长在山东省枣庄市峄城区石榴资源圃中；温带季风气候；当地标志树种为杨树、桃、核桃、大枣等；地形为丘陵坡地，坡度16°，阳坡，土壤为褐土，质地为砂壤土，土壤pH7.2；树龄6年，现存6株，设施栽培。

植物学信息

1. 植株情况

树势较强，生长势强，树形自然圆头形；扦插苗栽植，株行距均3m，小乔木，树体中等，单干，干高0.8m，最大干周28cm，树高2.8m，冠幅东西2.3m、南北2.3m。

2. 植物学特征

幼叶及叶柄及幼茎黄绿色，新梢浅绿色，当年生枝青灰色，多年生枝干灰色；叶片中等大小，多为披针形，叶平均长6cm，叶平均宽2cm，枝条前端叶片呈线形，黄绿色或浅绿色，叶片较薄，有亮光感，叶尖渐尖，叶基楔形；花白色、单瓣，花瓣数5~7片，萼片闭合至半开张。

3. 果实性状

近圆形，端正，纵径8.2cm、横径8.7cm，平均单果重250g，最大单果重达750g，萼片5~8裂，果皮白色，果面净洁光亮，果皮厚0.5~0.6cm；子房5~8室，隔膜薄，籽粒白色，透明，内有放射状白线，味甜微酸，汁液多，可溶性固形物含量14.5%。

4. 生物学习性

生长势强，全树成熟期一致；在山东省枣庄市峄城区，3月底4月初萌芽，5月下旬至6月上旬盛花，9月下旬果实开始成熟，11月上旬开始落叶。

品种评价

抗风，抗旱，抗病虫能力强，适应性强。

植株

花及花蕾

花及花蕾

幼果

果实

蒙自红花白皮

Punica granatum L.'Mengzihonghuabaipi'

调查编号： CAOSYHZX080

所属树种： 石榴 *Punica granatum* L.

提供人： 郝兆祥
电　话： 18866326761
住　址： 山东省枣庄市峄城区果树中心

调查人： 李好先
电　话： 13903834781
单　位： 中国农业科学院郑州果树研究所

调查地点： 山东省枣庄市峄城区榴园镇贾泉村

地理数据： GPS 数据（海拔：78m，经度：E117°28'15.50"，纬度：N34°46'8.86"）

样本类型： 果实、枝条

生境信息

来源于云南省红河哈尼族彝族自治州，生长在山东省枣庄市峄城区石榴资源圃中；温带季风气候；当地标志树种为杨树、桃、核桃、大枣等；地形为丘陵坡地，坡度16°，阳坡，土壤为褐土，质地为砂壤土，土壤pH7.2；树龄6年，现存6株，设施栽培。

植物学信息

1. 植株情况

树势较强，生长势强，树形自然圆头形；扦插苗栽植，株行距均3m，小乔木，树体中等，单干，干高0.8m，最大干周28cm，树高2.8m，冠幅东西2.3m、南北2.3m。

2. 植物学特征

干和多年生枝灰褐色，当年生枝灰红褐色，新梢嫩枝呈淡紫红色；中上部叶披针形，平均长6.0cm，平均宽2.5cm，叶面微内折，基部楔形，叶尖渐尖或钝尖，叶缘波状，全缘；花梗直立，较长；花萼筒状，6～7裂，较短，橙红色，直立张开；花单瓣，6～7枚，椭圆形，红色，花冠内扣，花径雄蕊多数，三种类型花均有。

3. 果实性状

中型果，果实圆球形，果型指数0.94，平均单果重302g，最大单果重360g，果肩陡，果皮平均厚0.35cm，乳白色，果实中上部有黄褐色小锈点，萼洼平，梗洼鼓；心室6～8个，百粒重40～42g，籽粒玉白色，味甜而软，可溶性固形物含量15%。

4. 生物学习性

生长势强，全树成熟期一致；在山东省枣庄市峄城区，3月底4月初萌芽，5月下旬至6月上旬盛花，9月下旬果实开始成熟，11月上旬开始落叶。

品种评价

抗风，抗旱，抗病虫能力强，耐瘠薄、干旱，适应性强。

植株

花

花

花

幼果

蒙自厚皮沙子

Punica granatum L.'Mengzihoupishazi'

🔘 调查编号： CAOSYHZX081

📇 所属树种： 石榴 *Punica granatum* L.

📄 提 供 人： 郝兆祥
电　　话： 18866326761
住　　址： 山东省枣庄市峄城区果树
　　　　　中心

📑 调 查 人： 李好先
电　　话： 13903834781
单　　位： 中国农业科学院郑州果树
　　　　　研究所

📍 调查地点： 山东省枣庄市峄城区榴园
　　　　　镇贾泉村

🌐 地理数据： GPS 数据（海拔：78m，
经度：E117°28'15.50"，纬度：N34°46'8.86"）

🖼 样本类型： 果实、枝条

📋 生境信息

来源于云南省红河哈尼族彝族自治州，生长在山东省枣庄市峄城区石榴资源圃中；温带季风气候；当地标志树种为杨树、桃、核桃、大枣等；地形为丘陵坡地，坡度16°，阳坡，土壤为褐土，质地为砂壤土，土壤pH7.2；树龄6年，现存6株，设施栽培。

📋 植物学信息

1. 植株情况

树势中庸，生长势中等，树形自然圆头形；扦插苗栽植，株行距均3m，小乔木，树体中等，单干，干高0.8m，最大干周25cm，树高2.4m，冠幅东西2.0m、南北2.1m。

2. 植物学特征

新梢嫩枝淡紫红色，当年生枝红褐色，节间平均长3cm，2年生枝褐色，节间平均长2.6cm，主干和多年生枝褐色；叶柄平均长0.6cm，绿色，新叶淡紫红色，成叶绿色，平均长6.2cm、宽1.7cm，基部楔形，叶尖渐尖，叶缘波状，全缘；花梗直立，短，长0.2cm，紫红色；花萼筒状，6裂，较短，橙红色，张开略反卷；花单瓣，6枚，圆形，红色，长1.8cm、宽1.6cm，花径3.2cm，雄蕊300枚左右。

3. 果实性状

大型果，圆球形，果型指数0.98，无棱；平均单果重430g，最大单果重850g；果皮底色黄白色，向阳面有红晕，光滑无果锈；梗洼凸，萼洼平；果皮厚平均0.6cm；成熟时萼筒短，闭合；心室6~8个，籽粒大，粉红色，百粒重49g，近核处"针芒"极多，风味甜，种仁硬，可溶性固形物含量14.97%，有机酸含量0.36%。

4. 生物学习性

全树成熟期一致；在山东省枣庄市峄城区，3月底4月初萌芽，5月下旬至6月上旬盛花，9月中旬果实开始成熟，11月上旬开始落叶。

📋 品种评价

系云南省红河哈尼族彝族自治州蒙自市地方品种、早熟品种；易裂果，不耐贮藏。

花　　　　　　　　　　　　　　　　　　　　　　　　　　　　　　　　　植株

蒙自滑皮沙子

Punica granatum L.'Mengzihuapishazi'

調 查 编 号： CAOSYHZX082

所属树种： 石榴 *Punica granatum* L.

提 供 人： 郝兆祥
电 话： 18866326761
住 址： 山东省枣庄市峄城区果树
中心

调 查 人： 李好先
电 话： 13903834781
单 位： 中国农业科学院郑州果树
研究所

调查地点： 山东省枣庄市峄城区榴园
镇贾泉村

地理数据： GPS 数据（海拔：78m，
经度：E117°28'15.50"，纬度：N34°46'8.86"）

样本类型： 果实、枝条

生境信息

来源于云南省红河哈尼族彝族自治州，生长在山东省枣庄市峄城区石榴资源圃中；温带季风气候；当地标志树种为杨树、桃、核桃、大枣等；地形为丘陵坡地，坡度16°，阳坡，土壤为褐土，质地为砂壤土，土壤pH7.2；树龄6年，现存6株，设施栽培。

植物学信息

1. 植株情况

树势较强，生长势强，树形自然圆头形；扦插苗栽植，株行距均3m，小乔木，树体中等，单干，干高0.8m，最大干周25cm，树高2.7m，冠幅东西2.2m、南北2.2m。

2. 植物学特征

新梢嫩枝淡紫红色，当年生枝红褐色，节间平均长2.8cm，2年生枝褐色，主干和多年生枝褐色；中上部叶多披针形，平均长6.1cm、宽1.7cm，叶面微内折，基部楔形，叶尖渐尖，叶缘波状，全缘；花梗直立，短，平均长0.2cm，紫红色；花萼筒状，6裂，较短，橙红色，张开略反卷；花单瓣，6枚，圆形，红色，长1.8cm、宽1.6cm。

3. 果实性状

扁球形，纵径7.0cm、横径7.8cm，果皮底色黄白，向阳面有红晕，光滑无果锈，单果重350g；籽粒色泽粉红色，核小硬，风味甜。

4. 生物学习性

全树成熟期一致；在山东省枣庄市峄城区，3月底4月初萌芽，5月下旬至6月上旬盛花，9月中旬果实开始成熟，11月上旬开始落叶。

品种评价

系云南省红河哈尼族彝族自治州蒙自市地方品种；抗病虫能力强，较耐瘠薄、干旱。

植株

花

可育及不可育花

幼果结果状

花纵切图

结果状

蒙自火炮

Punica granatum L.'Mengzihuopao'

调查编号： CAOSYHZX083

所属树种： 石榴 *Punica granatum* L.

提 供 人： 郝兆祥
电　　话： 18866326761
住　　址： 山东省枣庄市峄城区果树中心

调 查 人： 李好先
电　　话： 13903834781
单　　位： 中国农业科学院郑州果树研究所

调查地点： 山东省枣庄市峄城区榴园镇贾泉村

地理数据： GPS 数据（海拔：78m，经度：E117°28'15.50"，纬度：N34°46'8.86"）

样本类型： 果实、枝条

生境信息

来源于云南省红河哈尼族彝族自治州，生长在山东省枣庄市峄城区石榴资源圃中；温带季风气候；当地标志树种为杨树、桃、核桃、大枣等；地形为丘陵坡地，坡度16°，阳坡，土壤为褐土，质地为砂壤土，土壤pH7.2；树龄6年，现存6株，设施栽培。

植物学信息

1. 植株情况

树势中庸，生长势中等，树形自然圆头形；扦插苗栽植，株行距均3m，小乔木，树体中等，单干，干高0.8m，最大干周24cm，树高2.3m，冠幅东西1.9m、南北2.0m。

2. 植物学特征

新梢嫩枝淡紫红色，当年生枝红褐色，节间平均长2.7cm，2年生枝褐色，主干和多年生枝褐色；中上部叶多披针形，平均长6.0cm、宽1.6cm，叶面微内折，基部楔形，叶尖渐尖，叶缘波状，全缘；花梗直立，短，紫红色；花萼筒状，6裂，较短，橙红色，张开略反卷；花单瓣，6枚，圆形，红色，花冠内扣。

3. 果实性状

近球形，平均单果重356g，最大1000g，萼筒闭合且短，果皮鲜红色，皮中厚，成熟时有细裂纹；籽粒深红色，百粒重44.5g，核较软，风味纯甜，可溶性固形物含量15%~16.5%，含酸量0.52%；优良中熟品种。

4. 生物学习性

全树成熟期一致；在山东省枣庄市峄城区，3月底4月初萌芽，5月下旬至6月上旬盛花，9月中旬果实开始成熟，11月上旬开始落叶。

品种评价

系云南省曲靖市、红河哈尼族彝族自治州等地的地方品种，优良品种；果个大、外观美，品质佳。

幼果

植株

花

果实

蒙自糯石榴

Punica granatum L.'Mengzinuoshiliu'

调查编号：CAOSYHZX084

所属树种：石榴 *Punica granatum* L.

提 供 人：郝兆祥
电　　话：18866326761
住　　址：山东省枣庄市峄城区果树中心

调 查 人：李好先
电　　话：13903834781
单　　位：中国农业科学院郑州果树研究所

调查地点：山东省枣庄市峄城区榴园镇贾泉村

地理数据：GPS 数据（海拔：78m，经度：E117°28'15.50"，纬度：N34°468.86"）

样本类型：果实、枝条

生境信息

来源于云南省红河哈尼族彝族自治州，生长在山东省枣庄市峄城区石榴资源圃中；温带季风气候；当地标志树种为杨树、桃、核桃、大枣等；地形为丘陵坡地，坡度16°，阳坡，土壤为褐土，质地为砂壤土，土壤pH7.2；树龄6年，现存6株，设施栽培。

植物学信息

1. 植株情况

树势中庸，生长势中等，树姿开张，树形自然圆头形；扦插苗栽植，株行距均3m，小乔木，树体中等，单干，干高0.8m，最大干周25cm，树高2.4m，冠幅东西1.9m、南北2.0m。

2. 植物学特征

主干和多年生枝褐色，当年生枝木质化红褐色，新梢嫩枝淡紫红色，节间平均长2.8cm，2年生枝褐色，节间平均长2.6cm；中上部叶多为披针形，平均长5.8cm、宽1.6cm，叶面微内折，基部楔形，叶尖渐尖，叶缘波状，全缘，叶柄绿色；花梗直立，短，紫红色；花萼筒状，6裂，较短，橙红色，张开略反卷；花单瓣，6枚，圆形，红色，花冠内扣。

3. 果实性状

近圆形，纵径8.1cm，横径7.3cm，平均单果重404g，果皮黄色，具大片鲜红斑块，果锈少，萼筒呈圆柱形，中高，萼片闭合；心室6~8个，单果约有籽粒200粒，籽粒较大，淡粉红色，种仁较软，味浓甜，含可溶性固形15%，含糖13.1%，含酸0.84%。

4. 生物学习性

全树成熟期一致；在山东省枣庄市峄城区，3月底4月初萌芽，5月下旬至6月上旬盛花，9月中旬果实开始成熟，11月上旬开始落叶。

品种评价

系云南省曲靖市、红河哈尼族彝族自治州等地的地方品种、会泽花皮红石榴的自然变异，与花皮红石榴相比较籽粒色更淡、种仁更软。

植株

花

花蕾

花俯视图

可育及不可育花

花纵切图

幼果结果状

蒙自酸绿籽

Punica granatum L.'Mengzisuanlvzi'

📷 调查编号： CAOSYHZX085

🔖 所属树种： 石榴 *Punica granatum* L.

📄 提 供 人： 郝兆祥
　　电　　话： 18866326761
　　住　　址： 山东省枣庄市峄城区果树
　　　　　　　中心

📝 调 查 人： 李好先
　　电　　话： 13903834781
　　单　　位： 中国农业科学院郑州果树
　　　　　　　研究所

📍 调查地点： 山东省枣庄市峄城区榴园
　　　　　　　镇贾泉村

🌐 地理数据： GPS 数据（海拔：78m，
　　　　　　　经度：E117°28'15.50"，纬度：N34°468.86"）

🖼 样本类型： 果实、枝条

📋 生境信息

来源于云南省红河哈尼族彝族自治州，生长在山东省枣庄市峄城区石榴资源圃中；温带季风气候；当地标志树种为杨树、桃、核桃、大枣等；地形为丘陵坡地，坡度16°，阳坡，土壤为褐土，质地为砂壤土，土壤pH7.2；树龄6年，现存6株，设施栽培。

📑 植物学信息

1. 植株情况

树势中庸，生长势中等，树形自然圆头形；扦插苗栽植，株行距均3m，小乔木，树体中等大小，单干，干高0.8m，最大干周25cm，树高2.4m，冠幅东西2.0m、南北2.1m。

2. 植物学特征

新梢嫩枝淡紫红色，当年生枝红褐色，2年生枝褐色，节间平均长2.5cm，茎刺极多，主干和多年生枝灰褐色；叶柄平均长0.4cm，绿色，新叶淡紫红色，成叶绿色，平均长5.8cm，宽1.7cm，基部楔形，叶尖渐尖，叶缘波状，全缘；花梗直立，短，平均长0.2cm，紫红色；花萼筒状，6裂，较短，橙红色，张开略反卷；花单瓣，6枚，圆形，红色，长1.6cm，宽1.6cm；花冠内扣，花径3cm，雄蕊280枚左右。

3. 果实性状

圆球形，果型指数0.95，平均单果重350g，最大单果重750g，果皮底色青绿色，向阳面有红晕，光滑无果锈，梗洼凸，萼洼凸，果皮平均厚0.4cm，萼筒短，张开反卷；心室8~10个，籽粒浓红色，百粒重43.8g，近核处"针芒"少，风味极酸，含糖量14.2%，种仁硬，可溶性固形物含量16.6%，有机酸含量1.9%。

4. 生物学习性

全树成熟期一致；在山东省枣庄市峄城区，3月底4月初萌芽，5月下旬至6月上旬盛花，9月下旬果实开始成熟，11月上旬开始落叶。

📖 品种评价

系云南省红河哈尼族彝族自治州蒙自市地方品种；早熟品种，易裂果，不耐贮藏。

可育及不可育花

花纵切图

植株

花

花

蒙自甜光颜

Punica granatum L.'Mengzitianguangyan'

调查编号： CAOSYHZX086

所属树种： 石榴 *Punica granatum* L.

提 供 人： 郝兆祥
电　　话： 18866326761
住　　址： 山东省枣庄市峄城区果树
　　　　　中心

调 查 人： 李好先
电　　话： 13903834781
单　　位： 中国农业科学院郑州果树
　　　　　研究所

调查地点： 山东省枣庄市峄城区榴园
　　　　　镇贾泉村

地理数据： GPS 数据（海拔：78m，
　　　　　经度：E117°28'15.50"，纬度：N34°46'8.86"）

样本类型： 果实、枝条

生境信息

来源于云南省红河哈尼族彝族自治州，生长在山东省枣庄市峄城区石榴资源圃中；温带季风气候；当地标志树种为杨树、桃、核桃、大枣等；地形为丘陵坡地，坡度16°，阳坡，土壤为褐土，质地为砂壤土，土壤pH7.2；树龄6年，现存6株，设施栽培。

植物学信息

1. 植株情况

树势较强，生长势强，树形自然圆头形；扦插苗栽植，株行距均3m，小乔木，树体中等，单干，干高0.8m，最大干周24cm，树高2.4m，冠幅东西1.9m、南北1.9m。

2. 植物学特征

新梢嫩枝淡紫红色，当年生枝红褐色，节间平均长2.9cm，2年生枝褐色，节间平均长2.7cm，主干和多年生枝褐色；叶柄绿色，成叶绿色，中上部叶多为披针形，平均长5.9cm、宽1.7cm，叶面微内折，基部楔形，叶尖渐尖，叶缘波状，全缘；花梗直立，短，紫红色；花萼筒状，6裂，较短，橙红色，张开略反卷；花单瓣，6枚，圆形，红色，花冠内扣。

3. 果实性状

圆球形，果皮厚，底色黄绿，具大片鲜红色，平均单果重248.3g；籽粒红色，果实籽粒数700个左右，百粒重36.4g，风味纯甜，可溶性固形物含量12.5%，种仁半软，可食率65.3%。

4. 生物学习性

全树成熟期一致；在山东省枣庄市峄城区，3月底4月初萌芽，5月下旬至6月上旬盛花，9月下旬果实开始成熟，11月上旬开始落叶。

品种评价

系云南省红河哈尼族彝族自治州蒙自市地方品种。树势强，发枝力强，抗寒能力强，较抗风，适宜种植于砂壤土，在其他土质上种植果小、粒小、种仁硬。

植株

花

花及花蕾

花

幼果结果状

花纵切图

果实

蒙自甜绿籽

Punica granatum L.'Mengzitianlvzi'

调查编号： CAOSYHZX087

所属树种： 石榴 *Punica granatum* L.

提 供 人： 郝兆祥
电 话： 18866326761
住 址： 山东省枣庄市峄城区果树中心

调 查 人： 李好先
电 话： 13903834781
单 位： 中国农业科学院郑州果树研究所

调查地点： 山东省枣庄市峄城区榴园镇贾泉村

地理数据： GPS 数据（海拔：78m，经度：E117°28'15.50"，纬度：N34°46'8.86"）

样本类型： 果实、枝条

生境信息

来源于云南省红河哈尼族彝族自治州，生长在山东省枣庄市峄城区石榴资源圃中；温带季风气候；当地标志树种为杨树、桃、核桃、大枣等；地形为丘陵坡地，坡度16°，阳坡，土壤为褐土，质地为砂壤土，土壤pH7.2；树龄6年，现存6株，设施栽培。

植物学信息

1. 植株情况

树势较强，生长势强，树姿半开张，树形自然圆头形；扦插苗栽植，株行距均3m，小乔木，树体较小，单干，干高0.8m，最大干周25cm，树高2.7m，冠幅东西2.2m、南北2.4m。

2. 植物学特征

新梢嫩枝淡紫红色，当年生枝红褐色，2年生枝褐色，主干和多年生枝灰褐色；叶柄平均长0.5cm，绿色，新叶淡紫红色，成叶绿色，平均长6.0cm、宽1.8cm，叶面微内折，反曲明显，基部楔形，叶尖渐尖，叶缘波状，全缘；整株开花量大，着花繁密；花梗直立，短，平均长0.2cm，紫红色；花萼筒状，6裂，较短，橙红色，张开略反卷；花单瓣，6枚，圆形，红色，长1.6cm、宽1.6cm，花冠内扣，花径3cm，雄蕊280枚左右。

3. 果实性状

圆球形，纵径7cm、横径7.8cm，平均单果重248g，果皮黄绿色，具红条纹彩霞，果锈较多；心室7~8个，隔膜薄，籽粒大，淡红色至鲜红色，汁液多，百粒重52g，种仁小，风味甜而爽口，可溶性固形物含量13.8%，含糖量14.4%，含酸量0.45%，维生素C含量6.6mg/100g果肉。

4. 生物学习性

在山东省枣庄市峄城区，3月底4月初萌芽，5月下旬至6月上旬盛花，9月下旬果实开始成熟，11月上旬开始落叶。

品种评价

系云南省红河哈尼族彝族自治州蒙自市、个旧市地方品种、主栽品种、优良品种；籽粒大，汁液多，品质上等。

植株

可育及不可育花

花纵切图

花

幼果结果状

果实

墨石榴

Punica granatum L.'Moshiliu'

调查编号： CAOSYHZX088

所属树种： 石榴 *Punica granatum* L.

提 供 人： 郝兆祥
电　　话： 18866326761
住　　址： 山东省枣庄市峄城区果树中心

调 查 人： 李好先
电　　话： 13903834781
单　　位： 中国农业科学院郑州果树研究所

调查地点： 山东省枣庄市峄城区榴园镇贾泉村

地理数据： GPS 数据（海拔：78m，经度：E117°28'15.50"，纬度：N34°46'8.86"）

样本类型： 果实、枝条

生境信息

来源于山东省枣庄市，生长在山东省枣庄市峄城区石榴资源圃中；温带季风气候；当地标志树种为杨树、桃、核桃、大枣等；地形为丘陵坡地，坡度16°，阳坡，土壤为褐土，质地为砂壤土，土壤pH7.2；树龄4年，现存6株，大田栽培。

植物学信息

1. 植株情况

系普通石榴的矮生变种，小灌木，丛生，枝紫黑色，茎刺细密，嫩梢深红；树体植株矮小树高60～100cm。

2. 植物学特征

1年生枝条紫绿色，叶线形，平均长3.7cm、宽0.7cm，幼叶紫红色，成叶深绿色，两组叶对生，枝条基部三片叶包围着的芽多形成长约0.5～3.0cm不等的枝刺，长的枝刺着生2～6片叶。花期5月至落叶期，陆续开花、结果，直至11上、中旬；花冠红色，花瓣5～6片，萼筒柱状，高0.8～0.9cm，萼片5～7片开张喇叭状。

3. 果实性状

圆球形，果面光洁有4～5个棱面，果皮紫红色，尾部略尖，纵径2.3～2.9cm、横径2.8～2.9cm，平均单果重14g，子房9～12室，单果340粒左右，籽粒红色，百粒重8.2g，果皮平均厚0.2cm，味酸，可溶性固形物10%左右；籽粒不具鲜食价值，为绿化观赏品种。

4. 生物学习性

在山东省枣庄市峄城区，3月底4月初萌芽，4月上旬展叶，花期5月上旬至11月下旬，陆续开花、结果，直至11上中旬，11月下旬开始落叶。

品种评价

俗称"紫石榴"，树体矮小，尤适盆栽，多分布在公园及花卉爱好者家中；适应性强，花期长，花色艳丽，果实玲珑，易于整形，是著名的观花、观果微型石榴品种。

植株

花

果实

果实

果实及籽粒

结果状

宁津白皮酸

Punica granatum L.'Ningjinbaipisuan'

调查编号： CAOSYHZX089

所属树种： 石榴 *Punica granatum* L.

提 供 人： 郝兆祥
电 话： 18866326761
住 址： 山东省枣庄市峄城区果树中心

调 查 人： 李好先
电 话： 13903834781
单 位： 中国农业科学院郑州果树研究所

调查地点： 山东省枣庄市峄城区榴园镇贾泉村

地理数据： GPS 数据（海拔：78m，经度：E117°28'15.50"，纬度：N34°46'8.86"）

样本类型： 果实、枝条

生境信息

来源于山东省德州市，生长在山东省枣庄市峄城区石榴资源圃中；温带季风气候；当地标志树种为杨树、桃、核桃、大枣等；地形为丘陵坡地，坡度16°，阳坡，土壤为褐土，质地为砂壤土，土壤pH7.2；树龄5年，现存6株，大田栽培。

植物学信息

1. 植株情况

树势较强，生长势强，树形自然圆头形；扦插苗栽植，株行距均3m，小乔木，树体较小，单干，干高0.8m，最大干周18cm，树高2.2m，冠幅东西1.7m、南北1.7m。

2. 植物学特征

嫩梢红色，1年生枝绿色，节间平均长3.3cm，2年生枝灰绿色，节间平均长2.8cm，树干和老枝灰色纵裂，无刺枝；叶柄红色，幼叶红色，成叶浓绿色，平均长5.6cm、宽1.6cm，叶尖渐尖，叶基锲形；花萼黄白色，5~7裂，单瓣花，白色，花瓣数6~7片，多为6片；总花量大，完全花率34.9%。

3. 果实性状

近圆形，果皮黄白色，萼筒呈圆柱形，直立，平均单果重204g，最大单果重284g；子房 9 室，籽粒浅红色，百粒重21.6g，可溶性固形物含量13.5%，味涩酸，基本无食用价值。

4. 生物学习性

全树成熟期一致，早产、丰产、稳产；在山东省枣庄市峄城区，3月底4月初萌芽，5月下旬至6月上旬盛花，9月下旬果实开始成熟，11月上旬开始落叶。

品种评价

系园林绿化的优良品种；抗病虫、抗寒、抗旱，耐盐碱，耐瘠薄、干旱。

植株

花

结果状

果实

果实及籽粒

果实

宁津红皮酸

Punica granatum L.'Ningjinhongpisuan'

调查编号： CAOSYHZX090

所属树种： 石榴 *Punica granatum* L.

提 供 人： 郝兆祥
电　　话： 18866326761
住　　址： 山东省枣庄市峄城区果树
　　　　　 中心

调 查 人： 李好先
电　　话： 13903834781
单　　位： 中国农业科学院郑州果树
　　　　　 研究所

调查地点： 山东省枣庄市峄城区榴园
　　　　　 镇贾泉村

地理数据： GPS 数据（海拔：78m，
　　　　　 经度：E117°28′15.50″，纬度：N34°46′8.86″）

样本类型： 果实、枝条

生境信息

来源于山东省德州市，生长在山东省枣庄市峄城区石榴资源圃中；温带季风气候；当地标志树种为杨树、桃、核桃、大枣等；地形为丘陵坡地，坡度16°，阳坡，土壤为褐土，质地为砂壤土，土壤pH7.2；树龄5年，现存6株，大田栽培。

植物学信息

1. 植株情况

树势较强，生长势强，树形自然圆头形；扦插苗栽植，株行距均3m，小乔木，树体较小，单干，干高0.8m，最大干周18cm，树高2.1m，冠幅东西1.6m、南北1.6m。

2. 植物学特征

嫩梢红色，1年生枝绿色，节间平均长3.2cm，2年生枝灰绿色，节间平均长2.9cm，树干和老枝灰色纵裂，无刺枝；叶柄红色，幼叶红色，成叶浓绿色，平均长5.7cm、宽1.6cm，叶尖渐尖，叶基锲形；花萼黄白色，5～7裂，单瓣花，花瓣红色，花瓣数6～7片，多为6片；总花量大，完全花率38.5%。

3. 果实性状

近圆形，果皮红色，萼筒呈圆柱形，直立，平均单果重210g，最大单果重268g；子房9室，籽粒红色，百粒重22.4g，可溶性固形物含量13.2%，味涩酸，基本无鲜食价值。

4. 生物学习性

全树成熟期一致，早产、丰产、稳产；在山东省枣庄市峄城区，3月底4月初萌芽，5月下旬至6月上旬盛花，9月中旬、下旬果实成熟，11月上旬开始落叶。

品种评价

系园林绿化的优良品种；抗病虫，抗寒，抗旱，耐盐碱，耐瘠薄、干旱。

植株

花

幼果结果状

果实

果实及籽粒

果实

宁津重瓣红

Punica granatum L.'Ningjinchongbanhong'

调查编号：CAOSYHZX091

所属树种：石榴 *Punica granatum* L.

提 供 人：郝兆祥
电　　话：18866326761
住　　址：山东省枣庄市峄城区果树中心

调 查 人：李好先
电　　话：13903834781
单　　位：中国农业科学院郑州果树研究所

调查地点：山东省枣庄市峄城区榴园镇贾泉村

地理数据：GPS 数据（海拔：78m，经度：E117°28'15.50"，纬度：N34°46'8.86"）

样本类型：果实、枝条

生境信息

来源于山东省德州市，生长在山东省枣庄市峄城区石榴资源圃中；温带季风气候；当地标志树种为杨树、桃、核桃、大枣等；地形为丘陵坡地，坡度16°，阳坡，土壤为褐土，质地为砂壤土，土壤pH7.2；树龄5年，现存6株，大田栽培。

植物学信息

1. 植株情况

树势较强，生长势强，树形自然圆头形；扦插苗栽植，株行距均3m，小乔木，树体较小，单干，干高0.8m，最大干周17cm，树高2.0m，冠幅东西1.3m、南北1.4m。

2. 植物学特征

嫩梢红色，1年生枝绿色，节间平均长3.1cm，2年生枝灰绿色，节间平均长2.9cm，树干和老枝灰色纵裂，无刺枝；叶柄红色，幼叶红色，成叶浓绿色，平均长5.8cm、宽1.7cm，椭圆形，叶尖渐尖，叶基锲形；花萼红色，5~7裂，重瓣花，花瓣红色，花瓣数60枚左右。

3. 果实性状

近圆形，果皮红色，萼筒呈圆柱形，直立，平均单果重180g，最大单果重240g；子房9室，籽粒红色，百粒重21.8g，可溶性固形物含量12.9%，味涩酸，基本无鲜食价值。

4. 生物学习性

在山东省枣庄市峄城区，3月底4月初萌芽，5月上旬至7月上旬盛花，9月下旬果实成熟，11月上旬开始落叶。

品种评价

系园林绿化的优良品种；抗病虫，抗寒，抗旱，耐盐碱，耐瘠薄、干旱。

植株

果实

花

花

生境

邳州三白甜

Punica granatum L.'Pizhousanbaitian'

调查编号： CAOSYHZX092

所属树种： 石榴 *Punica granatum* L.

提 供 人： 郝兆祥
电　　话： 18866326761
住　　址： 山东省枣庄市峄城区果树
　　　　　中心

调 查 人： 李好先
电　　话： 13903834781
单　　位： 中国农业科学院郑州果树
　　　　　研究所

调查地点： 山东省枣庄市峄城区榴园
　　　　　镇贾泉村

地理数据： GPS 数据（海拔：78m，
　　　　　经度：E117°28'15.50"，纬度：N34°46'8.86"）

样本类型： 果实、枝条

生境信息

来源于江苏省徐州市，生长在山东省枣庄市峄城区石榴资源圃中；温带季风气候；当地标志树种为杨树、桃、核桃、大枣等；地形为丘陵坡地，坡度16°，阳坡，土壤为褐土，质地为砂壤土，土壤pH7.2；树龄6年，现存6株，大田栽培。

植物学信息

1. 植株情况

树势较强，生长势强，树形自然圆头形；扦插苗栽植，株行距均3m，小乔木，树体较小，单干，干高0.8m，最大干周28cm，树高2.5m，冠幅东西2.1m、南北2.2m。

2. 植物学特征

嫩梢绿白色，1年生枝青绿色，节间平均长2.0cm， 2年生枝浅褐色，平均长25cm，节间平均长1.9cm，树干及老枝浅褐色纵裂；幼叶黄绿色，成叶深绿色，平均长5.2cm、宽1.8cm，叶尖圆钝，叶基锲形，叶柄黄绿色，刺枝坚韧，量大；花梗黄绿色，花萼5～7片，黄白色，花冠白色，花瓣数5～7片。

3. 果实性状

圆球形，果皮黄白色，果面有块状果锈，果皮中厚，果萼短，闭合，萼片6～7片，平均单果重297g，最大单果重642g；子房8～11室，籽粒白色，百粒重45.6g，可溶性固形物含量13.2%，味甜。

4. 生物学习性

萌芽力强，成枝力中等，生长势强，全树成熟期一致；在山东省枣庄市峄城区，3月底4月初萌芽，5月下旬至6月上旬盛花期，9月中、下旬果实成熟，11月上旬开始落叶。

品种评价

生长势强，抗病虫能力强，耐盐碱，耐瘠薄干旱，抗逆性强，是园林绿化的优良品种。

植株

花

花

果实

果实及籽粒

幼果

皮亚曼

Punica granatum L.'Piyaman'

调查编号： CAOSYHZX093

所属树种： 石榴 *Punica granatum* L.

提 供 人： 郝兆祥
电　　话： 18866326761
住　　址： 山东省枣庄市峄城区果树中心

调 查 人： 李好先
电　　话： 13903834781
单　　位： 中国农业科学院郑州果树研究所

调查地点： 山东省枣庄市峄城区榴园镇贾泉村

地理数据： GPS 数据（海拔：78m，经度：E117°28'15.50"，纬度：N34°46'8.86"）

样本类型： 果实、枝条

生境信息

来源于新疆维吾尔自治区和田地区，生长在山东省枣庄市峄城区石榴资源圃中；温带季风气候；当地标志树种为杨树、桃、核桃、大枣等；地形为丘陵坡地，坡度16°，阳坡，土壤为褐土，质地为砂壤土，土壤pH7.2；树龄4年，现存6株，大田栽培。

植物学信息

1. 植株情况

树势中庸，生长势中等，树姿开张，树形自然圆头形；扦插苗栽植，株行距均3m，小乔木，树体较小，单干，干高0.7m，最大干周18cm，树高1.5m，冠幅东西1.2m、南北1.3m。

2. 植物学特征

新梢嫩枝淡紫红色，嫩梢上无茸毛，1年生枝浅绿色，2年生枝褐色，多年生枝青灰色；叶柄绿色，稍带红色，平均长0.4cm，新叶浅紫红色，成熟叶浓绿色，叶片平均长6.2cm、宽1.5cm，叶尖渐尖，叶基圆形，叶面平滑、有光泽，叶背无茸毛；花红色，单瓣，近圆形，花瓣5~6片，花蕾红色，花药黄色，花粉多，子房下位。

3. 果实性状

近圆形，纵径8.1cm、横径9.6cm，平均单果重468.4g，最大果719g，果肩平，果皮底色黄色，阳面红色，光照充足的果实呈全红，萼筒长2.6cm，直径1.5cm，萼片5~6片；心室5~7个；籽粒粉红色，百粒重39.5g，籽粒占果实46.9%，汁多味甜，品质佳，可溶性固形物含量17.0%。

4. 生物学习性

萌芽力中等，成枝力强，生长势中庸，全树成熟期一致；在山东省枣庄市峄城区，3月底4月初萌芽，5月下旬至6月上旬盛花，9月下旬果实开始成熟，11月上旬开始落叶。

品种评价

外形美观，商品性好，汁多味甜，可食率高，是一个鲜食、加工兼用的优良品种。

植株

花

幼果

花

花纵切图

果实

果实及籽粒

乾陵石榴

Punica granatum L.'Qianlingshiliu'

調查編号：CAOSYHZX094

所属树种：石榴 *Punica granatum* L.

提 供 人：郝兆祥
电　　话：18866326761
住　　址：山东省枣庄市峄城区果树中心

调 查 人：李好先
电　　话：13903834781
单　　位：中国农业科学院郑州果树研究所

调查地点：山东省枣庄市峄城区榴园镇贾泉村

地理数据：GPS 数据（海拔：78m，经度：E117°28'15.50"，纬度：N34°46'8.86"）

样本类型：果实、枝条

生境信息

来源于陕西省咸阳市，生长在山东省枣庄市峄城区石榴资源圃中；温带季风气候；当地标志树种为杨树、桃、核桃、大枣等；地形为丘陵坡地，坡度16°，阳坡，土壤为褐土，质地为砂壤土，土壤pH7.2；树龄5年，现存6株，大田栽培。

植物学信息

1. 植株情况

树势较强，生长势强，干性强，枝条直立生长，树形自然圆头形；扦插苗栽植，株行距均3m，小乔木，树体较小，单干，干高0.6m，最大干周22cm，树高2.4m，冠幅东西1.6m、南北1.8m。

2. 植物学特征

新梢嫩枝淡紫红色，嫩梢上无茸毛，枝条直立而长，1年生枝浅绿色，2年生枝褐色，节间平均长3.5cm，多年生枝青灰色；叶柄绿色，稍带红色，平均长0.5cm，新叶浅紫红色，成熟叶浓绿，叶平均长6.8cm、宽1.7cm，叶尖渐尖，叶基圆形，叶面平滑、有光泽，叶背无茸毛；花红色，单瓣，近圆形，花瓣数5～6片，花蕾红色，花药黄色，花粉多，子房下位。

3. 果实性状

扁圆球状，平均单果重143g，最大单果重410g，果皮较厚，果面较光滑，底色黄绿，色彩浓红，萼筒短，萼片6～8裂，闭合；百粒重33.5g，籽粒鲜红色，味酸，可溶性固形物含量14%，口感一般。

4. 生物学习性

生长势强，全树成熟期一致；在山东省枣庄市峄城区，3月底4月初萌芽，5月下旬至6月上旬盛花，9中旬果实成熟，11月上旬开始落叶。

品种评价

果实外观尚可，品质一般，抗寒、抗旱，较耐瘠薄，宜作为观赏绿化品种推广。

植株

花

幼果结果状

果实

果实及籽粒

幼果

青皮马牙酸

Punica granatum L.'Qingpimayasuan'

调查编号： CAOSYHZX095

所属树种： 石榴 *Punica granatum* L.

提 供 人： 郝兆祥
电 话： 18866326761
住 址： 山东省枣庄市峄城区果树中心

调 查 人： 李好先
电 话： 13903834781
单 位： 中国农业科学院郑州果树研究所

调查地点： 山东省枣庄市峄城区榴园镇贾泉村

地理数据： GPS 数据（海拔：78m，经度：E117°28'15.50"，纬度：N34°46'8.86"）

样本类型： 果实、枝条

生境信息

来源于山东省枣庄市，生长在山东省枣庄市峄城区石榴资源圃中；温带季风气候；当地标志树种为杨树、桃、核桃、大枣等；地形为丘陵坡地，坡度16°，阳坡，土壤为褐土，质地为砂壤土，土壤pH7.2；树龄5年，现存6株，大田栽培。

植物学信息

1. 植株情况

树势较强，生长势强，树姿半开张，树形自然圆头形；扦插苗栽植，株行距均3m，小乔木，树体较小，单干，干高0.8m，最大干周19cm，树高2.1m，冠幅东西1.8m、南北1.8m。

2. 植物学特征

新梢紫红色，无茸毛，1年生枝青灰色，多年生枝灰褐；枝条中下部叶片呈长椭圆形，梢端叶片为披针形，幼叶浅绿色，成熟叶深绿色，平均长6.5cm、宽1.8cm，叶面平滑、有光泽，叶背无茸毛；花红色，单瓣，卵形，花瓣5~7片，花径2.8cm，花蕾红色，花药黄色，花粉多，雌蕊数1个，柱头比雄蕊高，子房下位。

3. 果实性状

圆球形，果皮底色黄绿色，阳面着红晕，皮薄而光滑，果面略显棱肋，果实大，平均单果重450g，最大单果重1200g，果皮平均厚0.4cm，萼片6~7裂，萼筒较长2.3cm，筒形，半反卷，果梗较短0.6cm；籽粒粉红色，马牙状，百粒重42.8g，可溶性固形物含量16.4%，种仁硬，极酸，略有涩味。

4. 生物学习性

萌芽率高，成枝力强，生长势强，全树成熟期一致；在山东省枣庄市峄城区，3月底4月初萌芽，5月下旬至6月上旬盛花，9下旬至10月上旬果实成熟，11月上旬开始落叶。

品种评价

系山东省枣庄市峄城区地方品种、优良品种；鲜食加工兼用品种；早产、丰产、稳产。

植株

花

花

幼果

结果状

果实

果实及籽粒

秋艳

Punica granatum L.'Qiuyan'

调查编号： CAOSYHZX096

所属树种： 石榴 *Punica granatum* L.

提 供 人： 郝兆祥
电　　话： 18866326761
住　　址： 山东省枣庄市峄城区果树中心

调 查 人： 李好先
电　　话： 13903834781
单　　位： 中国农业科学院郑州果树研究所

调查地点： 山东省枣庄市峄城区榴园镇贾泉村

地理数据： GPS 数据（海拔：78m，经度：E117°28'15.50"，纬度：N34°468.86"）

样本类型： 果实、枝条

生境信息

来源于山东省枣庄市，生长在山东省枣庄市峄城区石榴资源圃中；温带季风气候；当地标志树种为杨树、桃、核桃、大枣等；地形为丘陵坡地，坡度16°，阳坡，土壤为褐土，质地为砂壤土，土壤pH7.2；树龄6年，现存6株，大田栽培。

植物学信息

1. 植株情况

树势中庸，生长势中等，树姿开张，树形小冠疏层形和自然圆头形；扦插苗栽植，株行距均3m，小乔木，树体较小，单干，干高0.8m，最大干周25cm，树高2.4m，冠幅南北2.2m、东西2.1m。

2. 植物学特征

1年生枝灰白色，茎刺稀疏；单叶对生或簇生，叶片长椭圆形，全缘，平均长7cm，平均宽2.6cm，叶缘向正面纵卷，叶先端稍微向背面横卷，叶基楔形，叶尖钝，叶面革质、光滑，幼叶浅绿色，成叶绿色，叶脉黄绿色，叶柄长0.5cm，黄绿色，无茸毛；花红色，量大，单瓣，6枚，雌蕊1枚，雄蕊约130枚，花萼筒状或钟状，萼筒较短，萼片开张至反卷，一年开三次花，筒状花比例32%左右。

3. 果实性状

中型果，近圆形，纵径8.5cm、横径9.1cm，果型指数0.93，平均单果重350g，最大单果900g，果个整齐，果皮光洁，无锈斑，底色黄绿，表面着鲜嫩红色，果皮平均厚0.3cm，棱肋明显，果萼开张，长度中等，平均1.5cm，萼裂5～7个；果梗粗度中等，直立着生状；籽粒特大，百粒重76g，最大90.6g，粉红色，透明，具放射状"针芒"，种仁稍软可食，可溶性固形物含量16.8%，鲜果出汁率49.6%，汁多，甜酸可口，品质极佳。

4. 生物学习性

在山东省枣庄市峄城区，3月底萌芽，4月初展叶，5月中旬始花，5月下旬至6月上旬盛花，6月中旬末花，10月中、下旬为果实成熟期，11月上旬开始落叶。

品种评价

系山东省枣庄市峄城区优良品种，河北、河南、安徽等地引种表现优异；外观美，果皮薄，籽粒大，汁液多，口感佳，品质极佳，早产、丰产、稳产，抗裂果，耐贮藏，综合经济性状优良，抗寒，耐瘠薄，适应性广，宜大力推广。

生境

幼果结果状

花

果实

果实及籽粒

山东大叶红皮

Punica granatum L.'Shandongdayehongpi'

调查编号：CAOSYHZX097

所属树种：石榴 *Punica granatum* L.

提 供 人：郝兆祥
电　　话：18866326761
住　　址：山东省枣庄市峄城区果树中心

调 查 人：李好先
电　　话：13903834781
单　　位：中国农业科学院郑州果树研究所

调查地点：山东省枣庄市峄城区榴园镇贾泉村

地理数据：GPS 数据（海拔：78m，经度：E117°28'15.50"，纬度：N34°46'8.86"）

样本类型：果实、枝条

生境信息

来源于山东省枣庄市，生长在山东省枣庄市峄城区石榴资源圃中；温带季风气候；当地标志树种为杨树、桃、核桃、大枣等；地形为丘陵坡地，坡度16°，阳坡，土壤为褐土，质地为砂壤土，土壤pH7.2；树龄6年，现存6株，大田栽培。

植物学信息

1. 植株情况

树势较强，生长势强，树形自然圆头形；扦插苗栽植，株行距均3m，小乔木，树体较小，单干，干高0.8m，最大干周22cm，树高2.5m，冠幅东西1.9m、南北2.2m。

2. 植物学特征

新梢嫩枝淡紫红色，嫩梢上无茸毛，1年生枝浅绿色，2年生枝褐色，节间平均长3.4cm，多年生枝青灰色；叶片多为宽披针形，叶平均长8.7cm、宽2.6cm，成叶较厚，浓绿色，表面具有较厚的蜡质层，光滑，叶缘具有小波状皱纹；花单瓣，红色，花瓣数6片，总花量大。

3. 果实性状

近圆形，果形指数0.93，平均单果重350g，最大单果重650g，表面光亮，果皮条红色，向阳面红色，并有纵向红线，条纹明显，果皮平均厚0.5cm；心室8~10个，籽粒红色，种仁硬，汁多味甜，百粒重41.4g，可溶性固形物含量14.2%。

4. 生物学习性

萌芽力、成枝力均强，生长势强全树成熟期一致；在山东省枣庄市峄城区，3月底4月初萌芽，5月下旬至6月上旬盛花，9月中、下旬果实成熟，11月上旬开始落叶。

品种评价

耐干旱，耐瘠薄，抗病虫能力中等，抗寒性差。

植株

花

花及花蕾

花

幼果

果实

果实及籽粒

净皮甜

Punica granatum L.'Jingpitian'

调查编号： CAOSYHZX098

所属树种： 石榴 *Punica granatum* L.

提 供 人： 郝兆祥
电　　话： 18866326761
住　　址： 山东省枣庄市峄城区果树
中心

调 查 人： 李好先
电　　话： 13903834781
单　　位： 中国农业科学院郑州果树
研究所

调查地点： 山东省枣庄市峄城区榴园
镇贾泉村

地理数据： GPS 数据（海拔：78m,
经度：E117°28'15.50"，纬度：N34°46'8.86"）

样本类型： 果实、枝条

生境信息

来源于陕西省西安市临潼区，生长在山东省枣庄市峄城区石榴资源圃中；温带季风气候；当地标志树种为杨树、桃、核桃、大枣等；地形为丘陵坡地，坡度16°，阳坡，土壤为褐土，质地为砂壤土，土壤pH7.2；树龄6年，现存6株，大田栽培。

植物学信息

1. 植株情况

树势较强，生长势强，树形自然圆头形；扦插苗栽植，株行距均3m，小乔木，树体较小，单干，干高0.8m，最大干周20cm，树高2.3m，冠幅东西1.7m、南北1.8m。

2. 植物学特征

枝条粗壮，新稍紫红色，1年生枝青灰色，多年生枝灰褐色，茎刺稀少；初萌幼叶浅绿色，后渐转绿，终为浓绿色，叶片较大，长椭圆形或披针形，叶尖渐尖，叶基圆形，叶面平滑、有光泽，叶背无茸毛；花红色，单瓣，卵形，花瓣数5~7片，花径平均长3.7cm，花蕾红色，花药黄色，花粉多，雌蕊1个，柱头比雄蕊高，子房下位。

3. 果实性状

圆球形，平均单果重320g，最大单果重1100g，萼片4~8裂，多数7裂，直立、开张或抱合，少数反卷，果皮薄，果面光洁，底色黄白色，具粉红或红色，美观；籽粒粉红色，充分成熟后深红色，百粒重40g，可溶性固形物含量15%~16%，种仁硬，品质优。

4. 生物学习性

树势强，萌芽力中等，成枝力强，生长势强，全树成熟期一致，丰产、稳产、较耐贮藏；在山东省枣庄市峄城区，3月底萌芽，5月下旬至6月上旬盛花，9月下旬果实成熟，10月底开始落叶。

品种评价

系陕西省西安市临潼区地方品种、主栽品种、优良品种，国内各石榴产区均有引种栽培；树势强健，耐瘠薄、抗寒、耐旱，外观美，品质优，早产、丰产、稳产，采前及采收期遇阴雨易裂果。

植株

花

花纵切图

花

幼果结果状

果实

四川姜驿石榴

Punica granatum L.'Sichuanjiangyishiliu'

调查编号： CAOSYHZX106

所属树种： 石榴 *Punica granatum* L.

提 供 人： 郝兆祥
电 话： 18866326761
住 址： 山东省枣庄市峄城区果树中心

调 查 人： 李好先
电 话： 13903834781
单 位： 中国农业科学院郑州果树研究所

调查地点： 山东省枣庄市峄城区榴园镇贾泉村

地理数据： GPS 数据（海拔：78m，经度：E117°28'15.50"，纬度：N34°46'8.86"）

样本类型： 果实、枝条

生境信息

来源于四川省凉山彝族自治州会理县，生长在山东省枣庄市峄城区石榴资源圃中；温带季风气候；当地标志树种为杨树、桃、核桃、大枣等；地形为丘陵坡地，坡度16°，阳坡，土壤为褐土，质地为砂壤土，土壤pH7.2；树龄6年，现存6株，设施栽培。

植物学信息

1. 植株情况

树势中庸，生长势中等，树姿开张，树形自然圆头形；扦插苗栽植，株行距均3m，小乔木，树体中小，单干，干高0.8m，最大干周24cm，树高2.5m，冠幅东西1.9m、南北2.1m。

2. 植物学特征

嫩梢红色，1年生枝绿色，节间平均长3.2cm，2年生枝灰绿色，节间平均长3.1cm，树干和老枝灰色纵裂；叶柄红色，幼叶红色，成叶深绿色，较大，平均长7.6cm、宽2.1cm，叶尖圆尖，叶基锲形；花梗红色，花萼红色，5～7裂；花冠红色，花瓣数6～7片，多为6片，花蕾红色，花药黄色，子房下位。

3. 果实性状

近球形，纵径7.4cm、横径8.4cm，平均单果重380g，最大单果重750g，果皮光亮，果皮平均厚0.3cm，阳面红色，阴面黄绿色，棱肋明显；籽粒水红色，马齿形，核周呈放射状晶针，种仁较大，硬而脆，百粒重43g，百核重12.2g，味甜多汁。

4. 生物学习性

萌芽力、成枝力中等，生长势中等，萌蘖较多，全树成熟期一致；在山东省枣庄市峄城区，4月1日前后萌芽，4月6日左右展叶，5月8日前后现蕾，5月18日前后初花期，5月26日至6月10日盛花期，7月18日前后进入末花期，9月25日前后头批果实成熟，10月30日前后落叶，进入休眠期。

品种评价

适生范围较广，抗旱，抗病，耐瘠，抗虫能力中等。

植株

花

花

可育及不可育花

花纵切图

花俯视图

果实

太行红

Punica granatum L.'Taihanghong'

调查编号：CAOSYHZX109

所属树种：石榴 *Punica granatum* L.

提 供 人：郝兆祥
电　　话：18866326761
住　　址：山东省枣庄市峄城区果树中心

调 查 人：李好先
电　　话：13903834781
单　　位：中国农业科学院郑州果树研究所

调查地点：山东省枣庄市峄城区榴园镇贾泉村

地理数据：GPS 数据（海拔：78m，经度：E117°28'15.50"，纬度：N34°46'8.86"）

样本类型：果实、枝条

生境信息

来源于河北省石家庄市，生长在山东省枣庄市峄城区石榴资源圃中；温带季风气候；当地标志树种为杨树、桃、核桃、大枣等；地形为丘陵坡地，坡度16°，阳坡，土壤为褐土，质地为砂壤土，土壤pH7.2；树龄3年，现存6株，大田栽培。

植物学信息

1. 植株情况

树势中庸，萌芽率较低，茎刺少，枝条光滑，树形自然圆头形；扦插苗栽植，株行距均3m，小乔木，树体较小，单干，干高0.8m，最大干周14cm，树高1.5m，冠幅东西1.1m、南北1.2m。

2. 植物学特征

幼树生长健壮，新梢生长量大，树体成形快；叶互生，平均节间长3.8cm，叶片倒卵圆形，叶片大而肥厚，平均叶片长8.9cm、宽3.0cm，叶片色泽浓绿；花红色，单瓣，花瓣数5～7片，卵形，花蕾红色，花药黄色，花粉多，雌蕊1个，柱头比雄蕊高，子房下位；花量较小，坐果率高，花托大，萼筒粗，刚开始坐稳果实比一般品种大。

3. 果实性状

大型果，果实扁圆形，平均单果重625g，最大单果重1000g，果实大小均匀；成熟果实萼片闭合，萼筒较粗；果皮底色乳黄，阳面着艳红色，光照充足的地方可着全红，果面鲜艳、光洁，果皮稍厚；百粒重39.5g，籽粒水红色，种仁硬，每果籽粒600粒左右，出汁率81.9%，可溶性固形物含量13.8%，风味酸甜，品质优。

4. 生物学习性

萌芽力中等，成枝力中等，生长势中等，全树成熟期一致；丰产、稳产，盛果期亩产可达到2000kg；成熟期遇雨有裂果现象；在河北省石家庄市元氏县，3月底萌芽，5月中下旬盛花，果实成熟期9月上旬，10月底开始落叶。

品种评价

系河北省元氏县传统石榴'大叶满天红'石榴的芽变，品质优良；外观商品性状极好，早果性状优，除鲜食外，还是一个极好的盆栽观赏品种。

植株

花

花

花

花纵切图

幼果及花

果实

泰安大汶口无刺

Punica granatum L.
'Taiandawenkouwuci'

调查编号：CAOSYHZX110

所属树种：石榴 *Punica granatum* L.

提供人：郝兆祥
电　话：18866326761
住　址：山东省枣庄市峄城区果树中心

调查人：李好先
电　话：13903834781
单　位：中国农业科学院郑州果树研究所

调查地点：山东省枣庄市峄城区榴园镇贾泉村

地理数据：GPS 数据（海拔：78m，经度：E117°28'15.50"，纬度：N34°46'8.86"）

样本类型：果实、枝条

生境信息

来源于山东省泰安市，生长在山东省枣庄市峄城区石榴资源圃中；温带季风气候；当地标志树种为杨树、桃、核桃、大枣等；地形为丘陵坡地，坡度16°，阳坡，土壤为褐土，质地为砂壤土，土壤pH7.2；树龄4年，现存6株，大田栽培。

植物学信息

1. 植株情况

树势中庸，生长势中等，树形自然圆头形；扦插苗栽植，株行距均3m，小乔木，树体较小，单干，干高0.8m，最大干周18cm，树高1.9m，冠幅东西1.4m、南北1.4m。

2. 植物学特征

多年生枝几乎无扭曲现象，灰黄色，主干平滑，其上无瘤状突起，皮呈灰黄色；1年生枝条青褐色，略带黄褐色，针刺无或极少，枝条较粗壮，小枝多呈水平生长；叶片中大，叶质光滑，叶色浅绿，长椭圆形，少数倒卵圆形，叶面平整；花单瓣，红色，卵形，花瓣数5~7片，花径3.2cm，花蕾红色，花药黄色，子房下位。

3. 果实性状

圆球形，果形指数0.93，平均单果重267g，果肩齐，表面光亮洁净，果皮全面着粉嫩的鲜红色，果皮厚约0.7cm，萼筒中短，完全开张；籽粒红色，透明，甜，有涩味，种仁硬，百粒重34.8g，可溶性固形物含量14.6%。

4. 生物学习性

萌芽力、成枝力中等，幼树长势中庸，全树成熟期一致，采前落果；在山东省枣庄市峄城区，3月底到4月初萌芽，5月下旬至6月上旬盛花，9月中旬果实开始成熟，10月底开始落叶。

品种评价

较耐瘠薄、干旱，耐盐碱，抗病虫能力一般。

植株

花

花

幼果结果状

果实

果实

果实及籽粒

泰安三白甜

Punica granatum L.'Taiansanbaitian'

调查编号：CAOSYHZX111

所属树种：石榴 *Punica granatum* L.

提 供 人：郝兆祥
电　　话：18866326761
住　　址：山东省枣庄市峄城区果树
中心

调 查 人：李好先
电　　话：13903834781
单　　位：中国农业科学院郑州果树
研究所

调查地点：山东省枣庄市峄城区榴园
镇贾泉村

地理数据：GPS 数据（海拔：78m，
经度：E117°28'15.50"，纬度：N34°46'8.86"）

样本类型：果实、枝条

生境信息

来源于山东省泰安市，生长在山东省枣庄市峄城区石榴资源圃中；温带季风气候；当地标志树种为杨树、桃、核桃、大枣等；地形为丘陵坡地，坡度16°，阳坡，土壤为褐土，质地为砂壤土，土壤pH7.2；树龄5年，现存6株，大田栽培。

植物学信息

1.植株情况

树势较强，生长势强，枝条半开张，树形自然圆头形；扦插苗栽植，株行距均3m，小乔木，树体较小，单干，干高0.8m，最大干周20cm，树高2.1m，冠幅东西1.4m、南北1.6m。

2.植物学特征

嫩梢白色，有条纹，枝刺较多，灰白色；叶大，宽披针形，平均长8cm、宽2.3cm，基部白色；总花量大，着花大多数在枝条顶端；花梗直立，平均长0.2cm；花萼筒状，5～7裂，黄白色，张开反卷；花单瓣，花瓣5～8片，多6枚，稍皱缩，椭圆形，白色，长2.1cm、宽1.4cm；花冠外展，花径3.5cm，雄蕊约150枚，三种类型花均有。

3.果实性状

中型果，近圆球形或扁圆形，平均单果重263g，最大单果重620g，果皮白色，果皮平均厚0.4cm，果棱不明显，有锈斑，筒萼圆柱形，萼片直立或半开张，5～7裂；籽粒白色，百粒重34.3g，汁液多，种仁硬，味甜，口感好，可食率57%，含可溶性固性形物15.2%，含可溶性总糖14.58%，维生素C含量5.97mg/100g果肉，含可滴定酸0.06%。

4.生物学习性

生长势强，全树成熟期一致；在山东省枣庄市峄城区，3月底到4月初萌芽，5月下旬至6月上旬盛花，9月上、中旬果实成熟，10月底开始落叶。

品种评价

系山东省泰安市地方品种、优良品种；抗寒，抗旱，耐瘠薄，抗涝性中等，抗病虫能力较弱。

植株

花

幼果结果状

果实

果实及籽粒

结果状

泰山红

Punica granatum L.'Taishanhong'

调查编号: CAOSYHZX112

所属树种: 石榴 *Punica granatum* L.

提 供 人: 郝兆祥
电　　话: 18866326761
住　　址: 山东省枣庄市峄城区果树中心

调 查 人: 李好先
电　　话: 13903834781
单　　位: 中国农业科学院郑州果树研究所

调查地点: 山东省枣庄市峄城区榴园镇贾泉村

地理数据: GPS 数据（海拔: 78m，经度: E117°28'15.50"，纬度: N34°46'8.86"）

样本类型: 果实、枝条

生境信息

来源于山东省泰安市，生长在山东省枣庄市峄城区石榴资源圃中；温带季风气候；当地标志树种为杨树、桃、核桃、大枣等；地形为丘陵坡地，坡度16°，阳坡，土壤为褐土，质地为砂壤土，土壤pH7.2；树龄5年，现存6株，大田栽培。

植物学信息

1. 植株情况

树势中庸，生长势中等，树姿开张，树形自然圆头形；扦插苗栽植，株行距均3m，小乔木，树体较小，单干，干高0.8m，最大干周19cm，树高1.9m，冠幅东西1.5m、南北1.5m。

2. 植物学特征

长势中庸，小乔木，枝条开张，粗壮，灰黄色，嫩梢黄绿色，先端红色；叶大，宽披针形，平均长8cm、宽2.3cm，叶柄短，基部红色；花红色，单瓣，花瓣数5~8片，卵形，花蕾红色，花药黄色，花粉多，子房下位，总花量大。

3. 果实性状

近圆球形或扁圆形，果皮艳红，洁净而有光泽，极为美观；果实较大，纵径约8cm、横径9cm，平均单果重480g，最大750g；萼片5~8裂，多为6裂；果皮平均厚0.7cm，质脆；籽粒鲜红色，粒大肉厚，平均百粒重54g，汁液多，可食率65%，种仁半软，口感好，可溶性固形物含量17.2%，可溶性总糖14.98%，维生素C含量5.26mg/100g果肉，含可滴定酸0.28%，风味佳，品质上等，耐贮运。

4. 生物学习性

生长势中庸，全树成熟期一致；早产、丰产、稳产，栽植第二年见花，第三年见果，第五、六年进入盛果期；在山东省泰安市，3月底到4月初萌芽，6月上中旬一次花开放，6月底二次花开放，9月下旬至10月初为果实采收适期，10月底开始落叶。

品种评价

是目前国内优良石榴品种之一，主要分布泰山南麓，适于山东及其以南的石榴栽培区，河南、陕西等地引种表现优异；果实较大，颜色鲜红，籽粒深红，风味独特，口感好，早实性强，适应性强，抗病虫能力较强，抗旱，耐瘠薄，抗涝性中等。

植株

花

花及花蕾

幼果结果状

果实

果实

果实及籽粒

泰山红牡丹

Punica granatum L.'Taishanhongmudan'

调查编号： CAOSYHZX113

所属树种： 石榴 *Punica granatum* L.

提 供 人： 郝兆祥
电　　话： 18866326761
住　　址： 山东省枣庄市峄城区果树中心

调 查 人： 李好先
电　　话： 13903834781
单　　位： 中国农业科学院郑州果树研究所

调查地点： 山东省枣庄市峄城区榴园镇贾泉村

地理数据： GPS 数据（海拔：78m，经度：E117°28'15.50"，纬度：N34°46'8.86"）

样本类型： 果实、枝条

生境信息

来源于山东省泰安市，生长在山东省枣庄市峄城区石榴资源圃中；温带季风气候；当地标志树种为杨树、桃、核桃、大枣等；地形为丘陵坡地，坡度16°，阳坡，土壤为褐土，质地为砂壤土，土壤pH7.2；树龄5年，现存6株，大田栽培。

植物学信息

1. 植株情况

树势中庸，生长势中等，树冠开张，树形自然圆头形；扦插苗栽植，株行距均3m，小乔木，树体较小，单干，干高0.8m，最大干周18cm，树高1.9m，冠幅东西1.4m、南北15m。

2. 植物学特征

新梢嫩枝淡紫红色，当年生枝红褐色，节间平均长2.5cm，2年生枝灰褐色，节间平均长2.8cm，无茎刺；叶柄淡红色，长约0.5cm，成叶绿色，披针形，平均长5.2cm、宽1.7cm，叶面平，叶尖钝圆，基部楔形；花中大，直径6cm，花萼肥厚，花钟状，红色，雌蕊退化消失或稍留痕迹，雄蕊退化成花瓣，花瓣重叠、量大，基数40～50枚；部分雌蕊发育完全，可受精坐果。

3. 果实性状

中型果，圆球形，果面红色，平均单果重182.5g，最大单果重255g，果皮平均厚0.6cm；籽粒红色，百粒重40.1g，可溶性固形物含量13.8%。

4. 生物学习性

在山东省枣庄市峄城区，3月底4月初萌芽，盛花期5月至6月份，9月中、下旬果实成熟，10月底开始落叶。

品种评价

花红色、重瓣、中大，观赏价值较高，适合多种立地条件栽培，可栽植庭院、街道、公园、小区等地，用于绿化观赏。

植株

花

花

可育及不可育花

花纵切图

果实

果实及籽粒

潍坊青皮

Punica granatum L.'Weifangqingpi'

调查编号： CAOSYHZX114

所属树种： 石榴 *Punica granatum* L.

提供人： 郝兆祥
电　话： 18866326761
住　址： 山东省枣庄市峄城区果树
中心

调查人： 李好先
电　话： 13903834781
单　位： 中国农业科学院郑州果树
研究所

调查地点： 山东省枣庄市峄城区榴园
镇贾泉村

地理数据： GPS 数据（海拔：78m，
经度：E117°28'15.50"，纬度：N34°46'8.86"）

样本类型： 果实、枝条

生境信息

来源于山东省潍坊市，生长在山东省枣庄市峄城区石榴资源圃中；温带季风气候；当地标志树种为杨树、桃、核桃、大枣等；地形为丘陵坡地，坡度16°，阳坡，土壤为褐土，质地砂壤土，土壤pH7.2；树龄5年，现存6株，大田栽培。

植物学信息

1. 植株情况

树势较强，生长势强，树形自然圆头形；扦插苗栽植，株行距均3m，小乔木，树体较小，单干，干高0.8m，最大干周20cm，树高2.3m，冠幅东西1.5m、南北1.7m。

2. 植物学特征

1年生枝红褐色，嫩梢上无茸毛，多年生枝灰褐色；叶柄黄绿色，新叶浅紫红色，成熟叶浓绿，叶片平均长6.7cm、宽2.0cm，叶边无锯齿，叶尖渐尖，叶基圆形，叶面平滑、有光泽，叶背无茸毛；花红色，单瓣，卵形，花瓣数5~8片，花径2.7cm，花蕾红色，花药黄色，花粉多，雌蕊数1个，柱头比雄蕊高，子房下位。

3. 果实性状

圆球形，果皮底色黄绿，成熟时阳面带有红晕，略显棱肋，果皮厚平均0.5cm，平均单果重350g，最大单果重766g，萼片6~7裂，萼筒较短，直立；籽粒小，红色，种仁硬，味甜，百粒重36.1g，可溶性固形物含量16.4%。

4. 生物学习性

萌芽率高，成枝力强，生长势强，全树成熟期一致，较抗寒，成熟时易裂果；在山东省枣庄市峄城区，3月底4月初萌芽，5月上旬初花，5月下旬至6月上旬盛花，9月下旬至10月上旬果实成熟，10月底开始落叶。

品种评价

丰产、稳产，抗病虫能力强，耐干旱、瘠薄，耐盐碱，抗寒性较强，抗涝能力中等。

植株

花

花

幼果

果实

裂果

果实及籽粒

小满天红甜

Punica granatum L.'Xiaomantianhongtian'

调查编号： CAOSYHZX116

所属树种： 石榴 *Punica granatum* L.

提 供 人： 郝兆祥
电　　话： 18866326761
住　　址： 山东省枣庄市峄城区果树中心

调 查 人： 李好先
电　　话： 13903834781
单　　位： 中国农业科学院郑州果树研究所

调查地点： 山东省枣庄市峄城区榴园镇贾泉村

地理数据： GPS 数据（海拔： 78m，经度： E117°28'15.50"，纬度： N34°46'8.86"）

样本类型： 果实、枝条

生境信息

来源于河北省石家庄市，生长在山东省枣庄市峄城区石榴资源圃中；温带季风气候；当地标志树种为杨树、桃、核桃、大枣等；地形为丘陵坡地，坡度16°，阳坡，土壤为褐土，质地为砂壤土，土壤pH7.2；树龄4年，现存6株，大田栽培。

植物学信息

1. 植株情况

树势中庸，生长势中等，树形自然圆头形；扦插苗栽植，株行距均3m，小乔木，树体较小，单干，干高0.8m，最大干周16cm，树高1.7m，冠幅东西1.4m、南北1.4m。

2. 植物学特征

新梢嫩枝淡紫红色，嫩枝有棱明显，当年生枝红褐色，节间平均长2.8cm，2年生枝灰褐色，节间平均长2.9cm，茎刺多；叶柄淡红色，叶较小，平均长5.8cm、宽1.7cm，叶面平，叶色深绿，基部楔形，叶尖钝圆，叶缘波状，全缘；花梗直立，红色；花萼筒状，5～7裂，较短，深红色，张开反卷；花单瓣，5～7枚，稍皱缩，椭圆形，红色，花冠外展；一般年份花量大，坐果率较高，疏花疏果任务较重。

3. 果实性状

圆球形，中型果，平均单果重200g，最大单果重600g，果面底色黄白，阳面浓红，成熟期果肩有不规则褐斑，果面粗糙，萼筒开张；籽粒红色，百粒重38g，出汁率79.5%，可溶性固形物含量16.5%，风味甜酸。

4. 生物学习性

萌芽率、成枝力中等，全树成熟期一致，品质优，丰产、稳产，耐贮藏，常温下可贮藏60天左右；在山东省枣庄市峄城区，3月底4月初萌芽，5月下旬至6月上旬盛花，9月中旬果实开始成熟，11月上旬开始落叶。

品种评价

主要分布在河北省石家庄市元氏县；耐瘠薄干旱，抗病虫，抗裂果，抗冻，抗逆性极强，因外观商品性状欠佳、果个小，濒临灭绝。

植株

花

幼果

果实

果实及籽粒

结果状

新疆和田酸

Punica granatum L.'Xinjianghetiansuan'

调查编号： CAOSYHZX117

所属树种： 石榴 *Punica granatum* L.

提 供 人： 郝兆祥
电　话： 18866326761
住　址： 山东省枣庄市峄城区果树中心

调 查 人： 李好先
电　话： 13903834781
单　位： 中国农业科学院郑州果树研究所

调查地点： 山东省枣庄市峄城区榴园镇贾泉村

地理数据： GPS 数据（海拔：78m，经度：E117°28'15.50"，纬度：N34°46'8.86"）

样本类型： 果实、枝条

生境信息

来源于新疆维吾尔自治区和田地区，生长在山东省枣庄市峄城区石榴资源圃中；温带季风气候；当地标志树种为杨树、桃、核桃、大枣等；地形为丘陵坡地，坡度16°，阳坡，土壤为褐土，质地为砂壤土，土壤pH7.2；树龄4年，现存6株，大田栽培。

植物学信息

1. 植株情况

树势中庸，生长势中等，树形自然圆头形；扦插苗栽植，株行距均3m，小乔木，树体较小，单干，干高0.8m，最大干周19cm，树高1.8m，冠幅东西1.5m、南北1.5m。

2. 植物学特征

新梢嫩枝淡紫红色，当年生枝红褐色，节间平均长2.9cm，2年生枝灰褐色，平均长22cm，节间平均长2.2cm；叶柄淡红色，叶平均长6.7cm、宽2.2cm，叶面平，叶色浓绿，基部楔形，叶尖钝圆，叶缘全缘；花梗直立，红色；花萼筒状，5～7裂，深红色，张开反卷；花单瓣，红色，椭圆形，5～7枚，平均6枚，稍皱缩，花冠外展。

3. 果实性状

近圆形，纵径7.5cm、横径8.8cm，平均单果重350g，最大单果重868g，果面鲜红色，梗洼处突起不明显；隔膜淡白色，籽粒小，红色，种仁硬，味酸，果汁鲜红色，百粒重35.1g，可溶性固形物含量16.8%。

4. 生物学习性

生长势中庸，全树成熟期一致；在山东省枣庄市峄城区，3月底4月初萌芽，5月下旬至6月上旬盛花，9月中旬果实开始成熟，11月上旬开始落叶。

品种评价

系新疆维吾尔自治区和田地区地方品种；果实外观艳丽，抗病虫能力强，较耐干旱、瘠薄，适应性广，适宜加工。

植株

花

可育及不可育花

花纵切图

幼果

花蕾

新疆和田甜

Punica granatum L.'Xinjianghetiantian'

调查编号： CAOSYHZX118

所属树种： 石榴 *Punica granatum* L.

提 供 人： 郝兆祥
电　　话： 18866326761
住　　址： 山东省枣庄市峄城区果树
中心

调 查 人： 李好先
电　　话： 13903834781
单　　位： 中国农业科学院郑州果树
研究所

调查地点： 山东省枣庄市峄城区榴园
镇贾泉村

地理数据： GPS 数据（海拔：78m,
经度：E117°28'15.50"，纬度：N34°46'8.86"）

样本类型：果实、枝条

生境信息

来源于新疆维吾尔自治区和田地区，生长在山东省枣庄市峄城区石榴资源圃中；温带季风气候；当地标志树种为杨树、桃、核桃、大枣等；地形为丘陵坡地，坡度16°，阳坡，土壤为褐土，质地为砂壤土，土壤pH7.2；树龄4年，现存6株，大田栽培。

植物学信息

1. 植株情况

树势中庸，生长势中等，树姿开张，树形自然圆头形；扦插苗栽植，株行距均3m，小乔木，树体较小，单干，干高0.8m，最大干周18cm，树高1.5m，冠幅东西1.4m、南北1.4m。

2. 植物学特征

新梢嫩枝淡紫红色，当年生枝红褐色，节间平均长2.8cm，2年生枝灰褐色，平均长24cm，节间平均长2.1cm；叶柄淡红色，叶平均长6.9cm、宽2.1cm，叶面平，叶色浓绿，长披针形，基部楔形，叶尖钝圆，叶缘全缘；花梗直立，红色；花萼筒状，5~7裂，深红色，张开反卷；花红色，单瓣，椭圆形，花瓣数5~7枚，平均6枚，稍皱缩，花冠外展。

3. 果实性状

近圆形，纵径7.7cm、横径8.9cm，平均单果重385g，最大单果重762g，果面鲜红色果实梗洼处突起不明显；隔膜淡白色，籽粒小，红色，百粒重37.5g，可溶性固形物含量15.3%，种仁硬，味甜，果汁鲜红色。

4. 生物学习性

生长势中庸，全树成熟期一致；在山东省枣庄市峄城区，3月底4月初萌芽，5月下旬至6月上旬盛花，9月中旬果实开始成熟，11月上旬开始落叶。

品种评价

系新疆维吾尔自治区和田地区地方品种；果实外观艳丽，抗病虫能力强，较耐干旱、瘠薄，适应性广。

籽粒

花

果实

植株

果实

果实及籽粒

新疆红皮

Punica granatum L.'Xinjianghongpi'

调查编号：　CAOSYHZX119

所属树种：　石榴 *Punica granatum* L.

提 供 人：　郝兆祥
电　　话：　18866326761
住　　址：　山东省枣庄市峄城区果树
　　　　　　中心

调 查 人：　李好先
电　　话：　13903834781
单　　位：　中国农业科学院郑州果树
　　　　　　研究所

调查地点：　山东省枣庄市峄城区榴园
　　　　　　镇贾泉村

地理数据：　GPS 数据（海拔：78m，
　　　　　　经度：E117°28'15.50"，纬度：N34°468.86"）

样本类型：　果实、枝条

生境信息

来源于新疆维吾尔自治区和田地区，生长在山东省枣庄市峄城区石榴资源圃中；温带季风气候；当地标志树种为杨树、桃、核桃、大枣等；地形为丘陵坡地，坡度16°，阳坡，土壤为褐土，质地为砂壤土，土壤pH7.2；树龄4年，现存6株，大田栽培。

植物学信息

1. 植株情况

树势中庸，生长势中等，树形自然圆头形；扦插苗栽植，株行距均3m，小乔木，树体较小，单干，干高0.8m，最大干周19cm，树高1.6m，冠幅东西1.3m、南北1.4m。

2. 植物学特征

新梢嫩枝淡紫红色，当年生枝红褐色，节间平均长2.7cm，2年生枝灰褐色，平均长24cm，节间平均长2.3cm；叶柄淡红色，叶平均长6.8cm、宽2.1cm，叶面平，叶色浓绿，基部楔形，叶尖钝圆，叶缘全缘；花梗直立，红色；花萼筒状，5~7裂，深红色，张开反卷；花单瓣，红色，椭圆形，花瓣数5~7枚，平均6枚，稍皱缩，花冠外展。

3. 果实性状

近圆形，纵径7.2cm、横径8.0cm，平均单果重325g，最大单果重570g，果面鲜红色，果实梗洼处突起不明显；隔膜淡白色，籽粒小，红色，百粒重36.9g，可溶性固形物含量15.3%，种仁硬，味酸，果汁鲜红色。

4. 生物学习性

生长势中庸，全树成熟期一致；在山东省枣庄市峄城区，3月底4月初萌芽，5月下旬至6月上旬盛花，9月中旬果实开始成熟，11月上旬开始落叶。

品种评价

系新疆维吾尔自治区和田地区地方品种；果实外观艳丽，抗病虫能力强，较耐干旱、瘠薄，适应性广，适宜加工。

植株　　　　　花　　　　　花蕾　　　　　花　　　　　幼果结果状　　　　　果实　　　　　果实及籽粒

薛城景域无刺

Punica granatum L.'Xuechengjingyuwuci'

调查编号： CAOSYHZX120

所属树种： 石榴 *Punica granatum* L.

提 供 人： 郝兆祥
电　　话： 18866326761
住　　址： 山东省枣庄市峄城区果树中心

调 查 人： 李好先
电　　话： 13903834781
单　　位： 中国农业科学院郑州果树研究所

调查地点： 山东省枣庄市峄城区榴园镇贾泉村

地理数据： GPS 数据（海拔：78m，经度：E117°28'15.50"，纬度：N34°46'8.86"）

样本类型： 果实、枝条

生境信息

来源于山东省枣庄市，生长在山东省枣庄市峄城区石榴资源圃中；温带季风气候；当地标志树种为杨树、桃、核桃、大枣等；地形为丘陵坡地，坡度16°，阳坡，土壤为褐土，质地为砂壤土，土壤pH7.2；树龄5年，现存6株，大田栽培。

植物学信息

1. 植株情况

树势较强，生长势强，树形自然圆头形；扦插苗栽植，株行距均3m，小乔木，树体较小，单干，干高0.8m，最大干周20cm，树高2.0m，冠幅东西1.5m、南北1.2m。

2. 植物学特征

多年生枝灰褐色，1年生枝红褐色，较直立，茎刺少；叶柄平均长0.7cm，老叶叶柄浅红色，叶长椭圆形，浓绿色，平均长7.0cm、宽2.2cm，叶尖急尖，叶缘有波纹，全缘，纵向正面半卷；花梗直立，红色；花萼筒状，5～7裂，深红色，张开反卷；花单瓣，红色，椭圆形，5～7枚，平均6枚，稍皱缩，花冠外展。

3. 果实性状

近圆形，纵径8cm、横径9cm，果形指数0.89，平均单果重379g，最大单果重568g，果皮厚0.5cm，果面红色，洁净无锈斑，果萼直立，中长，萼裂5裂，萼宽2.0cm；子房8室，籽粒红色，味甜，种仁硬，百粒重41.4g，可溶性固形物含量14.2%。

4. 生物学习性

生长势强，树成熟期一致；在山东省枣庄市峄城区，3月底4月初萌芽，5月下旬至6月上旬盛花，9月中旬果实开始成熟，11月上旬开始落叶。

品种评价

品质一般，较耐瘠薄干旱，抗病虫能力强，抗涝能力中等，适应性广；用于观赏园林绿化和制作盆景盆栽。

植株

花

结果状

果实

果实及籽粒

果实

杨凌黑籽酸

Punica granatum L.'Yanglingheizisuan'

调查编号： CAOSYHZX121

所属树种： 石榴 *Punica granatum* L.

提 供 人： 郝兆祥
电　　话： 18866326761
住　　址： 山东省枣庄市峄城区果树中心

调 查 人： 李好先
电　　话： 13903834781
单　　位： 中国农业科学院郑州果树研究所

调查地点： 山东省枣庄市峄城区榴园镇贾泉村

地理数据： GPS 数据（海拔：78m，经度：E117°28'15.50"，纬度：N34°46'8.86"）

样本类型： 果实、枝条

生境信息

来源于陕西省西安市，生长在山东省枣庄市峄城区石榴资源圃中；温带季风气候；当地标志树种为杨树、桃、核桃、大枣等；地形为丘陵坡地，坡度16°，阳坡，土壤为褐土，质地为砂壤土，土壤pH7.2；树龄5年，现存6株，大田栽培。

植物学信息

1. 植株情况

树势较强，生长势强，树形自然圆头形；扦插苗栽植，株行距均3m，小乔木，树体较小，单干，干高0.8m，最大干周22cm，树高2.3m，冠幅东西1.9m、南北1.8m。

2. 植物学特征

新生枝条浅紫红色，老熟枝条灰褐色，主干灰褐色；叶柄平均长0.8cm，嫩叶红绿色，老叶深绿色，叶大，平均长10.5cm、宽3.0cm，对生、簇生，叶尖钝形，叶缘全缘，叶基楔形，叶片薄、革质、具光泽，羽状叶脉明显；花为辐状花，萼片深红色，萼片数6～7个，花托筒状、钟状，花托深红色，花瓣红色，花药黄色，雄蕊数300～350枚；坐果率低，小于10%。

3. 果实性状

近圆形，单果重320～698g，果皮平均厚0.8cm，果面红色，果皮质地光滑；籽粒深红色或红色，种仁硬，平均百籽粒重49g，可食率35.2%，果肉酸，可溶性固形物含量15.5%。

4. 生物学习性

生长势强，全树成熟期一致；在山东省枣庄市峄城区，3月底4月初萌芽，5月下旬至6月上旬盛花，9月下旬果实开始成熟，11月上旬开始落叶。

品种评价

耐瘠薄，适应性广，果皮鲜红，果面光洁，鲜食、加工、观赏兼用品种。

植株

花

幼果

结果状

果实

果实

果实及籽粒

峄城白楼无刺

Punica granatum L.'Yichengbailouwuci'

调查编号： CAOSYHZX122

所属树种： 石榴 *Punica granatum* L.

提 供 人： 郝兆祥
电　　话： 18866326761
住　　址： 山东省枣庄市峄城区果树中心

调 查 人： 李好先
电　　话： 13903834781
单　　位： 中国农业科学院郑州果树研究所

调查地点： 山东省枣庄市峄城区榴园镇贾泉村

地理数据： GPS 数据（海拔：78m，经度：E117°28'15.50"，纬度：N34°46'8.86"）

样本类型： 果实、枝条

生境信息

来源于山东省枣庄市，生长在山东省枣庄市峄城区石榴资源圃中；温带季风气候；当地标志树种为杨树、桃、核桃、大枣等；地形为丘陵坡地，坡度16°，阳坡，土壤为褐土，质地为砂壤土，土壤pH7.2；树龄5年，现存6株，大田栽培。

植物学信息

1. 植株情况

树势较强，生长势强，树形自然圆头形；扦插苗栽植，株行距均3m，小乔木，树体较小，单干，干高0.8m，最大干周21cm，树高2.3m，冠幅东西1.7m、南北1.8m。

2. 植物学特征

多年生枝灰褐色，1年生枝红褐色，较直立，茎刺少；叶片浓绿色，长椭圆形，平均长6.8cm、宽3.0cm，叶尖急尖，向背面横卷，叶基渐尖，叶缘波纹，全缘，叶柄平均长0.6cm，浅红色；花梗直立，红色；花萼筒状，5~7裂，深红色，张开反卷；花单瓣，红色，椭圆形，花瓣数5~7枚，平均6枚，稍皱缩，花冠外展。

3. 果实性状

近圆形，单果重280~380g，果皮红色，平均厚0.9cm，果面光洁，果萼短，萼片直立或闭合，萼裂6片，果基较平；籽粒红色，百粒重34.2g，可溶性固形物含量16.5%，极酸，品质一般。

4. 生物学习性

生长势强，全树成熟期一致；在山东省枣庄市峄城区，3月底4月初萌芽，5月下旬至6月上旬盛花，9月中旬果实开始成熟，11月上旬开始落叶。

品种评价

系山东省枣庄市峄城区地方品种；耐干旱、瘠薄，抗根结线虫病能力较强，不耐贮运，果实成熟时遇雨易裂果。

植株

花

花蕾

花纵切图

幼果结果状

裂果

果实及籽粒

峄城白皮大籽

Punica granatum L.'Yichengbaipidazi'

调查编号： CAOSYHZX123

所属树种： 石榴 *Punica granatum* L.

提 供 人： 郝兆祥
电　　话： 18866326761
住　　址： 山东省枣庄市峄城区果树中心

调 查 人： 李好先
电　　话： 13903834781
单　　位： 中国农业科学院郑州果树研究所

调查地点： 山东省枣庄市峄城区榴园镇贾泉村

地理数据： GPS 数据（海拔：78m，经度：E117°28'15.50"，纬度：N34°46'8.86"）

样本类型： 果实、枝条

生境信息

来源于山东省枣庄市，生长在山东省枣庄市峄城区石榴资源圃中；温带季风气候；当地标志树种为杨树、桃、核桃、大枣等；地形为丘陵坡地，坡度16°，阳坡，土壤为褐土，质地为砂壤土，土壤pH7.2；树龄5年，现存6株，大田栽培。

植物学信息

1. 植株情况

树势较强，生长势强，枝条直立，树形自然圆头形；扦插苗栽植，株行距均3m，小乔木，树体较小，单干，干高0.8m，最大干周20cm，树高2.2m，冠幅东西1.6m、南北1.8m。

2. 植物学特征

新梢灰白色，当年生枝青灰色，平均长25cm，节间平均长2.7cm，多年生枝干灰褐色；幼叶浅绿色，成熟叶绿色，多为披针形，叶平均长6.1cm、叶宽2.0cm，枝条前端叶片呈线形，黄绿色或浅绿色，叶片较薄，有亮光感，叶尖渐尖，叶基楔形；花梗直立，花萼筒状，5～7裂，黄白色，张开反卷；花单瓣，白色，椭圆形，稍皱缩，花瓣数5～7枚，平均6枚，花冠外展。

3. 果实性状

近圆形，平均单果重300g，最大单果重869g，果皮黄白色，果萼短，萼片6片居多，直立或半反卷，果基平；心室8～11个，籽粒白色，百粒重48.6g，有放射状线，可溶性固形物含量14.5%，味甜，汁液多，种仁硬。

4. 生物学习性

萌芽力和成枝力中等，根蘖发生中等，生长势强，全树成熟期一致；在山东省枣庄市峄城区，3月下旬萌芽，4月上旬展叶，4月中旬新梢开始生长，5月初枝条进入生长期，5月中旬始花，6月上旬盛花，6月下旬末花，9月上旬果实开始成熟，10月下旬开始落叶。

品种评价

系山东省枣庄市峄城区地方品种；果实品质优，抗病能力强，耐瘠薄、干旱，不耐贮藏。

植株

花

花及花蕾

花蕾

花蕾

结果状

果实及籽粒

峄城白皮马牙甜

Punica granatum L.'Yichengbaipimayatian'

◉ 调查编号：CAOSYHZX124

▤ 所属树种：石榴 *Punica granatum* L.

▤ 提 供 人：郝兆祥
电　　话：18866326761
住　　址：山东省枣庄市峄城区果树中心

▣ 调 查 人：李好先
电　　话：13903834781
单　　位：中国农业科学院郑州果树研究所

◉ 调查地点：山东省枣庄市峄城区榴园镇贾泉村

🌐 地理数据：GPS数据（海拔：78m，
经度：E117°28'15.50"，纬度：N34°46'8.86"）

🖼 样本类型：果实、枝条

🗒 生境信息

　　来源于山东省枣庄市，生长在山东省枣庄市峄城区石榴资源圃中；温带季风气候；当地标志树种为杨树、桃、核桃、大枣等；地形为丘陵坡地，坡度16°，阳坡，土壤为褐土，质地为砂壤土，土壤pH7.2；树龄5年，现存6株，大田栽培。

🗒 植物学信息

1. 植株情况

　　树势中庸，生长势中等，树姿开张，树形自然圆头形；扦插苗栽植，株行距均3m，小乔木，树体较小，单干，干高0.7m，最大干周19cm，树高2.0m，冠幅东西1.5m、南北16.m。

2. 植物学特征

　　新梢灰白色，当年生枝青灰色，平均长29cm，节间平均长2.7cm，多年生枝干灰褐色；幼叶浅绿色，成熟叶绿色，多为披针形，叶平均长6.5cm、叶宽1.9cm，枝条前端叶片呈线形，黄绿色或浅绿色，叶片较薄，有亮光感，叶尖渐尖，叶基楔形；花梗直立，花萼筒状，5~7裂，黄白色，张开反卷；花单瓣，白色，椭圆形，稍皱缩，花瓣数5~7枚，多6枚，花冠外展。

3. 果实性状

　　近圆形，纵径8.5cm、横径9.3cm，果形指数0.91，平均单果重297g，最大单果重563g，果皮平均厚0.5cm，黄白色，洁净无锈斑，有棱肋，果萼直立，中长，萼裂6裂，萼宽2.2cm；子房8室，籽粒白色，方形，百粒重37g，味甜，种仁硬，可溶性固形物含量12.8%，成熟前遇雨易裂果。

4. 生物学习性

　　萌芽力、成枝力均中等，生长势中等，全树成熟期一致；在山东省枣庄市峄城区，3月底4月初萌芽，5月下旬至6月上旬盛花，9月上旬果实开始成熟，11月上旬开始落叶。

🗒 品种评价

　　较耐瘠薄、干旱，适应性广，丰产性好，易裂果，不耐贮运。

植株

花

花及幼果

幼果

裂果

结果状

果实及籽粒

峄城白皮酸

Punica granatum L.'Yichengbaipisuan'

调查编号： CAOSYHZX125

所属树种： 石榴 *Punica granatum* L.

提 供 人： 郝兆祥
电　　话： 18866326761
住　　址： 山东省枣庄市峄城区果树中心

调 查 人： 李好先
电　　话： 13903834781
单　　位： 中国农业科学院郑州果树研究所

调查地点： 山东省枣庄市峄城区榴园镇贾泉村

地理数据： GPS 数据（海拔：78m，经度：E117°28'15.50"，纬度：N34°46'8.86"）

样本类型： 果实、枝条

生境信息

来源于山东省枣庄市，生长在山东省枣庄市峄城区石榴资源圃中；温带季风气候；当地标志树种为杨树、桃、核桃、大枣等；地形为丘陵坡地，坡度16°，阳坡，土壤为褐土，质地为砂壤土，土壤pH7.2；树龄3年，现存6株，大田栽培。

植物学信息

1. 植株情况

树势旺盛，生长势稍强，树形自然圆头形；扦插苗栽植，株行距均3m，小乔木，树体较小，单干，干高0.7m，最大干周13cm，树高1.7m，冠幅东西1.2m、南北1.2m。

2. 植物学特征

成龄树体中等大小，树冠不开张，自然状态下枝干较直立；新梢灰白色，当年生枝青灰色，多年生枝干灰色；叶片中等大小，多为披针形，叶平均长6.0cm、叶宽2.0cm，枝条前端叶片呈线形，黄绿色或浅绿色，叶片较薄，有亮光感，叶尖渐尖，叶基楔形；花白色、单瓣，椭圆形，花瓣数5~7枚，花冠外展。

3. 果实性状

扁圆形，中型果，单果重300g，果型指数0.85，果皮乳白色，果肩陡，表面光滑，果皮平均厚0.5cm；8~10个心室，每果有籽600粒左右，籽粒白色，百粒重37g，可溶性固形物含量14%，味特酸。

4. 生物学习性

在山东省枣庄市峄城区，3月下旬萌芽，4月上旬展叶，5月中旬始花，6月上旬盛花，6月下旬末花，9月上旬果实开始成熟，10月下旬开始落叶，11月上旬全部落叶。

品种评价

系山东省枣庄市峄城区地方品种；抗根结线虫病能力较强，耐瘠薄干旱，适宜加工。

植株

花

果实

峄城半口青皮
谢花甜

Punica granatum L.
'Yichengbankouqingpixiehuatian'

调查编号：CAOSYHZX127

所属树种：石榴 *Punica granatum* L.

提供人：郝兆祥
电　话：18866326761
住　址：山东省枣庄市峄城区果树
　　　　中心

调查人：李好先
电　话：13903834781
单　位：中国农业科学院郑州果树
　　　　研究所

调查地点：山东省枣庄市峄城区榴园
　　　　　镇贾泉村

地理数据：GPS数据（海拔：78m，
　　　　　经度：E117°28'15.50"，纬度：N34°46'8.86"）

样本类型：果实、枝条

生境信息

来源于山东省枣庄市，生长在山东省枣庄市峄城区石榴资源圃中；温带季风气候；当地标志树种为杨树、桃、核桃、大枣等；地形为丘陵坡地，坡度16°，阳坡，土壤为褐土，质地为砂壤土，土壤pH7.2；树龄5年，现存6株，大田栽培。

植物学信息

1. 植株情况

树势较强，生长势强，树形自然圆头形；扦插苗栽植，株行距均3m，小乔木，树体较小，单干，干高0.8m，最大干周20cm，树高2.3m，冠幅东西1.6m、南北1.8m。

2. 植物学特征

主干扭曲，暗灰色，老皮呈片状剥离，脱皮后呈浅白色；多年生枝深灰色，具纵裂纹，比较粗糙；1年生枝浅灰色；叶柄青红色，平均长0.4cm，叶片倒卵形或椭圆形，叶平均长7.0cm、叶宽2.0cm，叶平展，质地薄，浓绿色，叶尖锐尖，向背面弯曲，正面有红色条纹，叶基近圆形；花红色、单瓣，卵形，花瓣数5～7枚，平均6枚，花冠外展。

3. 果实性状

中型果，扁圆球形，果型指数0.86，平均单果重450g，最大单果重550g，果皮平均厚0.3cm，果肩平，果面光滑，具有光泽，果皮黄绿色，向阳面有红晕，有浅红色条纹和少量黑褐斑点；果内多9个心室，个别10个心室，每果有籽约600粒，多者达897粒，百粒重约38g，籽粒淡红色，味酸甜，可溶性固形物含量15%；籽粒膨大初期既无涩味，酸味不浓，故称"半口谢花甜"。

4. 生物学习性

成枝力强，生长势强，全树成熟期一致，早产、丰产、稳产；在山东省枣庄市峄城区，4月初萌芽，4月中旬展叶，4月下旬新梢进入速生期，5月中旬始花，6月中旬盛花，6月下旬末花，9月中旬果实开始成熟，10月底开始落叶。

品种评价

系山东省枣庄市峄城区地方品种；早产、丰产、稳产，耐干旱，耐瘠薄，耐盐碱，果实不耐贮藏。

植株

花

花及花蕾

果实

果实及籽粒

结果状

峄城冰糖冻

Punica granatum L.'Yichengbingtangdong'

调查编号： CAOSYHZX128

所属树种： 石榴 *Punica granatum* L.

提 供 人： 郝兆祥
电　　话： 18866326761
住　　址： 山东省枣庄市峄城区果树中心

调 查 人： 李好先
电　　话： 13903834781
单　　位： 中国农业科学院郑州果树研究所

调查地点： 山东省枣庄市峄城区榴园镇贾泉村

地理数据： GPS 数据（海拔：78m，经度：E117°28'15.50"，纬度：N34°46'8.86"）

样本类型： 果实、枝条

生境信息

来源于山东省枣庄市，生长在山东省枣庄市峄城区石榴资源圃中；温带季风气候；当地标志树种为杨树、桃、核桃、大枣等；地形为丘陵坡地，坡度16°，阳坡，土壤为褐土，质地为砂壤土，土壤pH7.2；树龄5年，现存6株，大田栽培。

植物学信息

1. 植株情况

树势较强，生长势强，树形自然圆头形；扦插苗栽植，株行距均3m，小乔木，树体较小，单干，干高0.8m，最大干周20cm，树高2.4m，冠幅东西1.7m、南北1.7m。

2. 植物学特征

成熟树树体中等，大量结果后树冠易开张，多年生枝灰色，1年生枝灰绿色，较直立，连续结果能力强，丰产性强；芽多而大；叶片中大，叶平均长6.5cm、宽1.9cm，披针形，质薄；花梗直立，红色；花萼筒状，5～7裂，深红色，张开至反卷；花单瓣，红色，椭圆形，稍皱缩，花瓣数5～7枚，平均6枚，花冠外展。

3. 果实性状

中型果，近球形，果型指数0.93，平均单果重230g，最大单果重510g，果皮薄，果肩平，果面光洁，黄红色，有红色条纹，向阳面红色较浓，呈红绿相间，梗洼凸，萼洼平，呈青绿色；心室6～8个，每果有籽420～628粒，最多达720粒，百粒重42g，籽粒白色，可溶性固形物含量15.4%，味纯甜爽口似冰糖，故称"冰糖冻"。

4. 生物学习性

萌芽力强，成枝力中等，生长势强，全树成熟期一致；在山东省枣庄市峄城区，4月初萌芽，4月中旬展叶，4月下旬新梢进入速生期，5月中旬始花，6月中旬盛花，6月下旬末花，9月下旬果实开始成熟，10月底开始落叶。

品种评价

系山东省枣庄市峄城区地方品种、优良品种；在肥沃的土地上生长旺盛，果实较大，风味甚佳；中熟品种。

植株

花

果实

果实

果实及籽粒

结果状

峄城超大白皮甜

Punica granatum L.'Yichengchaodabaipitian'

调查编号：CAOSYHZX129

所属树种：石榴 *Punica granatum* L.

提供人：郝兆祥
电　话：18866326761
住　址：山东省枣庄市峄城区果树中心

调查人：李好先
电　话：13903834781
单　位：中国农业科学院郑州果树研究所

调查地点：山东省枣庄市峄城区榴园镇贾泉村

地理数据：GPS 数据（海拔：78m，经度：E117°28'15.50"，纬度：N34°46'8.86"）

样本类型：果实、枝条

生境信息

来源于山东省枣庄市，生长在山东省枣庄市峄城区石榴资源圃中；温带季风气候；当地标志树种为杨树、桃、核桃、大枣等；地形为丘陵坡地，坡度16°，阳坡，土壤为褐土，质地为砂壤土，土壤pH7.2；树龄5年，现存6株，大田栽培。

植物学信息

1. 植株情况

树势稍强，生长势中等，树姿开张，树形自然圆头形；扦插苗栽植，株行距均3m，小乔木，树体较小，单干，干高0.7m，最大干周20cm，树高2.1m，冠幅东西1.6m、南北1.6m。

2. 植物学特征

新梢灰白色，当年生枝青灰色，平均长30cm，节间平均长2.8cm，多年生枝干灰褐色；幼叶浅绿色，成熟叶绿色，中等大小，多为披针形，叶平均长6.3cm、叶宽1.9cm，枝条前端叶片呈线形，黄绿色或浅绿色，叶片较薄，有亮光感，叶尖渐尖，叶基楔形；花梗直立，花萼筒状，5～7裂，黄白色，张开反卷；花单瓣，白色，椭圆形，稍皱缩，花瓣数5～7枚，平均6枚，花冠外展。

3. 果实性状

近圆形，纵径9.5cm、横径10.3cm，果形指数0.92，平均单果重485g，最大单果重870g，果皮平均厚0.5cm，黄白色，洁净无锈斑，有棱肋，果萼直立，中长，萼裂6裂，萼宽2.2cm；子房8室，籽粒方形，白色，百粒重41.4g，可溶性固形物含量13.6%，味甜，种仁硬。

4. 生物学习性

萌芽力、成枝力均中等，生长势中等，全树成熟期一致；在山东省枣庄市峄城区，3月底4月初萌芽，5月下旬至6月上旬盛花，9月上旬果实开始成熟，11月上旬开始落叶。

品种评价

系山东省枣庄市峄城区地方品种；果个大，较耐瘠薄、干旱，适应性强，易裂果，不耐贮运。

植株

花

花

花

幼果结果状

果实

果实及籽粒

峄城超大青皮甜

Punica granatum L.'Yichengchaodaqingpitian'

○ 调查编号：CAOSYHZX130

○ 所属树种：石榴 *Punica granatum* L.

○ 提 供 人：郝兆祥
电　　话：18866326761
住　　址：山东省枣庄市峄城区果树中心

○ 调 查 人：李好先
电　　话：13903834781
单　　位：中国农业科学院郑州果树研究所

○ 调查地点：山东省枣庄市峄城区榴园镇贾泉村

○ 地理数据：GPS 数据（海拔：78m，经度：E117°28'15.50"，纬度：N34°46'8.86"）

○ 样本类型：果实、枝条

生境信息

来源于山东省枣庄市，生长在山东省枣庄市峄城区石榴资源圃中；温带季风气候；当地标志树种为杨树、桃、核桃、大枣等；地形为丘陵坡地，坡度16°，阳坡，土壤为褐土，质地为砂壤土，土壤pH7.2；树龄5年，现存6株，大田栽培。

植物学信息

1. 植株情况

树势中庸，生长势稍强，树形自然圆头形；扦插苗栽植，株行距均3m，小乔木，树体较小，单干，干高0.7m，最大干周20cm，树高2.0m，冠幅东西1.6m、南北1.7m。

2. 植物学特征

1年生枝青灰色，节间平均长2.5cm，嫩梢上无茸毛，多年生枝灰白色或灰褐色；叶柄平均长0.8cm，黄绿色，枝条中下部叶片呈长椭圆形，梢端叶片为披针形，平均长6.5cm、宽2.0cm，浓绿，叶边无锯齿，叶尖渐尖，叶基圆形，叶面平滑、有光泽，叶背无茸毛；花单瓣，红色，卵形，花瓣数5～7片，花径平均长2.7cm，花蕾红色，花药黄色，花粉多，子房下位。

3. 果实性状

大型果，扁圆球形，果形指数0.91，平均单果重850g左右，最大单果重1520g，果皮黄绿色，向阳面着红晕，果肩较平，梗洼平或突起，萼洼稍凸，果皮平均厚0.4cm；心室8～12个，百粒重35g，籽粒鲜红或粉红色，可溶性固形物含量14.5%，甜味浓，汁多，品质优良。

4. 生物学习性

萌芽力中等，成枝力较强，生长势强，全树成熟期一致，丰产、稳产；在山东省枣庄市峄城区，3月底4月初萌芽，5月下旬至6月上旬盛花，9月下旬至10月上旬果实成熟，10月底开始落叶。

品种评价

系山东省枣庄市峄城区地方品种、优良品种；果个特大，外观美，丰产性能好，耐干旱、瘠薄，果实抗真菌病害能力较强，成熟前遇雨易裂果。

植株

花

花

花及花蕾

幼果

果实

超红

Punica granatum L.'Chaohong'

调查编号： CAOSYHZX131

所属树种： 石榴 *Punica granatum* L.

提 供 人： 郝兆祥
电　　话： 18866326761
住　　址： 山东省枣庄市峄城区果树中心

调 查 人： 李好先
电　　话： 13903834781
单　　位： 中国农业科学院郑州果树研究所

调查地点： 山东省枣庄市峄城区榴园镇贾泉村

地理数据： GPS 数据（海拔：78m，经度：E117°28'15.50"，纬度：N34°46'8.86"）

样本类型： 果实、枝条

生境信息

来源于山东省枣庄市，生长在山东省枣庄市峄城区石榴资源圃中；温带季风气候；当地标志树种为杨树、桃、核桃、大枣等；地形为丘陵坡地，坡度16°，阳坡，土壤为褐土，质地为砂壤土，土壤pH7.2；树龄5年，现存6株，大田栽培。

植物学信息

1. 植株情况

树势中庸，生长势中等，树形自然圆头形；扦插苗栽植，株行距均3m，小乔木，树体较小，单干，干高0.7m，最大干周20cm，树高2.3m，冠幅东西1.8m、南北1.8m。

2. 植物学特征

成龄树体中等，干性强，较直立；萌芽力、成枝力均强，多年生枝深灰色，1年生枝浅灰色，直立；叶片绿色，大而稍薄，多为纺锤形，平均长7.2cm、宽2.0cm，叶尖急尖，叶基楔形；枝条先端叶片呈披针形，叶缘向正面纵卷，叶尖弯曲；叶柄平均长1.1cm，并有大弧度的弯；花单瓣，红色，卵形，花瓣数5~7片，花蕾红色，花药黄色，花粉多，子房下位。

3. 果实性状

大型果，扁圆形，果型指数0.90，平均单果重450g，最大1334g，果肩齐，表面光亮，果皮呈鲜红色，向阳面紫红色，有纵向红线，条纹明显，果皮平均厚0.4cm，梗洼稍突，有明显五棱，萼洼较平，萼筒处颜色较浓，果实中部色浅或浅红色；有心室6~8个，百粒重58.8g，籽粒红色，透明，种仁硬，可溶性固体形物含量15.2%，汁多味甜；初成熟时有涩味，存放几天后涩味消失。

4. 生物学习性

在山东省枣庄市峄城区，3月下旬萌芽，4月初展叶，5月上旬始花，5月底6月初盛花，6月下旬末花，9月上旬果实开始成熟，10月下旬开始落叶。

品种评价

系山东省枣庄市峄城区优良品种；果实个大，外观艳丽，品质优，丰产，耐干旱、瘠薄，抗病虫能力一般，易裂果，不耐贮运。

植株

花

花及花蕾

幼果

果实及籽粒

结果状

超青

Punica granatum L.'Chaoqing'

调查编号： CAOSYHZX132

所属树种： 石榴 *Punica granatum* L.

提 供 人： 郝兆祥
电　　话： 18866326761
住　　址： 山东省枣庄市峄城区果树中心

调 查 人： 李好先
电　　话： 13903834781
单　　位： 中国农业科学院郑州果树研究所

调查地点： 山东省枣庄市峄城区榴园镇贾泉村

地理数据： GPS 数据（海拔：78m，经度：E117°28'15.50"，纬度：N34°46'8.86"）

样本类型： 果实、枝条

生境信息

来源于山东省枣庄市，生长在山东省枣庄市峄城区石榴资源圃中；温带季风气候；当地标志树种为杨树、桃、核桃、大枣等；地形为丘陵坡地，坡度16°，阳坡，土壤为褐土，质地为砂壤土，土壤pH7.2；树龄5年，现存6株，大田栽培。

植物学信息

1. 植株情况

树势稍强，生长势中等，树形自然圆头形；扦插苗栽植，株行距均3m，小乔木，树体较小，单干，干高0.7m，最大干周20cm，树高2.1m，冠幅东西1.9m、南北1.8m。

2. 植物学特征

成龄树体中等，树姿开张；针刺壮枝较多，枝条瘦弱细长，中长枝结果；新梢嫩枝淡紫红色，持续到4月底才转为浅绿色、绿色；枝条上部叶片披针形，平均长5.3cm、宽1.8cm，较厚，浓绿色；花单瓣，红色，卵形，花瓣数5～7片，多数6片，花蕾红色，花药黄色，花粉多，子房下位。

3. 果实性状

扁圆形，果型指数0.90，平均单果重470g，最大单果重1100g，果皮平均厚0.4cm，果肩陡，果面光滑，黄绿色，果实中部有数条红色花纹，上部有红晕，中下部逐渐减弱，具有光泽，萼洼基部较平或稍凹；心室6～10个，每果有籽351～642粒，百粒重59g，籽粒粉红色，透明，形似马牙，种仁硬，味甜多汁，可溶性固形物含量15%，品质优。

4. 生物学习性

在山东省枣庄市峄城区，3月下旬萌芽，4月上旬展叶，5月中旬始花，6月上旬盛花；6月底末花，9月下旬果实开始成熟，10月下旬开始落叶。

品种评价

系山东省枣庄市峄城区优良品种、鲜食观赏兼用品种；丰产、稳产，抗病虫，耐瘠薄、干旱；新稍红色持续时间长，极具观赏价值，是园林绿化和制作盆景、盆栽的优良品种。

花

花

果实

植株

果实

果实及籽粒

峄城大红皮甜

Punica granatum L.'Yichengdahongpitian'

调查编号： CAOSYHZX134

所属树种： 石榴 *Punica granatum* L.

提 供 人： 郝兆祥
电　　话： 18866326761
住　　址： 山东省枣庄市峄城区果树中心

调 查 人： 李好先
电　　话： 13903834781
单　　位： 中国农业科学院郑州果树研究所

调查地点： 山东省枣庄市峄城区榴园镇贾泉村

地理数据： GPS 数据（海拔：78m，经度：E117°28'15.50"，纬度：N34°46'8.86"）

样本类型： 果实、枝条

生境信息

来源于山东省枣庄市，生长在山东省枣庄市峄城区石榴资源圃中；温带季风气候；当地标志树种为杨树、桃、核桃、大枣等；地形为丘陵坡地，坡度16°，阳坡，土壤为褐土，质地为砂壤土，土壤pH7.2；树龄5年，现存6株，大田栽培。

植物学信息

1. 植株情况

树势中庸，生长势中等，树形自然圆头形；扦插苗栽植，株行距均3m，小乔木，树体较小，单干，干高0.7m，最大干周19cm，树高2.0m，冠幅东西1.6m、南北1.7m。

2. 植物学特征

萌芽力、成枝力均强，成龄树体中等大小，一般树高4m、冠幅5m，干性强，枝干较顺直；叶片多为纺锤形，叶长6.8cm、叶宽2.8cm，叶色浅绿至绿色，质地稍薄；花红色，单瓣，卵形，花瓣数5～7片，花蕾红色，花药黄色，花粉多，子房下位。

3. 果实性状

大型果，扁圆球形，果型指数0.95，平均单果重550g，最大者1250g，果肩齐，表面光亮，果皮呈鲜红色，向阳面棕红色，并有纵向红线，条纹明显，梗洼稍突，有明显5棱，萼洼较平，到萼筒处颜色较浓，果实中部色浅或呈浅红色，果皮平均厚0.5cm；心室8～10个，含籽523～939粒，多者达1000粒以上，百粒重32g，籽粒粉红色，透明，可溶性固形物含量16%，汁多味甜。

4. 生物学习性

在山东省枣庄市峄城区，3月下旬萌芽，4月上旬展叶，5月中旬始花，6月上旬盛花；6月底末花，9月上旬果实开始成熟，10月下旬开始落叶。

品种评价

系山东省枣庄市峄城区地方品种、优良品种、主栽品种之一；果实个大、皮艳、外观美，耐瘠薄、干旱，早期丰产性好，果实成熟时遇雨易裂果，不耐贮运。

植株

花　　　花

幼果　　　结果状

果实　　　果实及籽粒

峄城大青皮酸

Punica granatum L.'Yichengdaqingpisuan'

调查编号：CAOSYHZX135

所属树种：石榴 *Punica granatum* L.

提 供 人：郝兆祥
电　　话：18866326761
住　　址：山东省枣庄市峄城区果树中心

调 查 人：李好先
电　　话：13903834781
单　　位：中国农业科学院郑州果树研究所

调查地点：山东省枣庄市峄城区榴园镇贾泉村

地理数据：GPS 数据（海拔：78m，经度：E117°28'15.50"，纬度：N34°46'8.86"）

样本类型：果实、枝条

生境信息

来源于山东省枣庄市，生长在山东省枣庄市峄城区石榴资源圃中；温带季风气候；当地标志树种为杨树、桃、核桃、大枣等；地形为丘陵坡地，坡度16°，阳坡，土壤为褐土，质地为砂壤土，土壤pH7.2；树龄5年，现存6株，大田栽培。

植物学信息

1. 植株情况

树势中庸，生长势中等，树形自然圆头形；扦插苗栽植，株行距均3m，小乔木，树体较小，单干，干高0.7m，最大干周19cm，树高2.0m，冠幅东西1.6m、南北1.6m。

2. 植物学特征

树体高大，一般树高5m以上，生长势强，二次枝较少，枝条直立，连续结果能力强；多年生枝灰白或灰色，1年生枝青灰色；枝条中下部叶片长椭圆形，梢端叶片为披针形，叶平均长4.5cm、宽2.2cm，叶色深绿，有光泽；花红色，单瓣，卵形，花瓣数5～7片，花蕾红色，花药黄色，花粉多，子房下位。

3. 果实性状

果实近圆形，单果重325g，最大600g，果皮平均厚0.5cm，黄绿色，有光泽，有不规则的黑色斑点，向阳面具红晕或红褐色斑块，果面6棱明显；籽粒白色至粉红，平均每果有籽680粒，百粒重29.7g，种仁硬，可溶性固形物含量14.5%，味特酸，耐贮运。

4. 生物学习性

副梢结实力强，全树成熟期一致，坐果率高，早产、丰产、稳产；在山东省枣庄市峄城区，3月下旬萌芽，4月初展叶，4月中旬新梢生长，5月下旬至6月上旬盛花，9月下旬至10月上旬果实成熟，11月上旬开始落叶。

品种评价

系山东省枣庄市峄城区地方品种；坐果率高，早产、丰产、稳产，耐贮运，耐瘠薄、干旱，抗根结线虫病能力较强，适宜加工。

植株

花

花蕾状

花蕾

幼果

果实

果实及籽粒

峄城大青皮甜

Punica granatum L.'Yichengdaqingpitian'

調查編號：CAOSYHZX136

所属树种：石榴 *Punica granatum* L.

提 供 人：郝兆祥
电 话：18866326761
住 址：山东省枣庄市峄城区果树中心

调 查 人：李好先
电 话：13903834781
单 位：中国农业科学院郑州果树研究所

调查地点：山东省枣庄市峄城区榴园镇贾泉村

地理数据：GPS 数据（海拔：78m，经度：E117°28'15.50"，纬度：N34°46'8.86"）

样本类型：果实、枝条

生境信息

来源于山东省枣庄市，生长在山东省枣庄市峄城区石榴资源圃中；温带季风气候；当地标志树种为杨树、桃、核桃、大枣等；地形为丘陵坡地，坡度16°，阳坡，土壤为褐土，质地为砂壤土，土壤pH7.2；树龄6年，现存6株，大田栽培。

植物学信息

1. 植株情况

树势较强，生长势强，树形自然圆头形；扦插苗栽植，株行距均3m，小乔木，树体较小，单干，干高0.8m，最大干周23cm，树高2.6m，冠幅东西1.9m、南北2.0m。

2. 植物学特征

萌芽力中等，成枝力较强；成龄树体较大，树高4～5m，树姿半开张，骨干枝扭曲较重；叶平均长6.5cm、宽2.8cm，长卵圆形，叶尖钝尖，叶色浓绿，叶面蜡质较厚；花红色，单瓣，卵形，花瓣数5～7片，花蕾红色，花药黄色，花粉多，子房下位。

3. 果实性状

大型果，扁圆球形，果型指数0.91，平均单果重500g，最大单果重1520g，果皮平均厚0.4cm，果皮黄绿色，向阳面着红晕，果肩较平，梗洼平或突起，萼洼稍凸；心室8～12个，籽粒鲜红或粉红色，百粒重34g，可溶性固形物含量15%，汁多，甜味浓。

4. 生物学习性

生长势强，全树成熟期一致，丰产性能好；在山东省枣庄市峄城区，3月底4月初萌芽，5月下旬至6月上旬盛花，9月下旬至10月上旬果实成熟，10月底开始落叶。

品种评价

系山东省枣庄市峄城区地方品种、优良品种、主栽品种，约占栽培总量的80%；果实个大、皮艳、外观美，丰产性能好，果实抗真菌病害能力较强，耐干旱、瘠薄，耐盐碱，果实易裂果，不耐贮藏。

植株

花

花

花纵切图

果实

果实

果实及籽粒

峄城红牡丹

Punica granatum L.'Yichenghongmudan'

○ 调查编号：CAOSYHZX148

所属树种：石榴 *Punica granatum* L.

提 供 人：郝兆祥
电　　话：18866326761
住　　址：山东省枣庄市峄城区果树中心

调 查 人：李好先
电　　话：13903834781
单　　位：中国农业科学院郑州果树研究所

调查地点：山东省枣庄市峄城区榴园镇贾泉村

地理数据：GPS 数据（海拔：78m，经度：E117°28'15.50"，纬度：N34°46'8.86"）

样本类型：果实、枝条

生境信息

来源于山东省枣庄市，生长在山东省枣庄市峄城区石榴资源圃中；温带季风气候；当地标志树种为杨树、桃、核桃、大枣等；地形为丘陵坡地，坡度16°，阳坡，土壤为褐土，质地为砂壤土，土壤pH7.2；树龄6年，现存6株，大田栽培。

植物学信息

1. 植株情况

树势较强，生长势强，树形自然圆头形；扦插苗栽植，株行距均3m，小乔木，树体较小，单干，干高0.8m，最大干周22cm，树高2.4m，冠幅东西1.6m、南北1.7m。

2. 植物学特征

枝条直立，干性强；多年生枝灰色至深灰色，较顺直、光滑，新梢浅灰色；叶片窄长，叶平均长7.2cm，叶宽1.8cm，长椭圆形至披针形，叶色浓绿，弱树稍淡；花大，直径6~10cm，花萼肥厚，花钟状，鲜红色，雌蕊退化消失或稍留痕迹，雄蕊退化成花瓣，花瓣重叠、量大，基数40~50枚；部分雌蕊发育完全，可受精坐果。

3. 果实性状

果实近圆形，平均单果重232.5g，最大单果重455g；果面底色淡黄色，充分着色部分呈鲜红色，其余部分红色，呈点状分布；隔膜薄，淡白色，籽粒红色，百粒重22.1g，可溶性固形物含量12.7%，种仁硬。

4. 生物学习性

花大、色艳、量多、花期长；3月底4月初萌芽，盛花期5月至6月，9月中旬果实开始成熟，10月下旬开始落叶。

品种评价

是著名的观花、观果品种，特别适合街道、庭院、公园、小区等栽培，抗根结线虫病能力较强。

植株

花

花及花蕾

花蕾

幼果

果实

果实及籽粒

峄城红皮大籽

Punica granatum L.'Yichenghongpidazi'

调查编号： CAOSYHZX149

所属树种： 石榴 *Punica granatum* L.

提 供 人： 郝兆祥
电　　话： 18866326761
住　　址： 山东省枣庄市峄城区果树中心

调 查 人： 李好先
电　　话： 13903834781
单　　位： 中国农业科学院郑州果树研究所

调查地点： 山东省枣庄市峄城区榴园镇贾泉村

地理数据： GPS 数据（海拔：78m，经度：E117°28′15.50″，纬度：N34°46′8.86″）

样本类型： 果实、枝条

生境信息

来源于山东省枣庄市，生长在山东省枣庄市峄城区石榴资源圃中；温带季风气候；当地标志树种为杨树、桃、核桃、大枣等；地形为丘陵坡地，坡度16°，阳坡，土壤为褐土，质地为砂壤土，土壤pH7.2；树龄5年，现存6株，大田栽培。

植物学信息

1. 植株情况

树势中庸，生长势中等，树形自然圆头形；扦插苗栽植，株行距均3m，小乔木，树体较小，单干，干高0.7m，最大干周20cm，树高2.0m，冠幅东西1.7m、南北1.7m。

2. 植物学特征

萌芽力、成枝力均强；成龄树体中等大小，一般树高4m、冠幅5m，干性强，枝干较顺直；叶片多纺锤形，叶平均长6.8cm、宽2.8cm，叶色浅绿至绿色，质地稍薄；花红色，单瓣，卵形，花瓣数5~7片，花蕾红色，花药黄色，花粉多，子房下位。

3. 果实性状

大型果，扁圆球形，果型指数0.95，平均单果重550g，最大者1250g，果肩齐，表面光亮，果皮呈鲜红色，向阳面棕红色，并有纵向红线，条纹明显，梗洼稍突，有明显5棱，萼洼较平，到萼筒处颜色较浓，一般果实中部色浅或呈浅红色；果皮平均厚0.5cm，较软；有心室8~10个，含籽523~939粒，多者达1000粒以上，百粒重42g，籽粒粉红色，透明，可溶性固形物含量16%，汁多味甜。

4. 生物学习性

在山东省枣庄市峄城区，3月下旬萌芽，4月上旬展叶，5月中旬始花，6月上旬盛花；6月底末花，9月上旬果实开始成熟，10月下旬开始落叶。

品种评价

系山东省枣庄市峄城区地方品种；果实个大、皮艳、外观美，耐瘠薄干旱，早期丰产性好，果实成熟时遇雨易裂果，不耐贮运。

植株

花

结果状

果实

果实及籽粒

果实

峄城马牙甜

Punica granatum L.'Yichengmayatian'

○ 调查编号：CAOSYHZX155

● 所属树种：石榴 *Punica granatum* L.

● 提 供 人：郝兆祥
　 电　　话：18866326761
　 住　　址：山东省枣庄市峄城区果树
　　　　　　中心

● 调 查 人：李好先
　 电　　话：13903834781
　 单　　位：中国农业科学院郑州果树
　　　　　　研究所

● 调查地点：山东省枣庄市峄城区榴园
　　　　　　镇贾泉村

● 地理数据：GPS 数据（海拔：78m，
　　　　　　经度：E117°28'15.50"，纬度：N34°46'8.86"）

● 样本类型：果实、枝条

生境信息

　　来源于山东省枣庄市，生长在山东省枣庄市峄城区石榴资源圃中；温带季风气候；当地标志树种为杨树、桃、核桃、大枣等；地形为丘陵坡地，坡度16°，阳坡，土壤为褐土，质地为砂壤土，土壤pH7.2；树龄6年，现存6株，大田栽培。

植物学信息

1. 植株情况

　　树势稍强，生长势中等，树形自然圆头形；扦插苗栽植，株行距均3m，小乔木，树体较小，单干，干高0.8m，最大干周22cm，树高2.3m，冠幅东西1.9m、南北1.9m。

2. 植物学特征

　　成龄树体高大，一般树高5m左右，冠径一般大于5m，树姿开张，自然状态下多呈圆头形，萌芽力强，成枝力弱，枝条瘦弱细长；叶片倒卵圆形，叶平均长6.8cm、叶宽3.0cm，深绿色；枝条上部叶片呈披针形，叶基渐尖，叶尖急尖，向背面横卷；花红色，单瓣，卵形，花瓣数5～7片，花蕾红色，花药黄色，花粉多，子房下位。

3. 果实性状

　　大型果，扁圆球形，果型指数0.90，平均单果重500g，最大者1300g，果皮平均厚0.4cm，果肩陡，果面光滑，青黄色，果实中部有数条红色条纹，上部有红晕，中下部逐渐减弱，具有光泽，萼洼基部较平或稍凹；心室10～14个，每果有籽351～642粒，百粒重48～55g，籽粒粉红色，大，形似马牙，味甜多汁，故名"马牙甜"，可溶性固形物含量15%～16%，品质极佳。

4. 生物学习性

　　生长势中等，全树成熟期一致；在山东省枣庄市峄城区，3月底4月初萌芽，5月下旬至6月上旬盛花，9月下旬至10月上旬果实成熟，10月底开始落叶。

品种评价

　　系山东省枣庄市峄城区地方品种、优良品种、主栽品种之一；果实个大、色艳、外观美、籽粒大，口感极佳，是山东石榴产区最著名的优良鲜食品种；抗病虫能力强，较耐瘠薄干旱，耐贮运，轻度裂果，抗寒能力一般。

植株

花

花蕾

幼果

结果状

果实

果实及籽粒

峄城玛瑙

Punica granatum L.'Yichengmanao'

　调查编号：CAOSYHZX156

　所属树种：石榴 *Punica granatum* L.

　提 供 人：郝兆祥
　电　　话：18866326761
　住　　址：山东省枣庄市峄城区果树
　　　　　　中心

　调 查 人：李好先
　电　　话：13903834781
　单　　位：中国农业科学院郑州果树
　　　　　　研究所

　调查地点：山东省枣庄市峄城区榴园
　　　　　　镇贾泉村

　地理数据：GPS 数据（海拔：78m，
　　　　　　经度：E117°28'15.50"，纬度：N34°46'8.86"）

　样本类型：果实、枝条

生境信息

来源于山东省枣庄市，生长在山东省枣庄市峄城区石榴资源圃中；温带季风气候；当地标志树种为杨树、桃、核桃、大枣等；地形为丘陵坡地，坡度16°，阳坡，土壤为褐土，质地为砂壤土，土壤pH7.2；树龄5年，现存6株，大田栽培。

植物学信息

1. 植株情况

树势中庸，生长势中等，树形自然圆头形；扦插苗栽植，株行距均3m，小乔木，树体较小，单干，干高0.8m，最大干周19cm，树高2.2m，冠幅东西1.8m、南北1.9m。

2. 植物学特征

多年生枝灰白色，1年生枝浅灰色，无针刺；叶长6.4cm、叶宽2.4cm，叶色浓绿，长椭圆形，叶尖钝尖；花红色，有黄白色条纹，雌蕊退化或稍留痕迹，雄蕊瓣化，花瓣基数40～60枚，复叠，花大、量多，花萼肥厚，萼片6个，萼片开张或不开张，萼筒平均长3cm、粗1.5cm；5至9月份开花，极富观赏价值。

3. 生物学习性

在山东省枣庄市峄城区，3月底4月初萌芽，4月上旬展叶，4月中旬现蕾，5月至9月开花，10月底开始落叶。

品种评价

系山东省枣庄市峄城区地方品种，是著名的园林观赏绿化品种；花朵红底白边，花朵较大，观赏价值较高，抗病虫能力强，耐瘠薄、干旱，耐盐碱，适应性广，适合多种立地条件栽培，可栽植庭院、街道、公园、小区等地，用于绿化观赏，亦可以制作盆景盆栽。

植株

花

花

花蕾

花蕾

花及花蕾

峄城青厚皮

Punica granatum L.'Yichengqinghoupi'

調查编号： CAOSYHZX157

所属树种： 石榴 *Punica granatum* L.

提 供 人： 郝兆祥
电　　话： 18866326761
住　　址： 山东省枣庄市峄城区果树中心

調 查 人： 李好先
电　　话： 13903834781
单　　位： 中国农业科学院郑州果树研究所

調查地点： 山东省枣庄市峄城区榴园镇贾泉村

地理数据： GPS 数据（海拔：78m，经度：E117°28'15.50"，纬度：N34°468.86"）

样本类型： 果实、枝条

生境信息

来源于山东省枣庄市，生长在山东省枣庄市峄城区石榴资源圃中；温带季风气候；当地标志树种为杨树、桃、核桃、大枣等；地形为丘陵坡地，坡度16°，阳坡，土壤为褐土，质地为砂壤土，土壤pH7.2；树龄6年，现存6株，大田栽培。

植物学信息

1. 植株情况

树势较强，生长势强，树形自然圆头形；扦插苗栽植，株行距均3m，小乔木，树体较小，单干，干高0.8m，最大干周22cm，树高2.4m，冠幅东西1.8m、南北1.9m。

2. 植物学特征

成龄树体较大，树高4～5m，树姿半开张，骨干枝扭曲较重，萌芽力中等，成枝力较强；叶平均长6.7cm、叶宽2.7cm，长卵圆形，叶尖钝尖，叶色浓绿，叶面蜡质较厚；花红色，单瓣，卵形，花瓣数5～7片，花蕾红色，花药黄色，花粉多，子房下位。

3. 果实性状

大型果，扁圆球形，果型指数0.91，平均单果重480g，最大单果重1360g，果皮平均厚0.8cm，黄绿色，向阳面着红晕，果肩较平，梗洼平或突起，萼洼稍凸；心室8～12个，室内有籽431～890粒，百粒重33g，籽粒鲜红或粉红色，可溶性固形物含量14.8%，汁多，甜味浓。

4. 生物学习性

生长势强，全树成熟期一致，丰产性能好；在山东省枣庄市峄城区，3月底4月初萌芽，5月下旬至6月上旬盛花，9月下旬至10月上旬果实成熟，10月底开始落叶。

品种评价

系山东省枣庄市峄城区地方品种；耐干旱、瘠薄，耐盐碱。

植株

花

花及花蕾

花蕾

可育及不可育花

果实

果实及籽粒

峄城青皮谢花甜

Punica granatum L.
'Yichengqingpixiehuatian'

调查编号：CAOSYHZX159

所属树种：石榴 *Punica granatum* L.

提供人：郝兆祥
电　话：18866326761
住　址：山东省枣庄市峄城区果树中心

调查人：李好先
电　话：13903834781
单　位：中国农业科学院郑州果树研究所

调查地点：山东省枣庄市峄城区榴园镇贾泉村

地理数据：GPS 数据（海拔：78m，经度：E117°28'15.50"，纬度：N34°46'8.86"）

样本类型：果实、枝条

生境信息

来源于山东省枣庄市，生长在山东省枣庄市峄城区石榴资源圃中；温带季风气候；当地标志树种为杨树、桃、核桃、大枣等；地形为丘陵坡地，坡度16°，阳坡，土壤为褐土，质地为砂壤土，土壤pH7.2；树龄6年，现存6株，大田栽培。

植物学信息

1. 植株情况

树势中庸，生长势中等，树形自然圆头形；扦插苗栽植，株行距均3m，小乔木，树体较小，单干，干高0.8m，最大干周19cm，树高2.1m，冠幅东西1.6m、南北1.6m。

2. 植物学特征

成龄树体中等大小，一般树高3m，冠径3.5m，主干扭曲重，暗灰色，老皮呈片状剥离，脱皮后呈浅白色，多年生枝深灰色，具纵裂纹，比较粗糙，1年生枝浅灰色；叶柄平均长0.3cm，向背面弯曲，正面有红色条纹；叶片倒卵形或椭圆形，叶平均长6cm、宽2cm，叶平展，质地薄，浓绿色，叶尖锐尖，叶基近圆形；花红色，单瓣，卵形，花瓣数5~7片，花蕾红色，花药黄色，花粉多，子房下位。

3. 果实性状

大型果，果型指数0.86，平均单果重450g，最大单果重550g，果皮平均厚0.3cm，果肩平，果面光滑，具有光泽，果皮黄绿色，向阳面有红晕，有浅红色条纹和少量黑褐斑点，并有明显的4条棱线，果实梗洼突起，萼洼较平，近萼筒处绿色；果内多9个心室，个别10个心室，每果有籽约600粒，多百粒重约38g，籽粒淡红色，味甜，可溶性固形物含量15%；籽粒膨大初期既无涩味，故称"谢花甜"。

4. 生物学习性

在山东省枣庄市峄城区，4月初萌芽，4月中旬展叶，5月中旬始花，5月下旬至6月上旬盛花，6月下旬末花，9月下旬果实开始成熟，11月上旬开始落叶。

品种评价

系山东省枣庄市峄城区地方品种；抗病虫能力强，较耐瘠薄干旱，早期丰产性好，耐贮运。

植株

花

花蕾

花蕾

幼果

结果状

果实及籽粒

峄城三白甜

Punica granatum L.'Yichengsanbaitian'

调查编号：CAOSYHZX160

所属树种：石榴 *Punica granatum* L.

提 供 人：郝兆祥
电　　话：18866326761
住　　址：山东省枣庄市峄城区果树
　　　　　中心

调 查 人：李好先
电　　话：13903834781
单　　位：中国农业科学院郑州果树
　　　　　研究所

调查地点：山东省枣庄市峄城区榴园
　　　　　镇贾泉村

地理数据：GPS 数据（海拔：78m，
　　　　　经度：E117°28′15.50″，纬度：N34°46′8.86″）

样本类型：果实、枝条

生境信息

来源于山东省枣庄市，生长在山东省枣庄市峄城区石榴资源圃中；温带季风气候；当地标志树种为杨树、桃、核桃、大枣等；地形为丘陵坡地，坡度16°，阳坡，土壤为褐土，质地为砂壤土，土壤pH7.2；树龄6年，现存6株，大田栽培。

植物学信息

1. 植株情况

树势较强，生长势强，树形自然圆头形；扦插苗栽植，株行距均3m，小乔木，树体较小，单干，干高0.8m，最大干周21cm，树高2.2m，冠幅东西1.8m、南北1.8m。

2. 植物学特征

成龄树体中等，一般树高2.5m，冠径3m左右，树冠不开张，在自然状态下树冠呈扁圆形；叶片中等大小，多为披针形，叶平均长6cm、宽1.8cm，枝条前端叶片呈线形，黄绿色或浅绿色，叶片较薄，有亮光感，叶尖渐尖，叶基楔形；花白色、单瓣，萼片闭合至半开张。

3. 果实性状

中型果，圆球形，平均单果重325g，最大单果重860g，果肩陡，果皮黄白色，表面光滑，果皮平均厚0.4cm；心室8个，内有籽420余粒，百粒重38g，籽粒白色，味甜而软，可溶性固形物含量15.5%。白花、白皮、白籽、味甜，故称"三白甜"。

4. 生物学习性

在山东省枣庄市峄城区，3月下旬萌芽；4月上旬展叶，4月中旬新梢开始生长，5月中旬始花，5月下旬至6月上旬盛花，6月下旬末花，9月上旬果实成熟，10月下旬开始落叶，11月上旬全部落叶。

品种评价

系山东省枣庄市峄城区地方品种、优良品种、主栽品种之一；抗病虫能力强，较耐干旱、瘠薄，早期丰产性好，成熟时遇雨易裂果，不耐贮运。

植株

花

花

花纵切图

果实及籽粒

果实

峄城小青皮酸

Punica granatum L.'Yichengxiaoqingpisuan'

⊙ 调查编号：CAOSYHZX162

⊟ 所属树种：石榴 *Punica granatum* L.

☰ 提 供 人：郝兆祥
　电　　话：18866326761
　住　　址：山东省枣庄市峄城区果树
　　　　　　中心

▣ 调 查 人：李好先
　电　　话：13903834781
　单　　位：中国农业科学院郑州果树
　　　　　　研究所

◉ 调查地点：山东省枣庄市峄城区榴园
　　　　　　镇贾泉村

⊕ 地理数据：GPS 数据（海拔：78m，
　　　　　　经度：E117°28'15.50"，纬度：N34°46'8.86"）

▣ 样本类型：果实、枝条

生境信息

来源于山东省枣庄市，生长在山东省枣庄市峄城区石榴资源圃中；温带季风气候；当地标志树种为杨树、桃、核桃、大枣等；地形为丘陵坡地，坡度16°，阳坡，土壤为褐土，质地为砂壤土，土壤pH7.2；树龄6年，现存6株，大田栽培。

植物学信息

1. 植株情况

树势稍强，生长势中等，树形自然圆头形；扦插苗栽植，株行距均3m，小乔木，树体较小，单干，干高0.8m，最大干周20cm，树高2.1m，冠幅南北1.7m、东西1.7m。

2. 植物学特征

成龄树体中等，一般树高3.5m、冠幅4m，干性较强，树冠不开张，呈塔形；枝干稍扭曲，多年生枝深灰色，1年生枝浅灰色；叶柄平均长0.5cm，绿色，叶片中大，倒卵形，叶长5cm、宽1.5cm，枝条上部叶为披针形，叶尖钝尖，叶基半圆形；花红色、单瓣，萼筒较小，呈绿色，萼片开张。

3. 果实性状

扁圆形，果型指数0.78，平均单果重240g，果皮平均厚0.4cm，果肩较平，果面光滑，黄绿色，向阳面有红色条纹，梗洼平，萼洼稍凹；心室8个，室内有籽约560粒，籽粒粉红色，百粒重23g，可溶性固形物含量14.5%，味特酸。

4. 生物学习性

生长势中等，年生长量较小，成枝力、萌芽力较强；在山东省枣庄市峄城区，4月初萌芽，4月上旬展叶，4月中旬新梢开始生长，5月上旬始花，5月底6月初盛花，6月下旬末花，9月下旬果实成熟，10月下旬开始落叶，11月初落叶结束。

品种评价

抗根结线虫病能力较强，耐瘠薄、干旱，丰产、稳产，果实较耐贮藏，适合加工。

植株

花

花

幼果

结果状

果实

果实及籽粒

峄城小籽三白

Punica granatum L.'Yichengxiaozisanbai'

调查编号：CAOSYHZX163

所属树种：石榴 *Punica granatum* L.

提 供 人：郝兆祥
电　　话：18866326761
住　　址：山东省枣庄市峄城区果树
中心

调 查 人：李好先
电　　话：13903834781
单　　位：中国农业科学院郑州果树
研究所

调查地点：山东省枣庄市峄城区榴园
镇贾泉村

地理数据：GPS 数据（海拔：78m，
经度：E117°28'15.50"，纬度：N34°46'8.86"）

样本类型：果实、枝条

生境信息

来源于山东省枣庄市，生长在山东省枣庄市峄城区石榴资源圃中；温带季风气候；当地标志树种为杨树、桃、核桃、大枣等；地形为丘陵坡地，坡度16°，阳坡，土壤为褐土，质地为砂壤土，土壤pH7.2；树龄3年，现存6株，大田栽培。

植物学信息

1. 植株情况

树势中庸，生长势中等，树形自然圆头形；扦插苗栽植，株行距均3m，小乔木，树体较小，单干，干高0.7m，最大干周14cm，树高1.6m，冠幅东西1.2m、南北1.2m。

2. 植物学特征

成龄树体较小，一般树高2.5m，冠径3m左右；叶片中等大小，多为披针形，叶平均长6.0cm、宽1.8cm，枝条前端叶片呈线形，黄绿色或浅绿色，叶片较薄，有亮光感，叶尖渐尖，叶基楔形；花白色、单瓣，萼片闭合至半开张。

3. 果实性状

中型果，果实圆球形，平均单果重306g，果肩陡，果皮白色，表面光滑，果皮平均厚0.4cm；心室8个，籽粒白色，百粒重28.2g，可溶性固形物含量15.2%，味甜。

4. 生物学习性

在山东省枣庄市峄城区，3月下旬萌芽，4月上旬展叶，4月中旬新梢开始生长，5月中旬始花，5月下旬至6月上旬盛花，6月下旬末花，9月上旬果实成熟，10月下旬开始落叶，11月上旬全部落叶。

品种评价

抗根结线虫病能力较强，耐瘠薄、干旱。

果实

植株

花

花

峄城重瓣白花酸

Punica granatum L.
'Yichengchongbanbaihuasuan'

调查编号：CAOSYHZX166

所属树种：石榴 *Punica granatum* L.

提供人：郝兆祥
电　话：18866326761
住　址：山东省枣庄市峄城区果树
中心

调查人：李好先
电　话：13903834781
单　位：中国农业科学院郑州果树
研究所

调查地点：山东省枣庄市峄城区榴园
镇贾泉村

地理数据：GPS 数据（海拔：78m，
经度：E117°28'15.50"，纬度：N34°46'8.86"）

样本类型：果实、枝条

生境信息

来源于山东省枣庄市，生长在山东省枣庄市峄城区石榴资源圃中；温带季风气候；当地标志树种为杨树、桃、核桃、大枣等；地形为丘陵坡地，坡度16°，阳坡，土壤为褐土，质地为砂壤土，土壤pH7.2；树龄5年，现存6株，大田栽培。

植物学信息

1. 植株情况

树势较强，生长势强，干性强，枝条直立，树形自然圆头形；扦插苗栽植，株行距均3m，小乔木，树体较小，单干，干高0.8m，最大干周21cm，树高2.2m，冠幅东西1.9m、南北1.9m。

2. 植物学特征

多年生枝灰白色，较顺直，1年生枝浅灰色，直立而稀疏；叶片窄长，叶平均长7.2cm、叶宽1.8cm，叶色浅绿，椭圆形至披针形，似桃柳叶，少部分线形，向正面纵卷；花白色，清洁淡雅，钟状，雌蕊退化消失或稍留痕迹，雄蕊退化成花瓣，使花瓣重叠量大，基数40~50枚，花大，花萼肥厚，5月至6月份盛花，部分雌蕊发育完全，可受精坐果。

3. 果实性状

近圆形，平均单果重182.5g，最大单果重453g，果面白色；籽粒白色，种仁硬，百粒重32g，可溶性固形物含量13.8%，味酸。

4. 生物学习性

萌芽力强，成枝力弱，生长势强；在山东省枣庄市峄城区，3月底4月初萌芽，5月至6月盛花，9月上、中旬果实成熟，10月底开始落叶。

品种评价

观花、观果品种，栽培数量较少，极富观赏价值；花大、色美、量多、期长，适合庭院、街道、公园、小区等栽培，亦可以作为鲜食、加工品种的砧木。

植株

花

果实

峄城重瓣白花甜

Punica granatum L.
'Yichengchongbanbaihuatian'

调查编号：CAOSYHZX167

所属树种：石榴 *Punica granatum* L.

提供人：郝兆祥
电　话：18866326761
住　址：山东省枣庄市峄城区果树中心

调查人：李好先
电　话：13903834781
单　位：中国农业科学院郑州果树研究所

调查地点：山东省枣庄市峄城区榴园镇贾泉村

地理数据：GPS数据（海拔：78m，经度：E117°28'15.50"，纬度：N34°468.86"）

样本类型：果实、枝条

生境信息

来源于山东省枣庄市，生长在山东省枣庄市峄城区石榴资源圃中；温带季风气候；当地标志树种为杨树、桃、核桃、大枣等；地形为丘陵坡地，坡度16°，阳坡，土壤为褐土，质地为砂壤土，土壤pH7.2；树龄26年，现存6株，大田栽培。

植物学信息

1. 植株情况

树势较强，生长势强，树形自然圆头形；扦插苗栽植，株行距均3m，小乔木，树体大，单干，干高0.8m，最大干周56cm，树高3.2m，冠幅东西2.6m、南北2.7m。

2. 植物学特征

多年生枝灰白色，较顺直，1年生枝浅灰色，直立而稀疏；叶片窄长，叶平均长7.0cm、宽1.9cm，叶色浅绿；花白色，清洁淡雅，钟状，雌蕊退化消失或稍留痕迹，雄蕊退化成花瓣，使花瓣重叠量大，基数40~50枚，花大，花萼肥厚，5月至6月份盛花，部分雌蕊发育完全，呈筒状，萼片开张，可受精坐果。

3. 果实性状

近圆形，平均单果重205.5g，最大单果重460g，果面白色；籽粒白色，种仁硬，味甜，百粒重33.5g，可溶性固形物含量13.5%，

4. 生物学习性

萌芽力强，成枝力弱，生长势强；在山东省枣庄市峄城区，3月底4月初萌芽，5月至6月盛花，9月上、中旬果实成熟，10月底开始落叶。

品种评价

观花、观果品种，栽培数量较少，极富观赏价值；花大、色美、量多、期长，适合庭院、街道、公园、小区等栽培，亦可以作为鲜食、加工品种的砧木。

植株

花

花蕾

幼果

果实

峄城重瓣粉红甜

Punica granatum L.
'Yichengchongbanfenhongtian'

调查编号：CAOSYHZX169

所属树种：石榴 *Punica granatum* L.

提供人：郝兆祥
电　话：18866326761
住　址：山东省枣庄市峄城区果树中心

调查人：李好先
电　话：13903834781
单　位：中国农业科学院郑州果树研究所

调查地点：山东省枣庄市峄城区榴园镇贾泉村

地理数据：GPS数据（海拔：78m，经度：E117°28'15.50"，纬度：N34°46'8.86"）

样本类型：果实、枝条

生境信息

来源于山东省枣庄市，生长在山东省枣庄市峄城区石榴资源圃中；温带季风气候；当地标志树种为杨树、桃、核桃、大枣等；地形为丘陵坡地，坡度16°，阳坡，土壤为褐土，质地为砂壤土，土壤pH7.2；树龄5年，现存6株，大田栽培。

植物学信息

1. 植株情况

树势中庸，生长势中等，树形自然圆头形；扦插苗栽植，株行距均3m，小乔木，树体较小，单干，干高0.7m，最大干周18cm，树高1.5m，冠幅东西1.2m、南北1.2m。

2. 植物学特征

多年生枝灰白色，1年生枝浅灰色；叶片窄长，叶平均长6.5cm、宽1.8cm；花粉红色，清洁淡雅，钟状，雌蕊退化消失或稍留痕迹，雄蕊退化成花瓣，使花瓣重叠量大，基数40~50枚，花大，花萼肥厚，5月至6月盛花，部分雌蕊发育完全，可受精坐果。

3. 果实性状

近圆形，中型果，果型指数0.90，平均单果重220g，最大果650g，果面黄白色，向阳面着红晕，光洁，美观，果皮平均厚0.4cm，萼筒直立或闭合，萼片6裂；心室6~8个，籽粒黄白或乳黄色，百粒重39g，汁液多，近核处"针芒"多，味甜微酸，可溶性固形物含量14.1%。

4. 生物学习性

在山东省枣庄市峄城区，3月底4月初萌芽，5月下旬至6月上旬盛花，9月上、中旬果实成熟，10月底开始落叶。

品种评价

观花、观果品种，栽培数量较少，极富观赏价值；花大、色美、量多、期长，适合庭院、街道、公园、小区等栽培，亦可以作为鲜食、加工品种的砧木。

植株

花

花

花蕾

结果状

果实

果实及籽粒

峄城竹叶青

Punica granatum L.'Yichengzhuyeqing'

调查编号： CAOSYHZX172

所属树种： 石榴 *Punica granatum* L.

提 供 人： 郝兆祥
电　　话： 18866326761
住　　址： 山东省枣庄市峄城区果树
中心

调 查 人： 李好先
电　　话： 13903834781
单　　位： 中国农业科学院郑州果树
研究所

调查地点： 山东省枣庄市峄城区榴园
镇贾泉村

地理数据： GPS 数据（海拔：78m，
经度：E117°28'15.50"，纬度：N34°46'8.86"）

样本类型：果实、枝条

生境信息

来源于山东省枣庄市，生长在山东省枣庄市峄城区石榴资源圃中；温带季风气候；当地标志树种为杨树、桃、核桃、大枣等；地形为丘陵坡地，坡度16°，阳坡，土壤为褐土，质地为砂壤土，土壤pH7.2；树龄6年，现存6株，大田栽培。

植物学信息

1. 植株情况

树势较强，生长势强，树形自然圆头形；扦插苗栽植，株行距均3m，小乔木，树体较小，单干，干高0.8m，最大干周22cm，树高2.2m，冠幅东西1.7m、南北1.8m。

2. 植物学特征

成龄树冠开张，部分主干和多年大枝逆时针方向扭曲，有瘤状突起，呈灰色至深灰色，粗糙，老皮翘起呈瓦片状剥离，剥皮后枝干呈灰白色至灰色，皮孔明显，1年生枝青灰色至灰色；叶倒卵圆形，叶平均长6.6cm、宽2.8cm，叶尖急尖，叶色浓绿，叶面蜡质较厚；花红色、单瓣，萼筒短，萼片半闭合至半开张。

3. 果实性状

大型果，扁圆球形，充分成熟时果皮仍为青绿色，故有"竹叶青"之称，梗洼平或突起，平均单果重450g，最大1520g；籽粒红色，种仁硬，味甜，百粒重38g，可溶性固形物含量15%。

4. 生物学习性

生长势强，全树成熟期一致；在山东省枣庄市峄城区，3月底萌芽，5月下旬至6月上旬盛花，9月下旬至10上旬果实成熟，10月底开始落叶。

品种评价

系山东省枣庄市峄城区地方品种；抗病虫能力强，较耐瘠薄、干旱。

植株

花

花

幼果

果实

果实

果实及籽粒

玉石籽

Punica granatum L.'Yushizi'

🔘 调查编号：CAOSYHZX175

🏷 所属树种：石榴 *Punica granatum* L.

📄 提 供 人：郝兆祥
电　　话：18866326761
住　　址：山东省枣庄市峄城区果树中心

📝 调 查 人：李好先
电　　话：13903834781
单　　位：中国农业科学院郑州果树研究所

📍 调查地点：山东省枣庄市峄城区榴园镇贾泉村

🌐 地理数据：GPS 数据（海拔：78m，经度：E117°28'15.50"，纬度：N34°46'8.86"）

🖼 样本类型：果实、枝条

🗒 生境信息

来源于安徽省蚌埠市怀远县，生长在山东省枣庄市峄城区石榴资源圃中；温带季风气候；当地标志树种为杨树、桃、核桃、大枣等；地形为丘陵坡地，坡度16°，阳坡，土壤为褐土，质地为砂壤土，土壤pH7.2；树龄6年，现存6株，大田栽培。

📋 植物学信息

1. 植株情况

树势较强，生长势强，树形自然圆头形；扦插苗栽植，株行距均3m，小乔木，树体较小，单干，干高0.8m，最大干周22cm，树高2.4m，冠幅东西1.9m、南北1.9m。

2. 植物学特征

主干和多年生枝灰褐色，当年生枝浅灰色，新梢嫩枝淡红色，节间平均长3cm；2年生枝褐色，节间平均长2.5cm，茎刺少；叶柄平均长约0.6cm，紫红色，新叶淡红色，成叶深绿色，叶对生，中上部叶多为披针形，平均长6.2cm、宽1.7cm，叶面微内折，基部楔形，叶尖渐尖，叶缘波状，全缘；花梗下垂，短，平均长0.3cm，黄绿色；花萼筒状，6裂，较短，淡红色，不反卷；花单瓣，6枚，倒卵状椭圆形，橙红色，平均长2.2cm，宽1.1cm，花冠内扣，花径5.0cm。

3. 果实性状

果大皮薄，近圆球形，果型指数0.93，平均单果重240g，最大单果重380g，有明显的五棱，果皮青绿色，向阳面有红晕，并常有少量斑点，梗洼稍凸；心室8～12个，籽粒大，玉白色，近核处常有放射状红晕，汁多味甜并略具香味，百粒重59.3g，可溶性固形物含量16.5%。

4. 生物学习性

生长势中庸，全树成熟期一致；在山东省枣庄市峄城区，3月底萌芽，5月下旬盛花，9月下旬果实开始成熟，10月底开始落叶。

📋 品种评价

系安徽省蚌埠市怀远县地方品种、主栽品种、优良品种；籽粒大，品质优良，不耐贮藏，适宜在砾质壤土的山坡地栽培，肥水要求高。

植株

花

花

幼果

果实

花蕾

月季石榴

Punica granatum L.'Yuejishiliu'

调查编号：CAOSYHZX177

所属树种：石榴 *Punica granatum* L.

提 供 人：郝兆祥
电　　话：18866326761
住　　址：山东省枣庄市峄城区果树中心

调 查 人：李好先
电　　话：13903834781
单　　位：中国农业科学院郑州果树研究所

调查地点：山东省枣庄市峄城区榴园镇贾泉村

地理数据：GPS 数据（海拔：78m，经度：E117°28'15.50"，纬度：N34°46'8.86"）

样本类型：果实、枝条

生境信息

来源于山东省枣庄市，生长在山东省枣庄市峄城区石榴资源圃中；温带季风气候；当地标志树种为杨树、桃、核桃、大枣等；地形为丘陵坡地，坡度16°，阳坡，土壤为褐土，质地为砂壤土，土壤pH7.2；树龄4年，现存6株，大田栽培。

植物学信息

1. 植株情况

树势中庸，生长势一般，小灌木，丛状，高80cm。

2. 植物学特征

树高60～100cm，1年生枝灰绿色，多年生枝灰白色，枝条密挤、细弱，但较直立，嫩茎红色；单叶对生或簇生，叶色淡绿，狭长，平均长2.0cm、宽0.5cm左右，长椭圆形至披针形；花小，钟状或筒状，花瓣鲜红色，单瓣，顶生，单生，每年开花4～5次，坐果2～3次。

3. 果实性状

微型果，果小如核桃大小，果皮黄绿色或红色，单果重50g左右，每果有籽粒160～180粒，籽粒粉红至红色，百粒重16～18g，味特酸，可溶性固形物含量12%～14%；籽粒不具鲜食价值。

4. 生物学习性

在山东省枣庄市峄城区，3月底4月初萌芽，5月至9月开花，9月下旬后果实陆续成熟。

品种评价

月季石榴是一个古老的石榴品种，又名'火石榴''月月石榴''四季石榴'，多称'看石榴'，栽培数量较多，广泛分布于各地石榴产区花卉爱好者家中，是著名的观花、观果品种，多盆栽。

植株

结果枝组

结果状

花蕾

花及花蕾

大白甜

Punica granatum L.'Dabaitian'

调查编号：CAOSYFYZ001

所属树种：石榴 *Punica granatum* L.

提 供 人：冯玉增
电　　话：13938630498
住　　址：河南省开封市农业科学院家属院内

调 查 人：赵艳莉
电　　话：13837858289
单　　位：河南省开封市农林科学院

调查地点：河南省开封市顺河回族区农业科学院家属院内

地理数据： GPS 数据（海拔：71m，
经度：E114°24'22.22"，纬度：N34°47'59.22"）

样本类型：果实、枝条

生境信息

来源于当地，土壤质地为砂壤土，树龄15~20年，栽植在庭院内。

植物学信息

1. 植株情况

树势强健，树姿半开张，树形圆锥形，树体小。

2. 植物学特征

嫩梢黄绿色，针刺较多；叶片大，花单瓣，黄白色，花瓣数5~7片，单轮着生，花柱黄色；花萼萼筒短，5~8片，开张或半闭。

3. 果实性状

圆球形，果大，纵径10.2cm、横径9.0cm，平均单果重335g，最大果重750g，果皮白黄色，有点状褐色锈，果皮平均厚0.4cm；子房11室，每果有籽500粒左右，籽粒白色，百粒重36.3g，出汁率90.6%，可食用部分54%，含糖10.9%，含酸0.156%。

4. 生物学习性

在河南省开封市，3月下旬萌芽，5月中下旬盛花，8月下旬至9月中旬果实成熟，为早熟品种，应及早采收，11月上中旬落叶；栽后2年见花，3年见果，5年进入丰产期，自花结实，大小年不显著，丰产、稳产。

品种评价

系河南省地方品种；抗寒性强、抗病性强，适应性广。

植株

花

花蕾

果实

结果枝组

大红袍

Punica granatum L.'Dahongpao'

调查编号: CAOSYFYZ006

所属树种: 石榴 *Punica granatum* L.

提 供 人: 冯玉增
电　　话: 13938630498
住　　址: 河南省开封市农业科学院家属院内

调 查 人: 赵艳莉
电　　话: 13837858289
单　　位: 河南省开封市农林科学院

调查地点: 河南省开封市顺河回族区农业科学院家属院内

地理数据: GPS 数据（海拔: 71m,
经度: E114°24'22.22", 纬度: N34°47'59.22"）

样本类型: 果实、枝条

生境信息

来源于当地，土壤质地为砂壤土，树龄15～20年，栽植在庭院内。

植物学信息

1. 植株情况

树冠较大，呈半圆形；枝条粗壮而稀疏，中长枝较少，叶丛枝较多，树高4m。

2. 植物学特征

1年生枝可达1.5m以上，且抽生二次枝、三次枝，个还能抽生四次枝，小枝多呈水平生长；多年生枝黄褐色，当年生枝紫褐色，嫩梢及其幼叶淡红色；叶绿色，具光泽，对生，长圆披针形，先端急尖，全缘；花钟状和筒状着生于新梢顶端或叶腋；花单瓣，红色，花瓣数6～8片，覆瓦状排列。

3. 果实性状

大型果，扁圆形，果型指数约0.95，平均单果重750g，最大单果重1250g，果肩齐，表面光亮，果皮鲜红色，向阳面棕红色，并有纵向红线，条纹明显，梗洼稍凸，有明显的5棱，萼洼较平，果皮平均厚0.5cm；心室8～10个，含籽520～940粒，百粒籽重约56g，籽粒水红色、透明，可溶性固形物含量16.5%，可滴定酸0.43%，味甜，汁多。

4. 生物学习性

萌芽力和成枝力均强，树冠成形快；幼树以中、长果枝结果为主，成龄树长、中、短果枝均可结果，早果性较好，坐果能力强，高产、稳产；在河南省开封市，3月下旬萌芽，4月上旬展叶，4月中旬进入新梢生长期，4月下旬初花，5月中、下旬进入盛花期，5月下旬进入末花期，9月上、中旬果实开始成熟，11月上、中落叶。

品种评价

结果早，果大，产量高，丰产、稳产，抗旱，抗病虫能力强，耐干旱、瘠薄，果实成熟遇雨易裂果，不耐贮运。

植株　花　果实　可育及不可育花　花蕾　结果枝组

大红甜

Punica granatum L.'Dahongtian'

调查编号：CAOSYFYZ007

所属树种：石榴 *Punica granatum* L.

提 供 人：冯玉增
电　　话：13938630498
住　　址：河南省开封市农业科学院家
　　　　　属院内

调 查 人：赵艳莉
电　　话：13837858289
单　　位：河南省开封市农林科学院

调查地点：河南省开封市顺河回族区
　　　　　农业科学院家属院内

地理数据：GPS 数据（海拔：71m，
　　　　　经度：E114°24'22.22"，纬度：N34°47'59.22"）

样本类型：果实、枝条

生境信息

来源于当地，土壤质地为砂壤土，树龄15～20年，栽植在庭院内。

植物学信息

1. 植株情况

树势强健，生长势强，树形自然圆头形，树冠大，枝条粗壮。

2. 植物学特征

多年生枝灰褐色；叶大，长椭圆或阔卵形，浓绿色；花单瓣，朱红色，花瓣数5～7片，卵形，花蕾红色，花药黄色，子房下位。

3. 果实性状

大型果，圆球形，平均单果重400g，最大单果重可达1200g左右，果皮较薄，果面光洁，底色黄白，上着浓红彩色，外观极美；心室6～8个，籽粒呈鲜红或浓红色，百粒重37.3g，汁液多，风味浓甜而香，可溶性固形物含量15%～17%，品质上等。

4. 生物学习性

8月中旬果实成熟，抗裂果性强；定植后第二年开花结果株率达90%～100%，单株结果4～6个，多者达11个，进入盛产期后，株产50kg以上，极具发展潜力。

品种评价

系河南省地方品种、优良品种；早产、丰产、稳产、抗旱，抗寒，耐瘠薄，适应性广。

植株

花

花及花蕾

可育及不可育花

叶片

果实

结果状

花边

Punica granatum L. 'Huabian'

调查编号： CAOSYFYZ013

所属树种： 石榴 *Punica granatum* L.

提 供 人： 冯玉增
电　　话： 13938630498
住　　址： 河南省开封市农业科学院家
　　　　　属院内

调 查 人： 赵艳莉
电　　话： 13837858289
单　　位： 河南省开封市农林科学院

调查地点： 河南省开封市顺河回族区
　　　　　农业科学院家属院内

地理数据： GPS 数据（海拔：71m，
　　　　　经度：E114°24′22.22″，纬度：N34°47′59.22″）

样本类型： 果实、枝条

生境信息

来源于当地，土壤质地为砂壤土，树龄15～20年，栽植在庭院内。

植物学信息

1. 植株情况

植株矮小，花色美观。

2. 果实性状

小型果，圆球形，皮淡黄色有褐色点状果锈；纵径7cm，横径5.6cm，平均单果重104g；萼筒细较高，萼片6片微反卷；子房7室左右，籽粒白色，中间有红点，单果257～430粒，百粒重14.6g，籽粒出汁率87.0%，可食率50%，味酸甜。

品种评价

系河南省开封市地方品种，主要分布在开封市及周边地区，是园林绿化和盆景、盆栽的优良品种。

植株

可育花

不可育花

叶片

幼果

铁皮

Punica granatum L.'Tiepi'

调查编号： CAOSYFYZ014

所属树种： 石榴 *Punica granatum* L.

提供人： 冯玉增
电　话： 13938630498
住　址： 河南省开封市农业科学院家属院内

调查人： 赵艳莉
电　话： 13837858289
单　位： 河南省开封市农林科学院

调查地点： 河南省开封市顺河回族区农业科学院家属院内

地理数据： GPS 数据（海拔：71m，经度：E114°24'22.22"，纬度：N34°47'59.22"）

样本类型： 果实、枝条

生境信息

来源于当地，土壤质地为砂壤土，树龄15~20年，栽植在庭院内。

植物学信息

1. 植株情况

树体中等，一般树高4m，冠幅东西4m、南北4m，干性强，较顺直。

2. 植物学特征

主干和多年生枝扭曲，叶柄平均长1.1cm，叶平均长7.5cm，平均宽2.5cm；花单瓣，红色，卵形，花瓣6片，萼筒较小，呈闭合状态。

3. 果实性状

大型果，果实扁圆形，果肩齐，表面不光滑，条纹不明显，呈铁紫色，果皮厚0.3~0.5cm；心室8~10个，含籽523~939粒，多者达1000粒以上，百粒重56.3g，粒粉红，透明，可溶性固形物含量16%，果皮隔、膜重约48%，可食部分约52%。

4. 生物学习性

萌芽力、成枝力均强；在河南省开封市，3月下旬为萌芽期，4月初为展叶期，4月8日前后为新梢生长期，4月20日左右进入快速生长期，5月3日达到生长高峰，以后转入缓慢生长期，7月25日以后出现第2次生长，8月下旬开始进入果实成熟期，9月25日前后枝梢生长缓慢，随后顶端逐渐出现针刺，10月下旬开始落叶，进入休眠间。

品种评价

抗病虫害强，耐干旱、瘠薄，果实存放时间长，自然存放半年，耐贮运能力好，是食用、药用、绿化的优良品种。

植株

花蕾

花

叶片

果实

果实

参考文献

曹尚银，侯乐蜂. 2013. 中国果树志·石榴卷[M]. 北京：中国林业出版社.

曹尚银，李好先. 2014. 中国石榴研究进展（二）[M]. 北京：中国林业出版社.

曹尚银，杨福兰. 2003. 石榴、无花果良种引种指导[M]. 北京：金盾出版社.

曹尚银. 2008. 石榴标准化生产技术[M]. 北京：金盾出版社.

曹尚银. 2005. 优质石榴无公害丰产栽培[M]. 北京：科学技术文献出版社.

曹尚银. 2011. 中国石榴研究进展（一）[M]. 北京：中国农业出版社.

陈德均，侯尚谦，翟洪轩，等. 1989. 我国石榴的种质资源及地理分布[J]. 河南科技, 10: 18-19, 22.

冯立娟，苑兆和，辛力，等. 2011. 山东省石榴产业发展现状与对策[J]. 落叶果树, 02: 15-19.

冯玉增，宋梅亭. 2000. 我国石榴生产现状与发展建议[J]. 林业科技开发, 05:7-9.

巩雪梅. 2004. 石榴品种资源遗传变异分子标记研究[D]. 合肥: 安徽农业大学.

古丽米热，董海丽，居来提，等. 2003. 新疆石榴产业现状与未来发展[J]. 西北园艺, 06:7-8.

郝庆，吴名武，陈先荣，等. 2005. 新疆石榴栽培与内地的差异[J]. 新疆农业科学, S1: 41-44.

贾定贤. 2007. 我国主要果树种质资源研究的问题与展望[J]. 中国果树, (2): 56-59.

李丹. 2008. 石榴优良品系筛选及遗传多样性分析[D]. 杨凌: 南西北农林科技大学.

梁宁，刘孟军，赵智慧. 2007. 果树种质资源的保存、评价与利用研究进展[C]//中国园艺学会第五届全国干果生产、科研进展研讨会论文集, 57-62.

卢龙斗，刘素霞，邓传良，等. 2007. RAPD 技术在石榴品种分类上的应用[J]. 果树学报,24(5): 634-639.

卢新雄，陈晓玲. 2008. 我国作物种质资源的保存与共享体系[J].中国科技资源导报,40(4): 20-25.

任国慧，俞明亮，冷翔鹏，等. 2013. 我国国家果树种质资源研究现状及展望——基于中美两国国家果树种质资源圃的比较[J].中国南方果树, 42(1): 114-118.

陕西省果树研究所. 1978. 陕西果树志[M]. 西安：陕西人民出版社.

孙云蔚. 1983. 中国果树史与果树资源[M]. 上海：上海科学技术出版社.

汪小飞. 2007. 石榴品种分类研究[D]. 南京: 南京林业大学.

王力荣. 2012. 我国果树种质资源科技基础性工作30年回顾与发展建议[J]. 植物遗传资源学报, 13(3): 343-349.

魏闻东，田鹏，夏莎玲. 2009. 优质红皮梨新品种满天红的培育[J]. 贵州农业科学, 37（9）：26-27.

薛华柏，郭俊英，司鹏，等. 2010. 4 个石榴基因型的 SRAP 鉴定[J]. 果树学报, 24(2): 226-229.

杨荣萍，龙雯虹，张宏，等. 2007. 云南 25 份石榴资源的 RAPD 分析[J]. 果树学报,24(2): 226-229.

尹燕雷. 2008. 山东石榴资源的AFLP亲缘关系鉴定及遗传多样性研究[D]. 泰安: 山东农业大学.

苑兆和，招雪晴. 2014.石榴种质资源研究进展[J]. 林业科技开发, 28(3): 1-7.

张建国，方朝勇. 2007. 中国石榴文化概览[J].中国果业信息, 11:9-16.

张四普，汪良驹，曹尚银，等. 2008. 23个石榴基因型遗传多样性的SRAP分析[J]. 果树学报, 05: 655-660.

张四普，汪良驹，吕中伟. 2010. 石榴叶片SRAP体系优化及其在白花芽变鉴定中的应用[J]. 西北植物学报, 30(5): 911-917.

张彦苹，曹尚银，初建青，等. 2010. 16 份石榴 RAPD 扩增产物的两种电泳方法检测及其序列特征[J]. 基因组学与应用生物学,29(5): 890-896.

赵丽华. 2010. 石榴（*Punica granatum* L.）种质资源遗传多样性及亲缘关系研究[D]. 重庆: 西南大学.

中国农业科学院郑州果树研究所等. 1987. 中国果树栽培学[M]. 北京：农业出版社.

Alighourchi H，Barzegar M. 2009. Some physicochemical characteristics and degradation kinetic of anthocyanin of reconstituted pomegranate juice during storage., J Food Eng, 90(2): 179-185.

Al-Said F A，Opara L U，Al-Yahyai R A. 2009. Physico-chemical and textural quality attributes of pomegranate cultivars (*Punica granatum* L.) grown in the Sultanate of Oman[J]. J Food Eng, 90:129 - 134.

Arjmand A. 2011. Antioxidant activity of pomegranate (*Punica granatum* L.) polyphenols and their stability in probiotic yoghurt[D]. Melbourne: RMIT University.

BenNasr C，Ayed N，Metche M. 1996. Quantitative determination of the olyphenoliccontent of pomegranate peel [J]. Zeitschrift Fur Ebensmittel-Untersuchung Und-Forschung，203(4): 374-378.

Holland D，Hatib K，Bar-Ya' akov I. 2009. Pomegranate: Botany, Horticulture, Breeding[J]. Horticultural Reviews, 35: 127.

Jalikop S H，Kumar P S，Rawal R D. 2006. Ravindra Kumar. Breeding pomegranate for fruit attributes and resistance to bacterial blight. Indian Journal of Horticulture, 63(4): 352-358.

Jbir R.，Hasnaoui N，Mars M，Marrakchi M，Trifi M. 2008. Characterization of Tunisian pomegranate (*Punica granatum*) cultivars using amplified fragment length polymorphism analysis[J]. Sci. Horticult, 115, 231 - 237.

Lansky EP，Newman R A. 2007. *Punica granatum* (pomegranate) and its potential for prevention and treatment of inflammation and cancer[J]. Journal of Ethnopharmacology, 109(2): 177-206.

Mars M，Marrakchi M. 1999. Diversity among pomegranate (*Punica granatum*) germplasm in Tunisia[J]. Genet. Resour. Crop, 46, 461 - 467.

Martinez J J，Melgarejo P，Hernandez F，Salazar D M，Martinez R. 2006. Seed characterisation of five new pomegranate (*Punica granatum* L.) varieties. Scientia Horticulturae, 110(3): 241-246.

Melgarejo P，Martinez J J，Hernandez F，Martinez R，Legua P，Oncina R，Martinez-Murcia A. 2009. Cultivar identification using 18S-28S rDNA intergenic spacer-RFLP in pomegranate (*Punica granatum* L.) [J]. Scientia Horticulturae , 120(4): 500-503.

Narzary D，Mahar K S，Rana T S，Ranade S A. 2009. Analysis of genetic diversity among wild pomegranates in Western Himalayas, using PCR methods. Scientia Horticulture, 121(2): 237-242.

Poyrazoglu E，Gokmen V，Artik N. 2002. Organic acids and phenolic compounds in pomegranates (*Punica granatum* L.) grown in Turkey. Journal of Food Composition and Analysis, 15(5): 567-575.

Sarkhosh A，Zamani Z，Fatahi R，Ranjbar H. 2009. Evaluation of genetic diversity among Iranian soft-seed pomegranate accessions by fruit characteristics and RAPD markers [J]. Scientia Horticulture, 121(3): 313-319.

Verma N，Mohanty A，Lal A. 2010. Pomegranate genetic resources and germplasm conservation: a review[J]. Fruit, Vegetable and Cereal Science and Biotechnology, 4(S2):120-125.

Zhaohe Y，Yanlei Y，Jianlu Q，Liqin Z，Yun L. 2007. Population Genetic Diversity in Chinese Pomegranate (*Punica granatum* L.) Cultivars evealed by Fluorescent-AFLP Markers[J]. Journal of Genetics and Genomics, 34(12): 1061-1071.

附录一
各树种重点调查区域

树种	重点调查区域 区域	具体区域
石榴	西北区	新疆叶城，陕西临潼
	华东区	山东枣庄，江苏徐州，安徽怀远、淮北
	华中区	河南开封、郑州、封丘
	西南区	四川会理、攀枝花，云南巧家、蒙自，西藏山南、林芝、昌都
樱桃		河南伏牛山，陕西秦岭，湖南湘西，湖北神农架，江西井冈山等；其次是皖南，桂西北，闽北等地
核桃	东部沿海区	辽东半岛的丹东、庄河、瓦房店、普兰店，辽西地区，河北卢龙、抚宁、昌黎、遵化、涞水、易县、阜平、平山、赞皇、邢台、武安、北京平谷、密云、昌平、天津蓟县、宝坻、武清、宁河，山东长清、泰安、章丘、苍山、费县、青州、临朐，河南济源、林州、登封、濮阳、辉县、柘城、罗山、商城，安徽亳州、涡阳、砀山、萧县，江苏徐州、连云港
	西北区	山西太行、吕梁、左权、昔阳、临汾、黎城、平顺、阳泉，陕西长安、户县、眉县、宝鸡、渭北，甘肃陇南、天水、宁县、镇原、武威、张掖、酒泉、武都、康县、徽县、文县，青海民和、循化、化隆、互助、贵德，宁夏固原、灵武、中卫、青铜峡
	新疆区	和田、叶城、库车、阿克苏、温宿、乌什、莎车、吐鲁番、伊宁、霍城、新源、新和
	华中华南区	湖北郧县、郧西、竹溪、兴山、秭归、恩施、建始，湖南龙山、桑植、张家界、吉首、麻阳、怀化、城步、通道，广西都安、忻城、河池、靖西、那坡、田林、隆林
	西南区	云南漾濞、永平、云龙、大姚、南华、楚雄、昌宁、宝山、施甸、昭通、永善、鲁甸、维西、临沧、凤庆、会泽、丽江，贵州毕节、大方、威宁、赫章、织金、六盘水、安顺、息烽、遵义、桐梓、兴仁、普安，四川巴塘、西昌、九龙、盐源、德昌、会理、米易、盐边、高县、筠连、叙永、古蔺、南坪、茂县、理县、马尔康、金川、丹巴、康定、泸定、峨边、马边、平武、安州、江油、青川、剑阁
	西藏区	林芝、米林、朗县、加查、仁布、吉隆、聂拉木、亚东、错那、墨脱、丁青、贡觉、八宿、左贡、芒康、察隅、波密
板栗	华北	北京怀柔，天津蓟县，河北遵化、承德，辽宁凤城，山东费县，河南平桥、桐柏、林州，江苏徐州
	长江中下游	湖北罗田、京山、大悟、宜昌，安徽舒城、广德，浙江缙云，江苏宜兴、吴中、南京
	西北	甘肃南部，陕西渭河以南，四川北部，湖北西部，河南西部
	东南	浙江、江西东南部，福建建瓯、长汀，广东广州，广西阳朔，湖南中部
	西南	云南寻甸、宜良，贵州兴义、毕节、台江，四川会理，广西西北部，湖南西部
	东北	辽宁，吉林省南部
山楂	北方区	河南林县、辉县、新乡，山东临朐、沂水、安丘、潍坊、泰安、莱芜、青州，河北唐山、沧州、保定，辽宁鞍山、营口等地
	云贵高原区	云南昆明、江川、玉溪、通海、呈贡、昭通、曲靖、大理，广西田阳、田东、平果、百色，贵州毕节、大方、威宁、赫章、安顺、息烽、遵义、桐梓
柿	南方	广东五华、潮汕，福建安溪、永泰、仙游、大田、云霄、莆田、南安、龙海、漳浦、诏安，湖南祁阳
	华东	浙江杭州，江苏邳县，山东菏泽、益都、青岛
	北方	陕西富平、三原、临潼，河南荥阳、焦作、林州，河北赞皇，甘肃陇南，湖北罗田
枣	黄河中下游流域冲积土分布区	河北沧州、赞皇和阜平，河南新郑、内黄、灵宝，山东乐陵和庆云，陕西大荔，山西太谷、临猗和稷山，北京丰台和昌平，辽宁北票、建昌等
	黄土高原丘陵分布区	山西临县、柳林、石楼和永和，陕西佳县和延川
	西北干旱地带河谷丘陵分布区	甘肃敦煌、景泰，宁夏中卫、灵武，新疆喀什

树种	重点调查区域	
	区域	具体区域
李	东北区	黑龙江，吉林，辽宁，内蒙古东部
	华北区	河北，山东，山西，河南，北京，天津
	西北区	陕西，甘肃，青海，宁夏，新疆，内蒙古西部
	华东区	江苏，安徽，浙江，福建，台湾，上海
	华中区	湖北，湖南，江西
	华南区	广东，广西
	西南及西藏区	四川，贵州，云南，西藏
杏	华北温带区	北京，天津，河北，山东，山西，陕西，河南，江苏北部，安徽北部，辽宁南部，甘肃东南部
	西北干旱带区	新疆天山、伊犁河谷，甘肃秦岭西麓、子午岭、兴隆山区，宁夏贺兰山区，内蒙古大青山、乌拉山区
	东北寒带区	大兴安岭、小兴安岭和内蒙古与辽宁、吉林、华北各省交界的地区，黑龙江富锦、绥棱、齐齐哈尔
	热带亚热带区	江苏中部、南部，安徽南部，浙江，江西，湖北，湖南，广西
	西南高原区	西藏芒康、左贡、八宿、波密、加查、林芝，四川泸定、丹巴、汶川、茂县、西昌、米易、广元，贵州贵阳、惠水、盘州、开阳、黔西、毕节、赫章、金沙、桐梓、赤水，云南呈贡、昭通、曲靖、楚雄、建水、永善、祥云、蒙自
猕猴桃	重点资源省份	云南昭通、文山、红河、大理、怒江，广西龙胜、资源、全州、兴安、临桂、灌阳、三江、融水，江西武夷山、井冈山、幕阜山、庐山、石花尖、黄岗山、万龙山、麻姑山、武功山、三百山、军峰山、九岭山、官山、大茅山，湖北宜昌，陕西周至，甘肃武都，吉林延边
梨	辽西京郊地区	辽宁鞍山、海城、绥中、盘山，京郊大兴、怀柔、平谷、大厂
	云贵川地区	云南迪庆、丽江、红河、富源、昭通、思茅、大理、巍山、腾冲，贵州六盘水、河池、金沙、毕节、赫章、威宁、凯里，四川乐山、会理、盐源、昭觉、德昌、木里、阿坝、金川、小金、江油、汉源、攀枝花、达川、简阳
	新疆、西藏地区	库尔勒、喀什、和田、叶城、阿克苏、托克逊、林芝、日喀则、山南
	陕甘宁地区	延安、榆林、庆阳、张掖、酒泉、临夏、甘南、陇西、武威、固原、吴忠、西宁、民和、果洛
	广西地区	凭祥、百色、浦北、灌阳、灵川、博白、苍梧、来宾
桃	西北高旱区	新疆、陕西、甘肃、宁夏等地
	华北平原区	位于淮河、秦岭以北，包括北京、天津、河北大部、辽宁南部、山东、山西、河南大部、江苏和安徽北部
	长江流域区	江苏南部、浙江、上海、安徽南部、江西和湖南北部、湖北大部及成都平原、汉中盆地
	云贵高原区	云南、贵州和四川西南部
	青藏高原区	西藏、青海大部、四川西部
	东北高寒区	黑龙江海伦、绥棱、齐齐哈尔、哈尔滨，吉林通化和延边延吉、和龙、珲春一带
	华南亚热带区	福建、江西、湖南南部、广东、广西北部
苹果	东北区	辽宁铁岭、本溪，吉林公主岭、延边、通化，黑龙江东南部，内蒙古库伦、通辽、奈曼旗、宁城
	西北区	新疆伊犁、阿克苏、喀什，陕西铜川、白水、洛川，甘肃天水，青海循化、化隆、尖扎、贵德、民和、乐都，黄龙山区、秦岭山区
	渤海湾区	辽宁大连、普兰店、瓦房店、盖州、营口、葫芦岛、锦州，山东胶东半岛、临沂、潍坊、德州，河北张家口、承德、唐山，北京海淀、密云、昌平
	中部区	河南、江苏、安徽等省的黄河故道地区，秦岭北麓渭河两岸的河南西部、湖北西北部、山西南部
	西南高地区	四川阿坝、甘孜、凤县、茂县、小金、理县、康定、巴塘，云南昭通、宣威、红河、文山，贵州威宁、毕节，西藏昌都、加查、朗县、米林、林芝、墨脱等地
葡萄	冷凉区	甘肃河西走廊中西部，晋北，内蒙古土默川平原，东北中北部及通化地区
	凉温区	河北桑洋河谷盆地，内蒙古西辽河平原，山西晋中、太古，甘肃河西走廊、武威地区，辽宁沈阳、鞍山地区
	中温区	内蒙古乌海地区，甘肃敦煌地区，辽南、辽西及河北昌黎地区，山东青岛、烟台地区，山西清徐地区
	暖温区	新疆哈密盆地，关中盆地及晋南运城地区，河北中部和南部
	炎热区	新疆吐鲁番盆地、和田地区、伊犁地区、喀什地区，黄河故道地区
	湿热区	湖南怀化地区，福建福安地区

附录二
各省（自治区、直辖市）主要调查树种

区划	省（自治区、直辖市）	主要落叶果树树种
华北	北京	苹果、梨、葡萄、杏、枣、桃、柿、李
	天津	板栗、李、杏、核桃
	河北	苹果、梨、枣、桃、核桃、山楂、葡萄、李、柿、板栗、樱桃
	山西	苹果、梨、枣、杏、葡萄、山楂、核桃、李、柿
	内蒙古	苹果、枣、李、葡萄
东北	辽宁	苹果、山楂、葡萄、枣、李、桃
	吉林	苹果、板栗、李、猕猴桃、桃
	黑龙江	苹果、板栗、李、桃
华东	上海	桃、李、樱桃
	江苏	桃、李、樱桃、梨、杏、枣、石榴、柿、板栗
	浙江	柿、梨、桃、枣、李、板栗
	安徽	梨、桃、石榴、樱桃、李、柿、板栗
	福建	葡萄、樱桃、李、柿子、桃、板栗
	江西	柿、梨、桃、李、猕猴桃、杏、板栗、樱桃
	山东	苹果、杏、梨、葡萄、枣、石榴、山楂、李、桃、板栗
华中	河南	枣、柿、梨、杏、葡萄、桃、板栗、核桃、山楂、樱桃、李
	湖北	樱桃、柿、李、猕猴桃、杏树、桃、板栗
	湖南	柿、樱桃、李、猕猴桃、桃、板栗
华南	广东	柿、李、杏、猕猴桃
	广西	樱桃、李、杏、猕猴桃
西南	重庆	梨、苹果、猕猴桃、石榴、板栗
	四川	梨、苹果、猕猴桃、石榴、桃、板栗、樱桃
	贵州	李、杏、猕猴桃、桃、板栗
	云南	石榴、李、杏、猕猴桃、桃、板栗
	西藏	苹果、桃、李、杏、猕猴桃、石榴
西北	陕西	苹果、杏、枣、梨、柿、石榴、桃、葡萄、樱桃、李、板栗
	甘肃	苹果、梨、桃、葡萄、枣、杏、柿、李、板栗
	青海	苹果、梨、核桃、桃、杏、枣
	宁夏	苹果、梨、枣、杏、葡萄、李、板栗
	新疆	葡萄、核桃、梨、桃、杏、石榴、李

附录三
工作路线

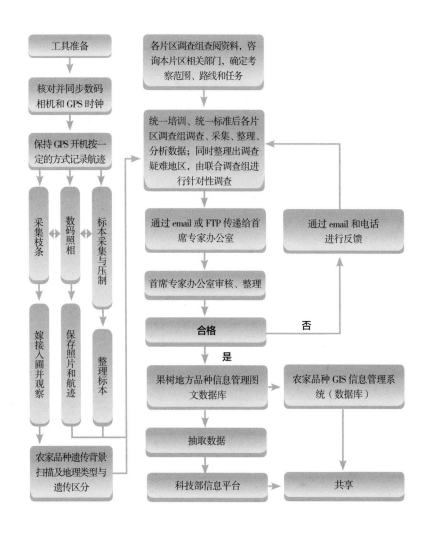

附录四
工作流程

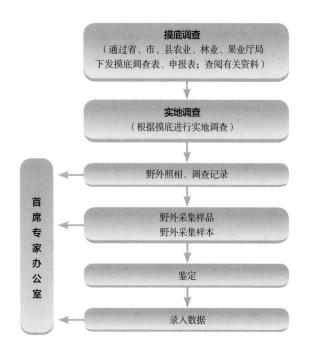

石榴品种中文名索引

石榴品种调查编号索引